老工业基地转型背景下新城市空间研究
——以长春市为例

申庆喜　著

吉林财经大学资助出版

科学出版社
北　京

内 容 简 介

本书将新城市空间研究置于老工业基地转型背景之下，赋予“新城市空间”概念系统化的内涵，确立了新城市空间研究理论框架。以长春市为例，在城市整体范围内界定新城市空间研究的基本内涵，综合运用数学统计方法和GIS空间分析技术，对老工业基地转型背景下长春市新城市空间的演变特征、成长机制与发展路径等关键问题展开讨论，分析了新城市空间成长的驱动机制，提出了新城市空间调控的基本策略。

本书兼具理论性与实践性。本书适合人文地理学、城乡规划学、区域经济学、地理信息系统以及城市管理等相关专业的大学教师与学生阅读，也可作为城乡规划与城市管理机构管理人员的参考用书。

图书在版编目(CIP)数据

老工业基地转型背景下新城市空间研究：以长春市为例 / 申庆喜著. —北京：科学出版社，2019.12

ISBN 978-7-03-063281-4

Ⅰ. ①老… Ⅱ. ①申… Ⅲ. ①城市空间-空间规划-研究-长春 Ⅳ. ①TU984.234.1

中国版本图书馆CIP数据核字（2019）第253176号

责任编辑：孟莹莹 张培静 / 责任校对：彭珍珍
责任印制：吴兆东 / 封面设计：无极书装

科学出版社 出版
北京东黄城根北街16号
邮政编码：100717
http://www.sciencep.com

北京中石油彩色印刷有限责任公司印刷
科学出版社发行 各地新华书店经销
*
2019年12月第 一 版 开本：720×1000 1/16
2021年 1 月第二次印刷 印张：12 1/2
字数：249 000

定价：98.00元

(如有印装质量问题，我社负责调换)

前　言

城市空间结构是城市地理学与区域经济学研究的主题内容之一。20 世纪 90 年代以来，以各类开发区为代表的“新区”成为中国大城市“外延式”扩展的重要方式，设立较早的“新区”经过多年发展开始呈现出“城区化”的转型，出现了很多新型的城市空间现象，正在改变着中国大城市传统的空间格局与组织模式。对老工业城市而言，各类“新区”的发展与转型成为老工业基地转型的关键支撑，其用地的大规模扩展、新兴功能组团的涌现、城市职能的多元化等，对于老工业城市的产业空间置换、现代产业集群培育、城市功能空间升级等方面起到关键的促进作用。

中国新城市空间快速扩展过程中普遍存在功能单一、内涵缺失、社会问题频发等弊端，是导致很多“空城”“卧城”产生的重要原因。新区功能转型困难已经严重影响城市的功能升级与可持续发展，亦成为老工业基地城市转型与振兴的“瓶颈”所在。实现各类新区的“城区化”转型与功能空间的优化升级成为我国大城市持续发展的必由之路。遗憾的是，国内学术界对新城市空间整体的理论探讨着墨并不多，尚缺乏系统的理论概括，极不利于相关理论研究之间的交流与整体推进，成为当前我国城市空间结构研究的重要缺憾。基于此，亟须对新城市空间的基本内涵、理论体系、演变机理与组织模式等议题展开深入的探讨。

基于以上实践背景和理论需求，本书提出了老工业基地转型背景下新城市空间成长的研究主题，将新城市空间研究置于老工业基地转型背景之下，赋予“新城市空间”概念系统化的内涵，初步确立了新城市空间研究理论框架。以长春市为例，试图在城市整体范围内界定新城市空间研究的基本内涵，综合运用数学统计方法和地理信息系统（geographic information system，GIS）空间分析技术，对老工业基地转型背景下长春市新城市空间的演变特征、成长机制与发展路径等关键问题展开讨论，构建了城市功能空间耦合评价模型，分析了新城市空间成长的驱动机制，提出了新城市空间调控的基本策略与发展路径。

全书共 5 章：第 1 章，绪论。主要介绍了本书的研究背景、研究依据、研究意义、研究视角以及研究框架与技术路线等，提出了本书拟解决的几个关键问题。第 2 章，新城市空间成长研究的理论基础与研究进展。对新城市空间相关概念进行辨析，介绍了老工业基地转型背景下新城市空间成长研究的理论基础与城市空间组织的前沿理念，从城市空间结构、老工业基地转型、新城市空间成长三个方面梳理并评述了国内外相关研究的进展。第 3 章，老工业基地转型背景下新城市空间研究理论框架。从老工业基地转型背景下新城市空间的成长响应、成长阶段、空间类型、成长效应、演变机制等方面构建了老工业基地转型背景下新城市空间成长的理论框架。本章内容为本书理论贡献的集中体现。第 4 章，老工业基地转型背景下长春市新城市空间演变特征。首先辨识并界定了长春市新城市空间研究的地域范围与成长阶段，在对已有研究成果考察的基础上确立了本书对于长春市新城市空间演变特征研究的基本内容；然后从用地空间、人口空间、服务空间、产业空间四个方面采用多种定量化的模型分析方法，分别讨论了新城市空间范围内各子功能空间的基本格局、演化特征、成长效应等问题；最后通过构建城市功能空间的耦合模型定量地评价了各功能空间的耦合关系与耦合状态。本章内容为本书实证研究的核心内容。第 5 章，长春市新城市空间成长的驱动力分析与成长路径选择。主要从行政因素、市场因素、个体因素三个方面系统地分析了长春市新城市空间成长的基本驱动力，并在整体上分析长春市新城市空间存在的问题的基础上，提出了未来新城市空间调控的基本策略与路径选择建议。

无论是老工业基地转型问题，抑或是新城市空间成长问题，都是当前学术界关注较多、较具研究价值的时代命题，本书出版的重要意图也正是希望抛砖引玉，引起同行对相关议题的更多关注。

本书所提“新城市空间”并不是一个成熟的概念，虽然围绕本书主题已经积累了一定的研究成果，并得到导师的鼓励与相关课题的支撑，但写作过程中仍一直面临着较大的压力。本书的写作前后共经历了四年多的时间，经历了无数次的辗转反侧、冥思苦想、奋笔疾书、推倒重建。

感谢我的导师李诚固教授，跟随恩师也是我人生最大的幸事。恩师严谨的治学态度、广博的研究视野、高尚的人格魅力一直激励着我不断前行，今天我所有的成绩都离不开恩师的谆谆教诲。本书的选题、成稿以及后期完善过程中恩师也注入了大量的心血，我对恩师的感激之情实在是难以用语言来表达。

由于本人水平有限，书中不足之处在所难免，敬请广大读者批评指正。

申庆喜

2019 年 10 月于长春

目　录

第1章 绪 论

1.1 研究背景

1. 老工业基地的振兴与转型

老工业基地转型过程中形成了新的产业格局体系，城市扩展与“新城市空间”成长迅速，大城市边缘开发区建设是城市新区建设的主体，以“摊大饼式”扩张为主要方式。主要表现：一是依托大型企业整体外迁形成了部分城市外围组团；二是在区域交通节点形成了少量的边缘城市与空港新城等；三是随着中心城市空间结构的调整与升级，物流园区、大学科技城、新商务办公区等新城市空间快速成长，并主要布局在中心市区范围内；四是老工业基地转型与城市化、新城市空间成长的相互作用表现出明显的地区特色，工业扩展与转移是城市新区开发的主要动力，工业新区是从老城区逐步向外扩展，而不是依托郊区乡镇形成飞地型新区。随着老工业基地转型的推进和知识经济的迅猛发展，各类经济开发区、高新区、高教区等新型城市地域空间的发展势头良好，突出表现就在于新城市空间的崛起。

2. 市场体制改革的逐步深化

经济结构转型与新城市空间成长，随着东北老工业基地经济体制市场化改革的深入，城市空间结构演变的经济利益驱动特征越来越明显，各空间利益主体的博弈深刻地作用于城市空间结构的演变。体制转型的深化与新城市空间成长，土地制度改革的深化使得土地在市场机制下出让、转让，城市的土地供给能力大大增强，加之改革开放以来分权化政策不断深入提高了地方政府对土地出让的积极性，共同导致了城市规模的迅速壮大；而住房分配制度改革则促进了住房市场的大发展，推动了居住的郊区化和旧城更新，成为新城市空间成长和城市空间重构的重要推动因素；国有大型企业联合重组与中小企业的放开促进了企业的集群与分工合作，也加速了原有大型企业外围新城市空间的扩展。

3. 政府调控作用逐渐增强

改革开放以来随着全球化、市场化和分权化的深入，中国的政治、经济和社会领域均发生了巨大的制度变迁与转型，城市发展面临着前所未有的竞争环境，城市经济增长已经成为各级政府的核心目标。在地方经济发展与谋求自身利益的双重驱动下，促成了中国众多“发展型城市政府”的产生，政府为城市获得更多的发展机遇和利益，与市场、企业、外资结成“增长联盟”，利用其对市场、资源（尤其是土地资源）的垄断优势，发展成为复杂而有力的“超级企业”（张京祥等，2007）。空间作为社会经济活动发展过程在地域上的投影，必然显示出政府企业化的种种显著表现，由于城市空间资源是地方政府可以直接干预、组织的重要竞争要素，成为“政府企业化”的重要载体，因此城市空间的发展演化表现出强烈的政府主导、追求利益的特征。反映在城市空间上，政府主导的城市开发方向、棚户区改造、大型企业的转移、高教园区的设立等均对城市空间演化产生直接而深刻的影响，可以说，“政府企业化”对新城市空间的发展起着显著推动作用（胡军等，2005）。

4. 开发区“城区化”趋势明显

虽然各类开发区（经济技术开发区、高新技术开发区、科学园区等）建设之初多以工业园区出现，但是经过多年发展，普遍出现了向新城区转型的趋向，继“一次创业”（奠定基础）和“二次创业”（提升发展）之后，正经历着“第三次创业”，建设较早的开发区已经具备了城市的基本功能（罗小龙等，2011）。在此背景下，各大城市的开发区纷纷提出建设新城区的目标，一些发展条件较好的开发区直接进行了行政区划调整设立新的市辖区，如“广州开发区”调整为“广州萝岗区”。开发区向新城区的根本转变不仅是开发区发展的一次飞跃，也是城市空间演变过程中的重大调整，促进了大量新城市空间现象的产生（高超等，2015）。开发区向新城区的转型无疑是我国城市发展的时代潮流与重要课题，判断开发区向新城区转变的阶段与程度，剖析其演化的内在机理与存在问题，是当前应高度关注的重点理论问题，也是新城市空间演变问题研究的重要方向。

5. 信息技术的进步与广泛应用

20 世纪 90 年代以来，信息技术的高速发展不断改变着全球经济景观与组织方式，城市作为一定地域的政治、经济、文化、信息中心和人口与财富的集聚地，其组织方式和发展模式受到信息技术进步的深刻影响。信息化对城市功能空间组织方式的改变主要体现在生产的空间组合方式由传统的成片集聚布局转变为地域上的分散化，原因在于信息网络的支撑下实现了城市内部的各种生产要素的灵活布局，信息社会企业的小型化、轻型化、清洁化为生产空间与居住空间的融合提供了可能，促进了城市内部各种功能类型区的兼容（杨德进，2012）。信息化时代城市功能空间发展模式变得更为复杂，不再是“圈层式”成长模式，而是转为由众多综合性的多功能产业区和多功能社区等基本单元构成的网络化、多中心的城市空间发展模式。由于传统的老城区城市空间结构改变的难度较大，因此这种信息化引导下的城市功能空间发展模式在城市新区表现得尤为显著，信息技术推动下的产业结构变迁与城市空间演变往往以新城市空间为依托，从而促进新城市空间产业结构转变、用地空间扩展以及景观风貌的转变。

1.2 研究依据

（1）“新常态”背景下随着中国经济增速趋缓，城市发展相应地进入调整阶段，标志着我国城市开始进入新的发展阶段，新时期城市发展路径成为迫切需要讨论的课题。基于此，本书试图从“新城市空间”这一地理现象入手，重点对新城市空间的基本类型、发展历程、组织模式、存在问题以及未来发展策略等展开研究，为新时期我国城市组织理论提供实证研究成果。

（2）新城市空间建设是全球化与地方化互动的产物，成为城市接轨国际、提升地方综合竞争力的重要引擎，新城市空间的健康发展对整个城市而言意义重大。当前我国大城市普遍受到交通拥挤、环境污染、社会矛盾频发等种种问题困扰，以新城市空间发展路径研究为出发点，挖掘引致城市问题出现的根源，探索城市功能空间与结构发展路径，是当前摆在城市地理学、区域经济学者面前的重要课题。

（3）已有对城市空间结构的研究多从城市整体角度展开，对新城市空间现象研究多针对开发区、边缘城市、新城等外围某一类城市空间现象展开，缺少对转型期出现的新城市空间整体地域的系统分析。随着改革开放的不断深入，我国城市空间出现快速的扩展、重构与转型，新城市空间成长迅速，成为城市扩展与重构的主导力量，但仍极度缺乏针对新城市空间成长路径的理论指导，急需对新城市空间形态、类型、成长机制与效应展开深入研究，填补学科发展中的不足。

（4）东北老工业基地转型过程中仍然面临着诸多严峻问题，由于大城市产业转移以近域为主，带来“摊大饼式”的城市空间无序扩张。一方面，大量工业新区缺乏城市功能，形成“早上出城、晚上进城”的大尺度“钟摆式”交通格局，导致城市交通拥挤问题更加突出；另一方面，在土地财政与房地产利益追求目标下，城市“居住新城”盲目建设，缺乏人口集聚与产业增长的支撑，导致大量“空城”的出现，土地开发效益低下。东北地区功能转型与新城市空间的耦合还存在一定的不足与发展潜力。本书试图抓住东北老工业基地转型、新城市空间成长变化两条主线，以两者的相互作用关系为研究视角，从老工业基地转型与新城市空间成长相互作用表现的大量现象与事实辨识入手，研究老工业基地转型背景下新城市空间的区位选择、规模增长、格局演变、驱动机制等问题，为解决老工业基地转型与升级过程中新城市空间功能不足与布局紊乱，城市新区规划建设的随意性与盲目性，新城开发缺乏产业、人口增长与功能支撑的问题提供理论依据。

（5）新中国成立后长春市成为国家重点建设的工业城市，迅速形成了一批大型工业企业，奠定了工业区包围城市的空间格局。改革开放以后，特别是20世纪90年代以来，受全球化、市场化、社会转型等新背景、新因素的影响，城市空间发展呈现出多样性与复杂性的特征，城市开发区、新区不断出现，城市规模迅速扩展，原有城市周围形成了“圈层式”的新型城市空间，而这种新城市空间正处于快速的成长与转型阶段，新城市空间的产业、社会经济正经历着复杂的变动过程，对于新城市空间成长机理等相关议题的探讨有助于为城市发展路径的选择提供参考。长春市城市发展历程、特征以及存在的问题在东北地区乃至全国大城市都具有较强的代表性。

1.3 研究意义

1. 理论意义

从全国层面来讲，老工业基地振兴政策实施以来，城市发展取得了重大成就，新城市空间层出不穷，原有的城市空间组织理论已经难以适应新的城市空间发展指导需求，城市空间理论滞后于城市空间的形成与演化。理论的缺失导致新城市空间在选址、规模、功能定位、空间组织等方面缺乏远见，造成城市空间功能的失调、重复建设、无序扩张、运行混乱等问题。本书试图建立老工业基地新城市空间成长的理论体系，系统分析我国新城市空间的成长背景、演变特征、驱动机制以及调控路径，基于新城市空间成长规律的认识与升华，总结新城市空间成长理论，为引导新时期城市空间演变提供理论指导。

从区域层面来讲，东北振兴规划取得的成就突出表现在产业转变、城市化、新城市空间体系的形成等方面，区域转型与新城市空间成长是我国地理学界对老工业基地转型与振兴重要的研究领域。本书的学科理论价值在于试图揭示新城市空间成长机理与驱动机制，架构老工业基地转型与新城市空间成长的相互作用理论框架，将老工业基地研究从产业为主转向区域整体的讨论，从单独城市空间研究转向与区域的相互关系研究，在都市区范围内研究新城市空间的发展规模、区位选择与各种新城市空间的结构、功能关系，为客观认识当前我国杂乱无章的城市新区状况，遏制城市新区过度开发提供理论指导。

2. 实践意义

从全国层面来讲，20世纪90年代以来，我国大城市纷纷设立了众多的开发区、大学城、空港新城等新城区，这些新城区在组织模式、产业结构、社会形态等方面均与原有城市空间有着显著的差异。随着近年来新城区规模的迅速壮大，出现了诸如城市功能缺失与紊乱、产业结构升级缓慢与发展后劲不足、社会极化问题突出、用地粗放与环境恶化等问题，严重影响了新城市空间的运行效率与城市整体的可持续发展。本书的实践意义在于，通过对新城市空间问题的系统诊断，借鉴国内外先进理论与经验，提出对我国新城市空间成长的调控策略和路径，引导新城市空间形态、功能的转型升级，促进新旧城市空间整合和城市功能空间的优化。

从区域层面来讲，东北老工业基地发展还面临着经济总量不足，新产业发展缓慢，工业空间转移“短视”，城市空间拓展盲目，城市新区开发杂乱无章等问题，许多新城市空间缺乏强有力的产业功能支撑，大中型工业新区极度缺乏城市功能，这些问题严重制约着东北老工业基地区域竞争力的提高与健康城镇化的发展。将新城市空间有序成长作为区域转型重要拉动与支撑路径，通过对区域城市空间的合理布局促进资源重组、技术创新与扩展、产业更新与转移、区域空间重构是东北老工业基地转型与升级的必然战略选择。本书的实践价值在于试图探索东北老工业基地转型背景下新城市空间成长模式与整合路径，从而制定老工业基地转型背景下的城市发展战略。

1.4　研究视角

在市场经济转型和老工业基地转型的双重背景下，东北老工业地区城市面临转型、发展和振兴的多重挑战。随着老工业基地振兴战略的深入实施，东北老工业基地城市的规模、职能与内部功能空间组织均发生明显变化，最突出与直观的表现在于原有城市空间与形态基础上的外围空间扩展，引发了新城市空间的大量出现。新城市空间不仅是城市新兴产业、科教功能、生态功能等的重要载体，也成为城市功能扩展与互动的重要组成系统。新城市空间的健康发展与否直接关系城市发展活力与可持续性，其成长的过程、特征、类型，以及产生效应等问题亟须展开探讨。

本书基于老工业基地转型和新城市空间成长的双重视角，以东北地区重要的中心城市——长春市为例，以传统的城市空间结构理论为基础，试图探讨老工业地区大城市新城市空间成长的机理与调控路径，深入研究新城市空间的用地空间、人口空间、产业空间、社会空间等的成长机理、存在问题与调控路径。新城市空间内涵的系统阐述是本书创新与价值的基础，亦是本书重要的切入点，本书可为我国大城市尤其是老工业城市的新城市空间调控提供理论指导，为城市空间结构研究注入新的理论内涵。

1.5　拟解决的关键问题

（1）新城市空间研究理论框架的构建。在系统梳理国内外老工业基地转型与新城市空间成长理论研究的基础上，从新城市空间成长背景、发展阶段、基本类型、成长效应等方面构建老工业基地转型背景下新城市空间成长研究理论框架。

（2）新城市空间概念的辨析和新城市空间研究基本内容的界定。新城市空间并非成熟的学术概念，其概念的界定成为本书的基本前提；同时对长春市新城市空间研究而言，空间范围的划定和基本内涵的界定成为实证研究的重要基础。为此，本书将广泛借鉴新城市空间的相关概念，系统阐述新城市空间的基本内涵，并对长春市新城市空间的研究范围和研究内容等进行界定。

（3）长春市新城市空间成长机理与演变特征的深入探讨。基于定性与定量相结合的研究方法从用地空间、社会空间（人口空间、公共服务设施空间）、经济空间（产业空间、商业空间）等多个方面深入探讨老工业基地振兴以来新城市空间的演变与空间结构特征，通过建立城市功能空间耦合模型，评价新城市空间各功能空间的耦合状态，并通过对新城市空间成长机理系统化的研究，揭示新城市空间成长效应与存在问题。

（4）老工业基地转型背景下新城市空间成长驱动机制的探讨。对于新城市空间成长影响因素与驱动机制的分析，有助于从更深层次认识新城市空间成长的基本内涵。

（5）老工业基地转型背景下新城市空间成长路径的研究。以长春市为例，在系统分析新城市空间存在问题的基础上，针对新城市空间成长提出具体的、可操作的发展策略与调控建议，以期为中国普遍存在的新城市空间成长提供参考。

1.6　研究框架与技术路线

1. 研究框架

全书按照理论研究与实证研究两个层次展开，两者相互印证。全书由绪论（第1章）、理论部分（第2章、第3章）、实践部分（第4章、第5章）组成，各部分主要内容如下（图1.1）。

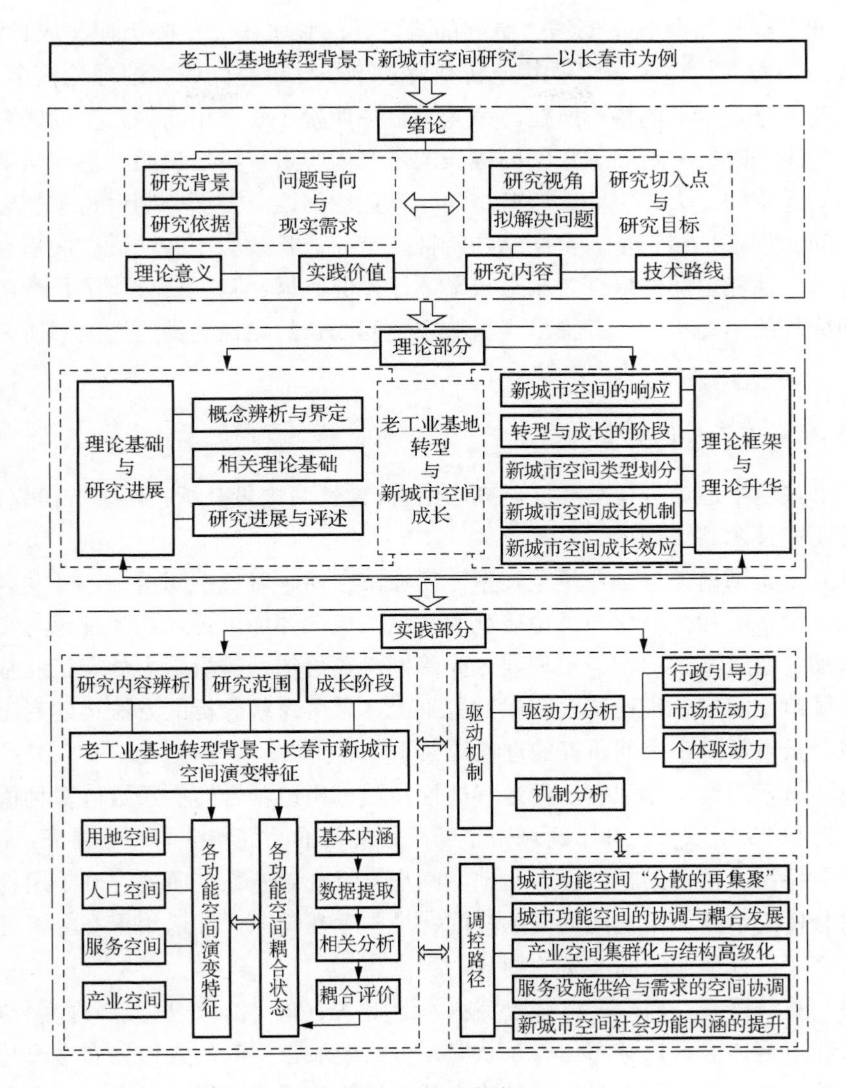

图 1.1 研究框架

绪论部分主要明确了研究背景与研究依据，明确了研究意义与研究视角，提出了拟解决的关键问题，介绍了研究的基本框架和技术路线。

理论部分是实践部分的重要基础和支撑。第 2 章主要对新城市空间、老工业基地等概念进行辨析，明确了新城市空间的基本内涵，介绍了本书相关的基本理论，并从城市空间结构、老工业基地转型、新城市空间成长三个方面梳理了国内外相关研究进展。在对相关理论与研究进展广泛借鉴与评述的基础上，第 3 章从老工业基地转型背景下新城市空间的响应、成长阶段、空间类型、成长机制、成长效应等方面构建了老工业基地转型背景下新城市空间研究的理论框架。

实践部分是本书的核心所在。第 4 章首先明确了长春市新城市空间研究的空间范围与成长阶段，对新城市空间成长的研究内容进行辨析说明，然后从新城市空间的用地空间、人口空间、服务空间、产业空间四个方面分别讨论了长春市新城市空间的规模扩展特征、空间结构特征及空间成长效应，并通过空间耦合模型的构建对各功能空间的耦合关系与状态进行评价。第 5 章主要分析了长春市新城市空间成长的驱动机制，并提出了新城市空间成长的路径选择，为全书研究的落脚点。

2. 研究方法与技术路线

本书采用了理论分析与实证研究相结合、定性与定量分析相结合等研究方法，具体的研究技术路线如下。

（1）收集国内外老工业基地转型、新城市空间、城市空间重构、开发区、新城、边缘城市等相关概念与理论研究的文献，梳理并加以评述作为理论与实证分析的基础。通过文献的归纳整理与分类鉴别，在总结、辨析国内外老工业基地转型与新城市空间成长理论研究成果的基础上，采用系统分析的方法构建老工业基地转型背景下新城市空间研究的理论框架。

（2）引入用地扩张强度、用地多样性指数、用地耦合转变系数等多种模型，定量分析 2003 年以来长春市新城市空间用地空间的演变特征与分布格局，尤其对用地扩展特征、用地结构特征、用地空间形态特征展开系统研究，基于用地空间特征的分析揭示新城市空间演变的空间特征与存在问题，并运用聚类分析方法对新城市空间进行地域空间类型的划分。

（3）基于第五、六次人口普查资料，运用 ArcGIS 软件输出人口密度分布图，分析长春市整体的人口分布与增长状况，分析新城市空间的人口分布格局与演变特征，并对新城市空间人口年龄结构、就业结构等展开分析，揭示新城市空间人口分布与结构方面的特征与存在问题。

（4）引用核密度分析方法，结合服务设施网点数据和用地数据，分析新城市空间服务空间的扩展特征、分布特征，以及与用地等其他功能空间的协调性关系，揭示新城市空间范围内服务设施分布、空间供给等方面的特性与不足。

（5）结合用地与统计资料从工业空间与商业空间两个方面分析新城市空间产业空间的格局与结构演变特征，引入新产业空间理论，分析长春市新产业空间类型与空间布局特征，并进一步讨论长春市新产业空间的发育水平与成长效应。

（6）基于 ArcGIS 软件提取各功能空间分布数据，结合相关分析统计方法，构建城市功能空间耦合度测量模型，定量评价新城市空间各功能空间的耦合水平与耦合状态。

（7）基于地理学和经济学基本理论，分析老工业基地转型背景下新城市空间成长的驱动机制，通过建立回归分析模型定量分析各影响因素对于新城市空间要素成长的影响程度与驱动机制，最后提出新城市空间未来调控的策略和建议。

第2章　新城市空间成长研究的理论基础与研究进展

2.1　基本概念辨析

2.1.1　新城市空间

1. 新城市空间概念提出的背景

20世纪80年代以来，中国许多大城市的中心地区达到了低层次的饱和状态，已有城市空间的过度集聚和新增用地的“填充式”布局，导致了旧城区出现一系列严重的城市问题，传统的城市增长方式面临严峻考验。20世纪90年代开始，许多大中城市纷纷展开以“退二进三”和“内城更新”为核心的城市功能空间重组，城市的旧城改造与新城扩张并存，这使得城市空间结构发生了根本性转变。反映在土地利用上，原有的旧城区由行政、商业、居住和工业混合模式转向行政、商业、商务为主，核心区外围其他城市地区则趋向于各种功能性地域发展，城市内部空间结构开始由“单中心”向“多中心”转变。核心区外围则是各类开发园区、新城、郊区居住区、边缘城市的兴起，随着这些新区社会经济的发展和城市功能的完善，城市的功能与景观日渐鲜明，形成了新的城市空间。

国内关于新的城市空间形式的研究多依托开发区、大学城、新城等展开，取得了丰硕的研究成果，但是面对形式各异的新城区开发实践，理论界短时期内尚难以完成系统化的经验整理和概念界定，同时相关研究也未能基于统一的概念框架。这种现状极不利于各方面研究之间的沟通和整体推进，也不利于新城市空间理论解释的本土化与针对性（汪劲柏等，2012）。基于此，本书试图提出新城市空间的概念，以期将各类新城区中的功能成熟部分提炼出来，在进行新城市空间概念界定的基础上对其展开系统的研究。

2. 新城市空间的研究基础

国内外学者对于开发区、新城、边缘城市、新产业区等新区形式进行了系统的研究，为新城市空间研究提供了可资借鉴的基础。对于具体的新城市空间概念的研究，崔功豪的研究课题“新城市空间的形成、演变及其整合”获得了国家自然科学基金委员会的资助，其研究团队对新城市空间问题做出过较为系统的讨论，将新城市空间定义为“特指中国改革开放以来出现的，对城市发展方向产生重要影响，具备新功能或与旧城市空间存在功能分工，与我国计划经济时期建设的传统城市空间相区别的各类新城市空间类型”。主要包括：新产业空间、新居住空间、新商业空间、新行政空间、新生态空间、新休闲空间、新的卫星城镇（新城）等。同时指出“新城市空间并非仅是一个形式，也是一个过程，这个过程的特征是新旧城市空间的不断调整直至整合”，是已有研究对新城市空间较为全面的概括（朱郁郁等，2005）。但遗憾的是，该研究仍缺乏实证分析的支撑，并且研究成果主要出现在 2003 年前后，与当前新城市空间的发展阶段与性质均存在较大差别。

目前已有的对于新城市空间的研究主要集中于城市地理学与建筑学两大领域（图 2.1）。前者主要集中于新城市空间的空间形态、地域类型、功能构成等方面的研究，具有广义与狭义之分：广义的新城市空间指各类开发区、新城区乃至产业园区等的建成区域，泛指转型时期扩展形成的新区地域范围；狭义的新城市空间主要指具体的城市空间类型，如城市新区规划形成的新型居住空间、商业综合体、仓储物流中心、零售中心、高新技术产业基地等形式，具有空间的集聚性、典型性与功能性特征，是母城空间分化的产物与城市发展中新的增长空间，作为城市空间的有机组成部分，通过自身不断地重构和与母城空间重组整合，构成完整的城市功能空间有机体。后者主要指建筑学中的新型的城市空间类型，如创意街区、景观大道等，具备新的景观风貌与特定的区位特征，更加侧重于文化与精神内涵方面的塑造，不属于本书研究范畴。

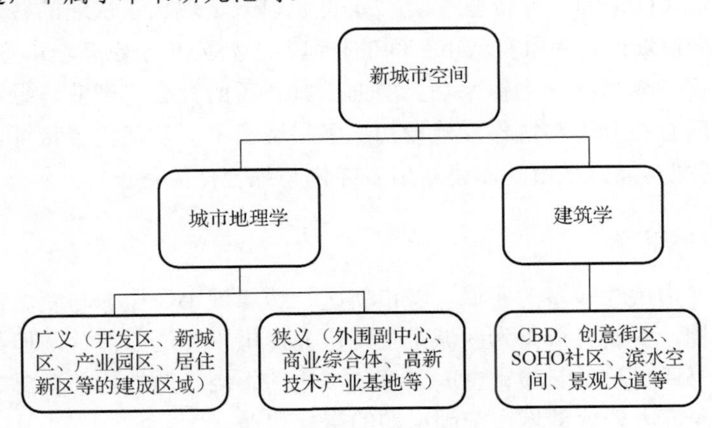

图 2.1　新城市空间的概念体系

中央商务区（central business district，CBD）

3. 新城市空间的基本内涵

“新”是一个具有较大弹性的词汇，作为学术概念定语并不严谨，然而，通过文献查阅发现，当人类社会面临转型的特殊时期，对于典型现象的描述往往出现

"失语"状态，新的现象已经产生或者正在剧烈的变革当中，而已有的概念和词汇难以准确予以概括，新的概念又难以规范地说明或者概括这种现象。于是各种以"新"（new/neo-）或者"后"（post-）作为定语与前缀的词汇开始广泛应用。这里所指的"新"不是同一事物生命周期内的物质更新，而是不同发展阶段的结构性改变（王兴平，2005）。新城市空间反映的便是这种状态，中国的城市空间处于正发生快速扩展与重构时期，一种不同于传统模式的城市空间应运而生，旧的城市空间也随之发生改变，新城市空间不是旧城市空间内在的兴衰更替，而是建立在新的社会经济发展趋势上的空间形式。因此，本书所指的新城市空间并不是一个成熟的概念，和"现代化""新常态"一样，是一个历史的范畴，新城市空间概念成熟状态的描述仍无法准确把握。

本书所研究新城市空间主要是指改革开放以来，随着城市社会经济的快速转型与迅速发展，依托原有城市空间外围建立的各类新城区、开发区、高教区、居住新区以及外围城市组团等空间形式，经过人口、产业等要素集聚与自身功能完善而具备一定城市功能职能的空间地域，具备新的景观风貌、成长路径、功能构成、组织模式。新城市空间是偏重区域和地理的宏观概念，是新时期形成的具有城市功能的新城区（新城）的总称，具有区域性、过渡性和复杂性特点。新城市空间的"新"主要体现在三个层面（朱郁郁等，2005）：时间层面，主要形成于20世纪90年代以来的社会转型时期，21世纪以来呈现出了快速的转变；空间层面，多属于城市新区，为原有城市空间的外延，主要分布于原有城市空间的外围，以各类开发区、新城区为主体；功能层面，具备新的社会、产业、经济功能，与原有城市空间存在分工与协作，建设初期多呈现出单一功能主导特征，但近年来"城区化"转型明显，城市功能呈现出多样化与综合化的特征。

4. 相关概念辨析

已有研究中关注较多的新城、城市新区、边缘城市等概念与新城市空间具有一定的相似性，其研究成果为新城市空间研究提供了广泛的借鉴，但其概念的基本内涵与本书所讨论的新城市空间又存在本质的不同，厘清相关概念之间的内在关联与差异是深入研究新城市空间问题的重要前提。

首先，新城市空间与新城的区别与联系。一般认为新城是在卫星城的基础上发展演变而来的，卫星城概念源于19世纪40年代英国对埃比尼泽·霍华德（Ebenezer Howard）的田园城市思想的实践，试图构建卫星城解决大城市过分集聚后导致的社会与环境问题。随着时间的推移，对卫星城的经营开始注重其功能的独立性，遂将其改为"新城"。新城是相对独立的功能主体，相比之下与母城的关联度较低，在空间布局上较为分散，同时与母城有一定的距离。而本书所讨论的新城市空间与传统城市空间相对应，与原有城市空间存在功能上的紧密联系与分工，是城市整体空间的有机部分，因此“新城”与新城市空间在地域分布与城市功能承担方面均存在明显差异。同时需要指出的是，由于中国大城市规划的新城大多与中心城市距离较近，与原有城区之间缺乏绿带隔离，经过一段时间的发展与中心城连接，与西方严格意义的“新城”具有明显差异。

其次，新城市空间与城市新区的区别与联系。城市新区是一个十分宽泛的概念，与城市旧区相对应，其类型多种多样、规模差异悬殊，与新城概念界限比较模糊，但大的新区可以包含多个新城（如陕西“西咸新区”包含了沣东新城、空港新城、秦汉新城、沣西新城、泾河新城)。李建伟（2013）将城市新区定义为“城市旧城之外规划建设的具有系统整体性和功能独立性的开发建设区”。新城市空间与城市新区的概念存在明显差异，城市新区概念注重的是特定地域范围、行政区域或主体功能，而新城市空间是整体的城市空间概念，空间上具有较强的连续性，具备城市内部空间结构的基本内涵，体现出了城市功能职能和城市社会活动等基本内涵，这是城市新区所难以体现的。

最后，新城市空间与边缘城市的区别与联系。边缘城市至今仍没有明确的定义，边缘城市最初是指城市从单核心格局向多核心、网络化方向发展过程中，在郊区发展起来的兼具商业、就业、居住等职能的综合性的功能中心。边缘城市在美国较为典型，注重郊区的生活方式，更多地体现为城市郊区化蔓延的结果，有工业型、科学研究型、商贸金融型等多种类型，各种类型的边缘城市与中心城市具有一定的距离，并具有城市综合功能（宋金平等，2012)。边缘城市是最具代表性的新城市空间，本书所讨论的新城市空间在某种程度上包含了边缘城市。

总之，相对于新城、城市新区、边缘城市等概念，新城市空间更注重城市功能的内涵，而相对弱化了地域空间格局的属性，鉴于以往对各类新城新区等的研究忽视了内部城市功能属性的探讨，本书试图提出新城市空间的概念，在城市整体范围内系统讨论新城市空间的功能属性、形成机制及其调控路径，以期弥补学科研究的不足。

2.1.2 城市空间结构

城市空间（urban space）或城市空间结构（urban spatial structure）是城市科学永恒的研究课题，关于城市空间结构的概念，学者基于不同侧重点进行了描述，至今仍未形成一个共同的概念框架。建筑学家主要强调实体空间的内涵，经济学家偏重于解释城市空间格局形成与演变的经济学机制方面的内涵，社会学家主要强调城市空间的政治与公共政策关系内涵，而地理学家关注的城市空间概念则较为综合，主要强调土地利用、人的行为、经济和社会活动在空间上的表现等基本内容。本书主要关注地理学家视角的城市空间。

Bourne 用系统理论的观点，在定义了城市形态与城市相互作用两个概念的基础上，描述了城市空间结构的概念（冯健等，2003）。我国学者胡俊（1995）指出，从表征来看，城市空间是多种建筑形态的空间组合布局；从内涵来看，城市空间是人类各种活动和自然因素作用的综合反映，亦是城市功能组织方式在空间上的具体表征。研究的主要是城市内部空间结构，由于城市大量新区、新城以及边缘城市的出现，城市空间结构由“单中心”向“多中心”转变，严格意义的城市内部空间结构已经难以适应新的研究要求，城市空间结构与城市体系正逐步融为一体，因此，本书所指城市空间也包含了部分城市体系研究的内涵，属于广义的城市内部空间结构（urban internal spatial structure），是指在特定的社会经济背景下，以主城为研究对象，包括城市各功能空间及其变化，以特定的规则将城市形态与内部各子系统及相互作用连接成城市系统。

2.1.3 老工业基地转型

1. 老工业基地转型的基本内涵

工业基地有其内在的生命周期，一般都会经历发展、成熟、鼎盛，之后转向衰退的阶段，老工业基地衰退是在推进工业化进程中出现的客观现象，在国际上不乏案例，20 世纪 50 年代以来成为世界性问题。随着第三次科技革命的兴起与能源革命的爆发，美国的东北部地区、法国洛林地区、德国鲁尔区、日本九州湾区、意大利的西北工业三角区等著名老工业基地，纷纷出现了传统工业集聚地经济滑坡、传统产业大面积衰退、失业率上升、环境恶化等问题，各国为改造与重振老工业区花费了巨大的精力、付出了较大的代价，已经取得了明显的成效。因此，老工业基地的转型与振兴是世界性课题。

西方学者在很早之前就对老工业基地进行了定义，指出老工业基地是各种工业部门集聚的地理区域，在某种条件下变得老化、僵化和钢化，无法适应新的环境变化；国务院研究室课题组从国家工业化历程角度指出“工业基地是指那些在一个国家工业化过程中，在一个或几个工业部门方面发展较早、规模较大、水平较高、对工业发展有重要影响的地区或城市”（国务院研究室课题组，1992）。

学术界虽然对老工业基地的概念界定、衰退机制与振兴路径等相关议题展开了广泛的研究，但对于老工业基地转型内涵的认识仍然较为模糊，对于老工业基地转型的概念仍未形成统一的认识（李许卡等，2016）。张志元（2011）从广义与狭义两个层次对老工业基地转型的概念进行界定，认为狭义的转型发展是指老工业基地逐渐淘汰落后产业，培育新兴产业并实现产业结构的转型升级；而广义的转型发展则是指老工业基地规律性、系统性、创新性地实现整个地区的体制转轨、技术创新和生态环境改善等的过程，本书较为赞同这一观点，但遗憾的是这种界定未能紧密融合城市发展基本要素。本书认为，所谓老工业基地转型是指老工业基地系统性地转轨与创新过程，是社会经济运行从一种状态升级质变为另一种状态的过程，而不是原有社会经济运行方式的变形延续，包含经济转型、体制转型、科技转型、产业转型、社会文化转型等诸多方面。城市的发展是老工业基地转型的重要支撑和基本落脚点，而新城市空间的崛起与转型是老工业基地转型最为直接的展现。

2. 中国东北老工业基地的转型

中国的老工业基地是指"一五""二五"时期和"三线"建设时期国家主导布局建设的、以大型重工业为依托集聚形成的工业基地，老工业基地转型的基本单元是老工业城市。新的历史时期，由于以特大国企为核心的城市经济发展模式和以单位制为特征的城市社会管理模式僵化，难以适应市场经济发展，体制性和结构性矛盾日益突出，很多老工业基地出现了产业结构单一、经济发展缓慢、社会环境问题突出等问题。东北老工业基地为中国最大的老工业区，改革开放初期的社会经济水平在许多方面居全国龙头地位，1980 年的职工人数占到全国的 1/6，国内生产总值占到全国的 1/7 左右，工业总产值与重工业产值分别占全国的 1/6 和 1/5，对全国经济增长拉动作用显著（陈萍等，2006）。

改革开放以来特别是 20 世纪 90 年代以来，市场体制改革背景下，受资源、体制、产业结构、技术体系等因素制约，东北老工业地区的经济陷入困境，各种社会矛盾凸显。资料显示，1978 年辽宁、吉林、黑龙江三省工业分别排在全国各省的第 2 位、第 5 位、第 7 位，2005 年分别降到第 8 位、第 22 位和第 10 位；1980 年东北地区 GDP 总量占全国的 14.3%，2015 年仅占 8.59%。可以看出，东北老工业基地出现了严重的衰退现象，并由此引发了广泛的社会经济问题。

2003 年以来，国家出台了一系列关于东北老工业基地振兴的政策以推动老工业基地的振兴与转型，东北老工业基地的社会、经济、基础设施、国企改革以及生态环境建设等方面均取得了较快发展，社会经济的振兴与转型初见成效。城市社会经济发展是老工业基地转型最集中的反映地域，老工业基地振兴以来东北地区城市发展迅速，城市规模增长、经济总量提升、基础设施建设等取得巨大成就，城市的市场化改革、对外开放、现代企业制度改革等不断深化，最为直观的表现就在于涌现出一批大型产业集群与现代化城市新区。

长春市是新中国成立初期重点建设的老工业城市，也是老工业基地振兴以来重点建设的城市，2013 年长春市 GDP、固定资产投资总额、工业总产值、全市道路长度以及人均可支配收入等主要经济指标分别是 2003 年的 4.08 倍、8.75 倍、6.10 倍、2.64 倍和 3.22 倍（图 2.2），社会经济转型取得明显成效。

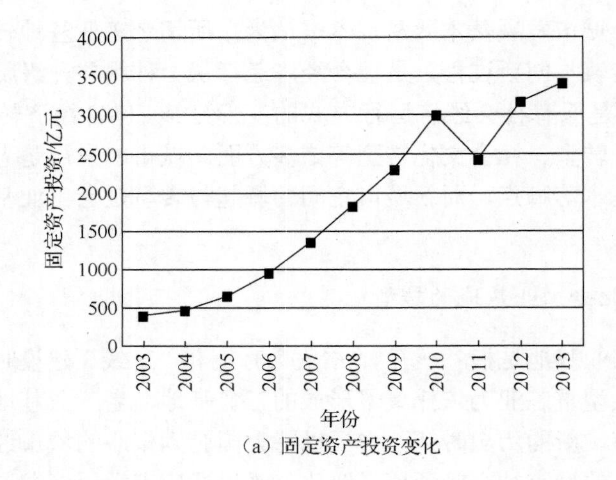

（a）固定资产投资变化

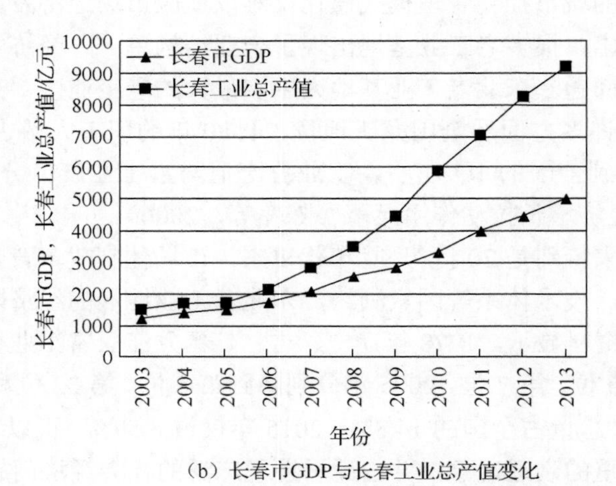

（b）长春市GDP与长春工业总产值变化

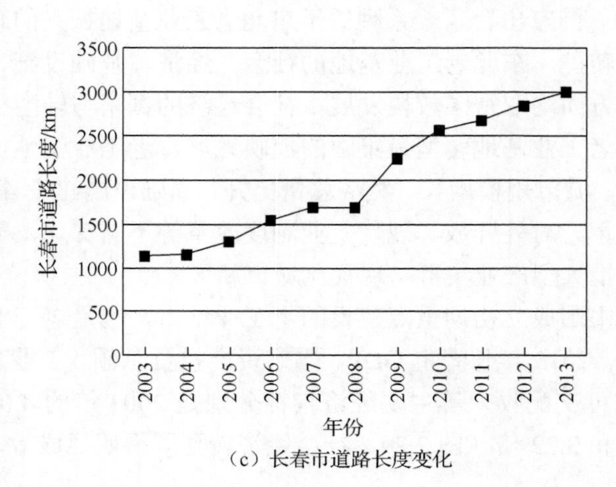

（c）长春市道路长度变化

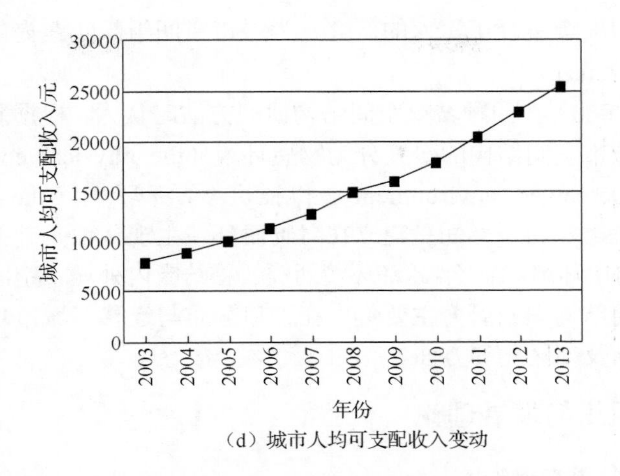

（d）城市人均可支配收入变动

图 2.2　2003～2013 年长春市主要社会经济指标变化

数据来源：《长春统计年鉴》（2014 年）

2.2　相关的基础理论介绍

2.2.1　城市空间结构理论

城市空间结构是城市研究的永恒课题，一直是城市地理学、经济学和建筑学等多学科争相研究的重点领域。近代城市空间结构研究源于西方发达国家，经历了景观方法研究学派、人类生态学派、新古典主义学派、行为主义学派、结构主义方法学派、时间地理方法学派、人本主义方法学派等主要研究流派。

城市功能空间布局与相互作用研究兴起于 20 世纪 20～40 年代的西方发达国家，勒·柯布西埃（Le Corbusier）等的城市分区思想、《雅典宪章》、伊利尔·沙里宁（Eliel Saarinen）的“有机疏散理论”、芝加哥生态学派提出的“同心圆、扇形、多核”三大学说等堪称城市功能空间研究的经典成果。第二次世界大战（简称二战）后，尤其 20 世纪 60 年代以来，面对城市过度蔓延、拥挤等问题，如何疏解大城市过度集中的产业与人口成为学者研究和规划实践必须面对的现实问题。源于霍华德“田园城市”思想的“卫星城”建设和以英国为代表的三代“新城”规划，有力地推动了城市功能空间调整的理论实践。同时，针对《雅典宪章》过于强调城市分区的不足，《马丘比丘宪章》则更加注重城市功能空间的有机组织，认为应该创造综合的多功能的城市生活环境。近年来，面对城市职能空间失衡、内城衰落、交通拥堵等后工业时代新的城市问题，城市功能空间组织成为学者关注的热点，学者针对城市的空间扩展与蔓延、产业空间布局、土地利用、交通组织、社会问题等进行了深入的研究，为城市空间组织实践提供了重要的理论支撑（李德华，2001）。

Knox 等（2000）在回顾城市空间结构研究方法时认为，根据研究目的和研究对象可以把对城市空间结构的研究分为物质环境（the physical environment）、感知环境（the perceived environment）和社会-经济环境（the socio-economic environment）三类，由于感知是建立在对物质环境主观认识基础上的，因此可以合二为一，即物质环境和社会-经济环境两类。总结国内外城市空间结构研究体系发现，城市空间结构理论研究主要集中在人口分布与迁移、城市功能空间结构、城市社会空间以及郊区化等方面。

2.2.2 产业组织与发展理论

1. *产业生命周期理论*

产业生命周期理论是指产业从产生到衰亡具有阶段性和共同规律性的厂商行为的变化过程，这一理论是在产品生命周期理论基础上发展、演变而来的。该理论经过 20 世纪 70 年代的 A-U 模型、20 世纪 80 年代的 G-K 产业生命周期理论，再到 20 世纪 90 年代的 K-G 产业生命周期理论，逐渐走向成熟。生命周期是生物学概念，一种产品在市场上的销售情况和获利能力是随着时间的推移发生变化的，这种变化和生物的生命历程一样，经历了投入、成长、成熟和衰亡的过程，产品生命周期反映了一个特定市场对某一特定产品的需求随时间变化的规律。产业通常指生产同类产品的企业的组合，就某个产业而言，从产生到生长再到衰落的过程，就是产业的生命周期概念，一般将产业周期分为导入期、成长期、成熟期、衰退或蜕变期 4 个阶段，若以销售额为纵轴、时间为横轴，则产业生命周期曲线如图 2.3 所示。

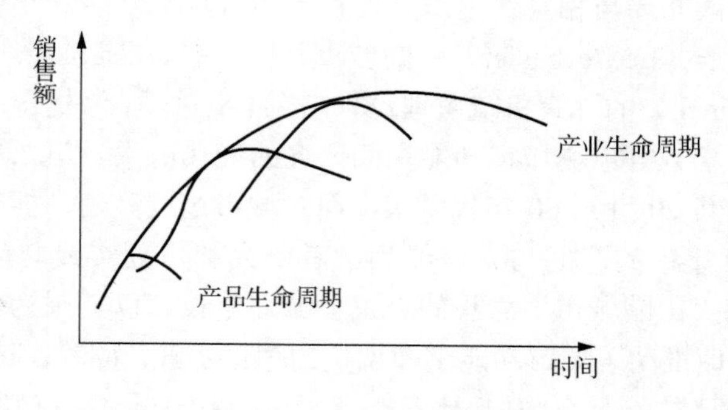

图 2.3 产业生命周期曲线图

产业生命周期曲线形状与产品生命周期大致相同，未发生异化的标准形态都经过导入期、成长期、成熟期、衰退或蜕变期 4 个阶段，但在持续时间长度上产业生命的周期更长（图 2.4）。因为产品生命周期与产品所属的范围有直接关系，根据产品范围的大小，产品可分为产品种类、产品品种和产品品牌，产品种类有更长的生命周期。当一种产品走向衰亡时，若技术创新引入新的产品满足需求，则产业继续发展；若无新产品出现，该产业的生命周期走向衰亡。老工业基地衰退归根结底还是产业的衰退，产业生命周期理论对于解释传统老工业基地衰退有其巨大的理论应用价值。对老工业基地而言，结合产业生命周期理论，把握产业的发展规律，及时进行产业的创新与更替，是重新崛起的重要路径。

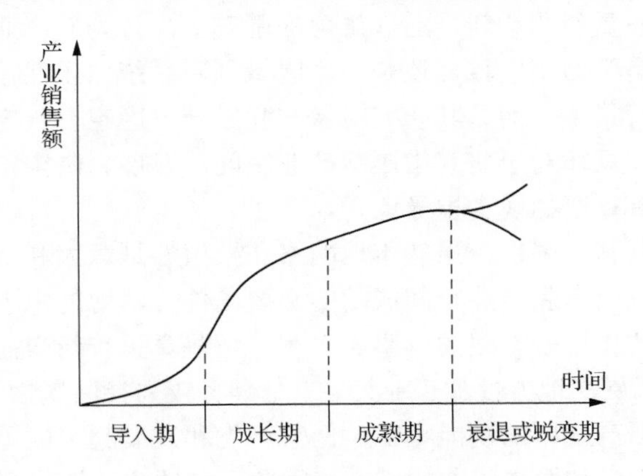

图 2.4　产业生命周期和产品生命周期的关系

2. 新产业区理论

新产业区概念是 19 世纪英国著名的经济学家阿尔弗雷德·马歇尔（Alfred Marshall）所研究的具有创新环境的中小企业集聚概念演变而来的，马歇尔提出两条组织产业思路：一是围绕大型企业；二是以中小企业集中于某地区专门从事某类生产，称之为产业区。20 世纪 70～80 年代，意大利艾米利亚-罗马涅大区等从乡村工业发展起来的发达区域、美国硅谷等高技术区域在经济运作模式上与马歇尔所描述的产业区有惊人的相似之处，学者将这一类产业区称为新产业区。

西方学者认为，新产业区的主要识别标志是本地网络和根植性。本地网络可以活化信息与资源，增加企业的灵活性，减少不确定性；根植性则推动“供应商-制造商-客商”三位一体发展，在空间上尽可能接近，有利于研究与开发、生产、销售的信息及时反馈，从而减少交易费用。位于新产业区的企业一般具有以下几个特点：规模较小，投入产出紧密联系；劳动力工作地点高度弹性；在一个或少数几个产业领域中高度专业化；水平的竞争与垂直合作；地理接近带来创新力和活力。

Markusen（1996）通过对美国、日本、韩国等地的实证研究，对新产业区的概念进行了扩展，指出新产业区是一个在规模和空间上有界限的区域，特定的新的贸易导向性经济活动集聚在其中，它们是资源型的制造业和服务业，把原来的新产业区称为马歇尔式产业区，将新产业区分为马歇尔式产业区、卫星平台式产业区、轮轴式产业区和国家力量依赖性产业区四种类型。王缉慈等（2001）不赞同 Markusen 对产业区概念的扩展，指出西方经典的新产业区理论对于发展中国家具有非常重要的实践意义，认为发展中国家需要高度重视产业区内企业的合作网络和企业在本地的根植性问题，形成不断促进技术创新的区域社会文化环境。王缉慈等（2001）在重新归纳新产业区概念的基础上，认为新产业区既是弹性生产的地域系统，又是学习型区域，还是一个区域创新系统。虽然该理论诞生于西方独特的社会经济背景下，而且其研究对象与我国开发区也有一定差异，但它揭示出的区域系统生产规律对于研究中国新产业空间的发展、制定符合产业区发展客观规律的政策具有重要的现实指导意义。

新产业区也有其局限性，虽然本地网络和根植性是意大利新产业区成功的重要因素，但并不是所有新产业空间成功的必要条件，本地的中小企业网络本身在区域经济发展中的作用是有限的。事实表明，那些真正有新产业理论特征的产业区，基本都是以低层次地方性加工业为主，是具有较强社区属性的产业发展模式，硅谷虽然也具有新产业区的功能特征，但其产生和发展起来的更重要的因素却是其依托的城市、大学和军事工业的带动。因此，必须辨证地应用新产业区理论。

3. 研究借鉴

本书对于老工业基地转型背景下新城市空间成长问题的探讨，离不开老工业基地产业振兴与升级理论的支撑，产业组织与发展理论对本书的指导意义主要体现在以下三点。

一是老工业基地振兴的重要方面就是老工业基地产业的振兴。“东北现象”产生的背后不仅仅是国家政策与体制层面的问题，归根结底是产业问题。研究产业结构演变规律，剖析东北老工业基地产业结构演变特征与症结所在，对于认识老工业基地转型具有重要的指导意义。

二是为新城市空间产业空间的产生和发展提供经济学依据。随着经济的迅速发展，我国城市事业发展迅速，近些年出现了一系列的新城市空间现象，无论是城市外围的开发区、物流园区、科教园区等新型的城市空间形式，还是城市中心出现的中心商务区、新型商业综合体，它们的演化发展背后都隐含着产业发展的基本规律，新城市空间的出现在很大程度上是新产业集聚与扩展的结果。

三是提供城市空间结构演化与优化的产业空间视角。城市空间结构是人类经济活动的空间投影，是产业空间结构演变的空间反映，新城市空间演变的基本动力也来自于产业结构的演变与升级，对于新城市空间的研究，不能仅仅停留在人口、用地空间分布方面，还应运用产业结构演变理论认识城市空间演化与新城市空间的形成，拓展新城市空间研究的内容。

2.2.3　城市用地地租理论

1. 地租理论

1）地租概念

地租理论可以理解为土地要素的价格，土地肥力与地理位置是影响地租高低的主要变量，地租函数曲线形象地反映了土地位置对地租的影响（周文，2014）。马歇尔指出："生产要素通常分为土地、劳动和资本三类。土地是指大自然为了帮助人类，在陆地、海上、空气、光和热各方面所赠与的物质和力量。"经济学中有两个概念与土地的价值相关联，一个是土地租金（地租），另一个是土地价格。

地租是指土地所有者将土地使用权交由他人使用时收取的租金，肥沃土地的稀缺性加上收益递减规律决定了地租的存在。古典经济学家大卫·李嘉图（David Ricardo）认为，可利用的土地数量是固定的，具有完全无弹性或垂直的供给曲线。李嘉图是把全社会作为一个整体来考察地租，土地不存在机会成本，由于土地数量是固定的，当农作物价格提高，对土地需求增加时，地租必然升高，因此，地租是由农作物价格来决定，不作为生产成本，也不是决定农作物价格的因素。如果从社会个体的角度来看，由于土地的稀缺性，那些在生产过程中需要使用土地的人或者打算利用优质土地肥力价值或位置价值获利的人，都面临着他人的竞争。此时，为了获得土地或保留优质土地，使用土地的人就必须向地主支付地租，地租因而成为生产成本，成为决定农作物价格的因素。

马歇尔对地租的看法更为全面，认为在某些情况下即使从整个社会角度来看，地租也是决定农作物价格的因素。他以 19 世纪拥有大量未开垦土地的美国为例，指出在这样的经济体中，土地供给曲线是向右上方倾斜的，含义是地租越高，越多的土地将得到了开垦，原始拓荒者的开垦行为不仅会获得种植收益，也使土地增值，土地增值构成农作物供给价格的一部分，导致地租成为决定农作物价格的因素，土地肥力和土地位置是影响地租的决定性因素。

2）阿朗索的竞标地租

威廉·阿朗索（William Alonso）将约翰·杜能（Johann Heinrich von Thunen）的农业区位论引入城市土地利用研究，创立了城市土地利用的竞标地租理论（Alonso，1964），在其著作《区位与土地利用》中提出了著名的地租竞标曲线（bid-rent curves）（图 2.5）。理论假设：城市只有一个中心，商业活动均在这一个中心进行，城市位于均质的平原上，运费与距离成正比，城市中心商业通达性最好，每块土地均被出价最高者购得，政府不进行干预。在此基础上，每一种土地利用类型都应该有一种竞标地租曲线，体现出其与城市中心距离不同的支付价格。零售业对通达性最为敏感，因此其地租竞标曲线最为陡峭；工业用地的竞标地租曲线随与城市中心距离的增加而下降，但比零售业下降缓慢；居住用地竞标地租曲线变化比工业用地更为平缓。

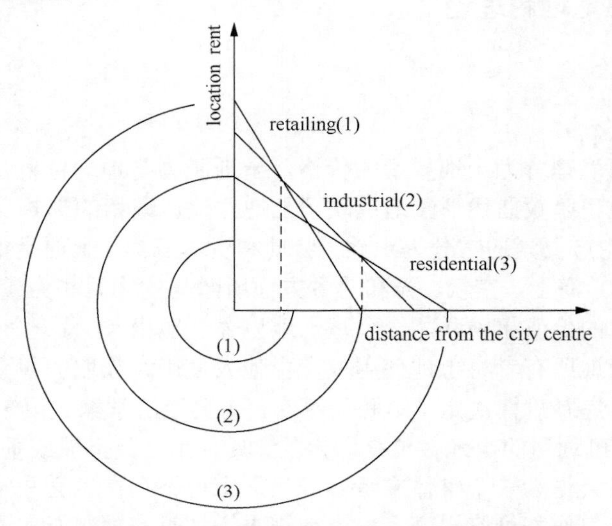

图 2.5　阿朗索的城市土地竞标地租模式

location rent：地租；distance from the city centre：距市中心距离；
retailing：零售业；industrial：工业用地；residential：居住用地

2. 城市土地利用模式

单中心城市中制造业、办公业、零售业集中在 CBD，城市核心区集中了过多的产业活动，引发了一系列问题，促使城市土地利用模式发生改变，多中心城市土地利用模式成为主流。

1）单中心城市土地利用模式

20 世纪之前，单中心是城市土地利用的主要模式，时至今日，仍有许多中小城市保持着单中心的土地利用模式，单中心城市核心区人口、产业密度明显高于其他地区，被称为中央商务区。虽然当前世界上大多数城市已经向多中心转变，但考察单中心城市的土地利用仍然具有重要意义，因为多中心城市土地利用模式是在单中心基础上发展而来的，由单中心城市得出的一些结论对于多中心城市仍然适用，单中心城市土地利用机制研究也是对多中心城市研究的重要基础。

（1）制造业和办公业用地在 CBD 的分配。

设自变量为 X，表示地块到城市中心的距离，单位地块面积与地租的函数可表示为

$$R=\left(PQ-\mathrm{TC}-tQX\right)/A \qquad (2.1)$$

式中，R 为单位面积地租；P 为产品单价；Q 为产品产量；PQ 为总收益；TC 为生产成本；t 为单位产量每公里运费；tQX 为运输成本；A 为地块面积。函数斜率为$-tQ/A$，表明地块到城市距离越短，单位面积的租金就越高。tQ/A 是单位里程的运输成本与地块面积之比，单位里程的运输成本是指产品运输单位距离（如 1km）所需费用和雇员走单位距离（如一条街）的机会成本。在 Q 相同的前提下，人的运输成本高于货物，导致办公业单位的运输成本更高。由此推断，当制造业与办公业使用相同面积的土地时，就同一位置（X）上的地租函数斜率的绝对值 tQ/A 而言，办公业大于制造业。根据这一判断，绘制办公业和制造业的凸性地租曲线（图 2.6），图中 O 代表城市中心的位置，横轴 X 代表与 O 点的距离，纵轴 R 代表单位面积地租，两条曲线分别代表制造业和办公业凸性地租函数曲线，曲线相交点位置为 X_0。

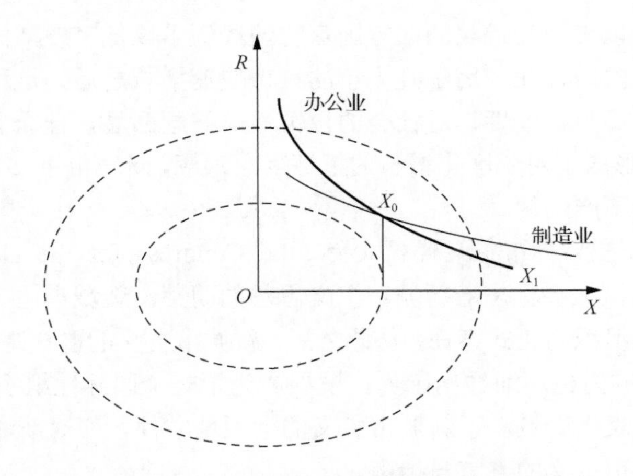

图 2.6　CBD 土地在制造业和办公业之间的分配

假定 CBD 为圆形，半径为 X_1，在 O 点到 X_0 点区间内，就同一位置土地来说，办公业愿意支付的单位面积地租高于制造业，在自由竞争状态下，办公业将获得这一区间的土地，同理，在 X_0 和 X_1 区间内的土地由制造业获得。因此，半径为 X_1 的 CBD 被分为办公业区和制造业区，其中，办公业位于 CBD 的核心区，而制造业位于核心区外围的 X_0 和 X_1 区间环状区域内。

（2）单中心城市中零售业的区位。

市场区是指零售产品的销售范围，即零售商所服务的区域面积，零售业厂商通常依据其市场区进行选址。特定时期、特定区域内零售业市场区主要受三个变量影响：商品销量、区域人口密度、商品的人居需求量。其中，商品销量是指能够使零售商实现规模经济的销量，区域人口密度是指每平方公里的人数，商品的人均需求量根据研究区域历史经验确定。若用 q、e、d 分别表示商品销量、区域人口密度、商品的人均需求量，则市场区大小就等于 $q/(ed)$。

单中心城市中零售商选址倾向于城市核心区，主要受两方面因素的影响：一是类别相近商品正外部性和集聚效应的存在，集中布局将会降低销售成本；二是交通因素使然，由于单中心城市交通系统呈现轮毂条状，而 CBD 处于轮毂处，成为最易到达地点，零售业倾向于选择在城市核心区形成商业区。

2）从单中心城市向多中心城市转变

由于单中心城市 CBD 承担了过多的产业和人口，随着城市规模的扩大，城市中心出现了交通拥挤、空气污染等一系列问题，19 世纪中期开始，英国、法国、美国等国家的大城市纷纷由单中心向多中心转变，取得了宝贵的实践经验。

2.2.4 新城市主义理论

二战以后，以美国为代表的西方国家普遍经历了以低密度郊区化蔓延为主要特征的城市增长阶段，在经历了几十年的城市快速增长之后，这种模式的不经济性、生态环境的不可持续性、对社会的侵蚀性等问题凸显，社会各界开始对这种模式提出质疑，形成了对郊区化增长的批评反思浪潮，新城市主义（new urbanism）就是在这种背景下产生的。

1993 年第一届新城市主义代表大会（the Congress for the New Urbanism，CNU）召开，这次大会标志着新城市主义思想的萌芽，新城市主义代表大会从此成为一个非营利组织而正式存在，从此之后，新城市主义的群众基础越来越广泛，并且 CNU 的影响力也逐渐冲出国界，发展成为了一个国际性组织。1996 年第四届新城市主义代表大会签署了新城市主义的纲领性文件，即《新城市主义宪章》，该宪章成为新城市主义的宣言与指南。

新城市主义以改善现有城市规划为目标，针对战后的城市扩张、郊区无序蔓延以及社区邻里的社会瓦解等问题，提出了城市化发展新的主张，新城市主义提倡紧凑、宜居和公交主导的城市社区，认为城市建设应尊重自然、以人为本、健康平等和从传统寻找灵感，同时也应关注传统邻里关系的回归和社区归属感的构造。新城市主义提倡以公共交通和步行为主的交通形态，即公共交通为导向的开发（transit-oriented development，TOD）模式，以区域性交通站点为中心建立复合型的社区，以适宜的步行距离为半径建设中高密度的住宅，以及配套公共用地、就业、商业和服务等多种功能设施，引导居住和工业就近布局以减轻交通压力，限制城市的无序蔓延。新城市主义主张回归传统社区和邻里关系，建设紧凑的、功能混合的、适宜步行的社区，注重构建“传统邻里住区”模式，提倡的复合型社区、居住与就业平衡的思想对新城市空间发展具有重要的指导意义。新城市主义注重城市生态系统平衡的建设，主张把区域中的城市和郊区及其自然环境看作一个经济、社会、生态的有机体，城市既要注重内部的更新、完善和有机组织，也应保持与郊区农田、自然生态环境的和谐关系（王慧，2002）。

新城市主义思想出现以来，在世界范围内产生了积极的影响，由规划师、工程师甚至官员与开发商组成的新城市主义大会，积极谋求将他们的理念付诸实践，在新城市主义思想主导下出现了一批比较知名的区域规划，如俄勒冈州波特兰市区域规划、芝加哥大都市区“面向 21 世纪”（Preparing for the 21st Century）区域规划项目、纽约大都市区“（拯救）危机中的区域”（A Region at Risk）以及盐湖城区域规划项目等。

当新城市主义思想在世界范围内得以广泛传播并积极实践的同时，对新城市主义的质疑与批判也开始出现。例如一些理论者对新城市主义的“新”提出质疑，认为新城市主义区域规划构想与 100 多年前的“田园城市”构想相近，对此新城市主义者并没有反驳；也有理论者指出新城市主义的社区实验只是为少数富人创造了比郊区更好的“桃花源”，实验社区的高房价使普通人不敢问津，与新城市主义的理念初衷背道而驰；悲观主义者甚至认为，新城市主义思想或许和“田园城市”的美好构想一样，成为无法实现的“规划乌托邦”。

新城市主义的影响将是长远的和积极的，虽然中国城市发展现状与新城市主义产生的背景有所差异，但新城市主义思想对处于快速城市化的中国城市规划建设仍有其重要的应用价值，对新城市主义思想理性地看待和运用，可有效避免我国城市化进程中重复西方国家曾有的失误。特别对新城市空间的规划建设，应广泛借鉴新城市主义思想，致力于构建交通引导的开发模式，注重新城市空间邻里社区的和谐，尽量减少交通拥挤、社会极化等城市问题的发生。

2.2.5 “城市精明增长”理论

19 世纪末至 20 世纪初期，伴随着小汽车的普及和高速公路的大规模建设，美国出现了郊区化的趋势，二战以后美国的郊区化现象加速发展，西方发达国家城市普遍出现蔓延现象，尤其是 20 世纪 70 年代以后，以小汽车为导向的土地开发模式导致严重的城市蔓延现象（马强等，2004）。针对城市蔓延问题，Galster（2001）、Lopez 等（2003，2001）开始对城市蔓延现象展开测度研究，也有学者对城市蔓延的形成机制、表现形式等展开研究。针对城市蔓延问题，各地政府也开始采取应对政策来加以控制，美国学者基于可持续发展理念和传统价值观的回归，提出了“城市精明增长”的思想，被各级政府广泛采纳并应用于城市发展中，例如，1998 年马里兰州颁布“精明增长与区域保护”条例，波特兰市的《波特兰市交通与土地利用远期规划》则提出严格控制城市增长边界与注重内涵式增长的理念等。

“城市精明增长”尚没有形成统一的概念，不同领域学者侧重点有所差异，美国规划协会认为，精明增长是为了体现社会公平、创造地方特色、保护自然景观、改善生活质量，通过扩大财政收入、发展轨道交通、增加就业岗位等方式，对城市、郊区农村进行的规划设计与再开发。节约集约用地和居住区、就业区、商业区的交错布局、混合开发是精明增长最为关心的内容。美国规划协会还给出了“城市精明增长”的十大原则：第一，土地的混合利用；第二，营造适宜步行的邻里社区；第三，垂直紧凑型住宅的设计；第四，多元化交通方式的选择；第五，保护开敞空间、农田、自然景观及重要的环境区域；第六，引导和增强现有社区的发展与效用；第七，创造有特色和富有吸引力的居住场所；第八，多元化住宅样式的选择；第九，提高城市发展决策的可预见性、公平性、效益性；第十，鼓励公众参与（曹伟等，2012）。

在“城市精明增长”实施策略方面。美国奥斯汀市提出了规划分区引导、刺激旧城再发展、废弃土地再利用、开敞空间保护、积极发展公共交通等措施；马里兰州则提出了精明增长的五条策略，分别为建设优先发展区、废弃地再利用、创造就业机会、鼓励就近就业以及农村遗产保护。也有学者总结了精明增长的政策工具：刚性政策控制、基础设施引导、区域差别化措施以及经济手段调控。整体来看，精明增长的实施策略主要采用法律、行政、经济手段，从城市立法、规章制度、金融税收等角度提出了一系列宏观的城市管理策略与措施。由于“精明增长”的实施手段与策略比较偏重于宏观且需要政府发挥作用，因此这些策略在其他国家和地区运用时存在一定的局限，但精明增长对控制城市蔓延、促进城市发展方面仍产生了积极的影响，尤其是在控制城市蔓延、农田保护、减轻对小汽车依赖等方面成效显著（Behan et al.，2008；Jun，2008）。

“精明增长”理论对城市土地利用与规划、土地集约利用、精明土地优化配置等方面具有积极的指导作用。快速城市化背景下，我国新城新区建设中土地利用粗放问题突出，城市发展中的“圈地”“占地”现象严重，个别城市甚至出现“空城”“鬼城”等现象，同时城市新区城市功能混乱与分离问题也较为严重，出现了20 世纪 70 年代美国郊区化的一些特征。就中国城市而言，用足存量空间、实现土地的集约利用，探索以公共交通为主导的土地开发模式，走可持续的城市发展道路，是未来城市开发中的重要选择，因此“精明增长”理念在中国当前的城市化进程中具有重要的指导意义。

2.3　城市空间结构研究进展

2.3.1　研究阶段划分

城市空间结构是城市研究的永恒课题，一直是城市地理学、城市规划学、经济学和建筑学等多学科争相研究的重点领域。不同学科对城市空间结构研究的侧重点有所差异，经济学侧重于探讨城市空间结构形成的经济学机制，建筑学侧重于研究城市具体的实体空间，地理学、规划学和社会学强调城市的土地利用结构和人的行为、经济、社会活动在空间上的表现。

1. 西方城市空间结构研究阶段划分

西方对城市内部空间结构的研究兴起于 20 世纪 20 年代，研究热点集中于城市社会空间模型（Knox et al.，2000）、城市形态（Batty et al.，1994）、人口分布（Clark，1951）、商业布局（Davies，1976）、郊区化（Hall，1984）等方面，已形成了较为完备的理论体系。西方城市空间结构研究的手段、方法和进展与人文地理学思想流派的发展密不可分。随着城市空间结构演变与人文地理学哲学思潮的演进，城市空间结构研究涌现出一批批经典研究成果。

1）思想形成阶段（20 世纪 30 年代初期以前）

该阶段是城市空间结构研究思想出现与形成时期，工业革命以后，城市快速发展与膨胀产生了许多城市社会问题，为了解决这些问题，一些学者开始思考城市的布局、空间结构与城市形态等问题。该时期比较有代表性的理论有空想社会主义者罗伯特·欧文（Robert Owen）的“新协和村”市镇模式（19 世纪 20 年代）、霍华德（Howard）的“田园城市”、托尼·戛涅（Tony Garnier）的工业城市、柯布西埃的“光辉城市”、沙里宁的“有机疏散”理论等，这些理论对城市空间结构的规划布局产生了重要影响，成为城市空间结构理论的重要启蒙思想。

2）理论萌芽阶段（20 世纪 20 年代中期至 20 世纪 40 年代末期）

该时期城市地理学最具影响力的事件是以罗伯特·帕克（Robert Park）为首的芝加哥学派的兴起，从城市生态学的视角对城市空间结构展开了研究，标志着城市空间结构系统研究的起步。芝加哥学派代表性理论成果是 1925 年欧内斯特·伯吉斯（Ernest Burgess）的同心环模式（concentric ring model）、1939 年霍默·霍伊特（Homer Hoyt）的扇形模式、1945 年哈里斯（Harris）和厄尔曼（Ullman）的多核心模式三大古典模型。

3）计量化、模型化阶段（20 世纪 50 年代初期至 20 世纪 60 年代末期）

计量革命兴起，学者开发数学和理论模型的热情高涨，对城市空间结构研究大量应用实证主义、计量方法和数学模型，分析方式由定性转为定量；城市社会空间三大经典模型得到修正；城市意象研究开始出现；人口迁居和人口密度理论得到较快发展；更加强调区位和空间的分析，城市商业空间结构的研究成果不断增多。该时期最具代表性的理论成果是新古典主义学派对城市空间、土地利用、居住区位模型等的研究，如阿朗索的地租理论等。此外，凯文·林奇（Kevin Lynch）的城市意象研究等也是该时期重要的理论成果。

4）理论研究的多元化阶段（20 世纪 70 年代至今）

多元化主要体现在：在哲学思潮方面，人文主义、行为主义、马克思主义、新韦伯主义、结构主义、新自由主义、女性主义和后现代主义哲学思潮开始涌现，城市空间结构研究呈现多元化态势；在研究内容方面，人口分布的多核心模型、城市感知与行为、居住与社会极化、郊区化、城市蔓延、信息化与网络空间、后现代城市空间等的研究全面展开，研究领域不断拓宽；在研究方法上，新技术、新方法在城市内部空间结构研究中得到广泛应用。20 世纪 80 年代后，一系列城市社会地理学理论著作出版，标志着西方城市空间结构研究的理论体系走向成熟。

2. 国内城市空间结构研究阶段划分

对于中国城市空间结构研究，不同学者有不同的划分方式，但基本观点都认为中国城市空间结构的系统性研究开始于 20 世纪 80 年代，20 世纪 90 年代中期是重要的转折点，参考周春山等（2013）的研究，本书将国内城市空间结构研究划分为以下三个阶段。

1）20 世纪 80 年代至 20 世纪 90 年代中期西方理论引进和实证研究起步的阶段

理论引进成果主要体现在一些人文地理学或城市地理学教材中，对国外的相关概念和研究进展进行介绍。对商业空间、城市土地利用模式、中国古代城市的发育机制与结构形态、城市交通、历史文化等也出现了一些实证性研究。城市物质空间结构方面引入的理论有国外城市建设理论、城市空间布局理论等（沈玉麟，1989），城市经济空间方面引入的理论主要有中心地理论、城市土地利用模式理论等，城市社会空间结构方面引进的理论主要有社会经济地理地位、家庭生命周期和少数民族隔离三个主因子影响下的城市社会空间结构模式理论等。这一时期实证研究开始出现，如对于商业空间演化（宁越敏，1984）、土地利用模式（周春山等，2013）、内部空间结构（郑静等，1995）、城市边缘区演化（崔功豪等，1990）等问题展开了系列的探讨。

2）20 世纪 90 年代中期至 21 世纪初期国内研究的积累期

随着改革开放逐渐深入，城市空间要素组合关系发生深刻转变，这种变化引起了国内地理学者的广泛关注，同时，住房、人口、土地登记制度的实施为城市空间结构的研究提供了数据支撑。这一时期研究重点为运用西方城市空间结构基本理论框架对中国城市空间结构展开实证研究，实证研究成果涉及城市空间结构各个方面。这一时期，武进（1990）和胡俊（1995）对中国城市空间结构形态、特征及其演化机制的研究比较有代表性。

3）21 世纪初期至今研究的多元化时期

经过大量实证研究积累，中国城市空间结构研究逐渐趋于成熟，研究成果日益丰富和体系化，研究进入了中国城市空间结构模式的总结时期。与此同时，城市空间结构研究热点不断增多，研究成果更加多元化，城市社会空间结构、内部经济结构成为研究热点，出现大量对全球化、信息化、生态化、网络化所带来的新城市空间现象研究（图 2.7）。

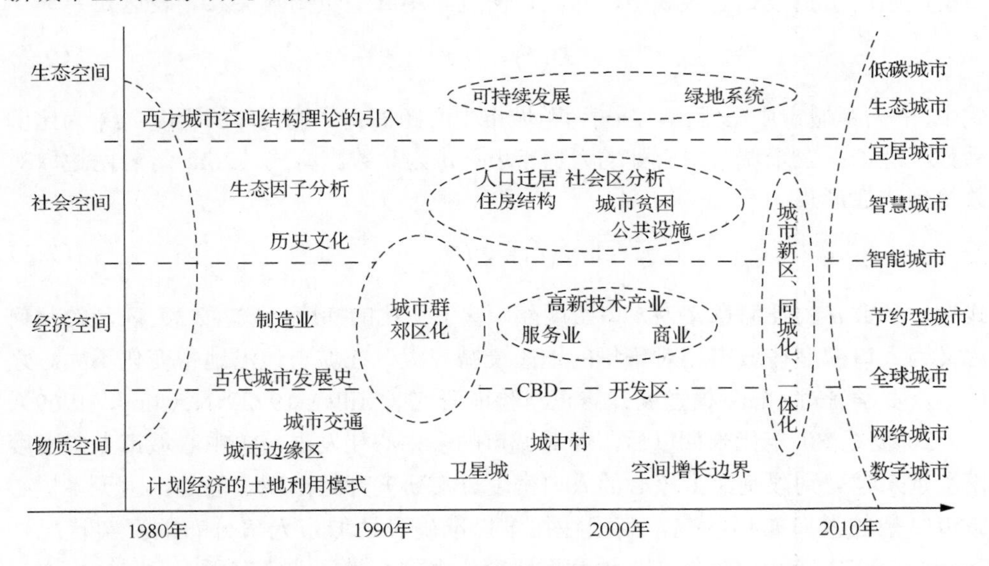

图 2.7　中国城市空间结构相关研究主题出现的年代分布（周春山等，2013）

2.3.2　研究进展梳理

1. 人口与城市空间结构

1）西方研究进展

（1）城市人口迁移理论。西方学者早在 19 世纪便开始了城市人口迁移的研究，20 世纪 50 年代以来取得了一系列重要的研究成果，如人口迁移的推拉模型、生命周期模型、家庭迁移理论等。周春山等（1996a）将西方城市内部人口迁移变化研究划分为三个阶段：20 世纪 60 年代之前阶段，代表性理论主要有人口迁居的入侵演替理论、过滤理论、家庭生命周期理论和互补理论等；20 世纪 60 年代中期至 20 世纪 70 年代中期，主要集中在利用空间分析、数学模型、行为分析等方法对人口迁居展开研究；20 世纪 70 年代以来，重点对绅士化现象进行研究。

（2）城市人口分布理论。由于人口数据的易得性，在讨论城市其他问题时往往使用人口分布指标来反映某些城市社会经济问题，尤其是在都市区、郊区化等问题研究中应用较多。城市人口密度的空间分布与演化是西方学者关注较多的研究领域，城市人口分布的定量研究是西方学术界较为推崇的研究方式，形成了许多代表性的理论与模型，其中学术影响较大的是 Clark 模型。Clark（1951）通过对 20 多个城市的统计分析，以令人信服的证据总结出著名的城市人口密度分布的 Clark 模型（人口负指数模型）：随着距城市中心向外围距离的不断增加，城市人口密度趋向于指数式衰减规律，即人口密度与距离呈负指数关系。表达式为

$$D(r)=D_0\mathrm{e}^{-br} \tag{2.2}$$

式中，r 为距城市中心距离；$D(r)$为距城市中心距离为 r 处人口的密度；D_0 为比例系数，理论上表示城市中心处的人口密度；b 为参数。将式（2.2）等号两边取对数得到线性形式：

$$\ln D(r)=\ln D_0-br \tag{2.3}$$

式中，参数 b 的几何意义为人口密度随距离 r 变化的梯度，式（2.3）表示的几何意义为人口密度在城市相对繁华的地段衰减较大，在城市边沿地带变化不大。之后，众多学者对 Clark 模型展开修正与验证研究（Mills，1972；Newling，1969）。

20 世纪 80 年代末期以后，面对城市的多中心化发展，单中心城市人口密度模型越来越受到限制，多核心的人口密度分布研究开始出现。但是，由于多核心城市复杂的人口布局状况，模型往往难以准确表达城市人口分布的真实状况，Smith（1997）指出，虽然在土地利用研究中多中心模型非常有用，但在分析人口密度时，多中心模型的优越性难以被证明。

2）中国研究进展

（1）城市人口分布研究。对于城市人口分布的研究，多采用人口普查数据，辅以 GIS 空间分析手段，对人口空间布局（王雯菲等，2001）、演变趋势（张善余，1999）、地域类型（魏清泉等，1995）、空间自相关和变异性（杜国明等，2007）等特征展开讨论，并将城市规划、郊区化、通勤问题等引入到人口分布的讨论议题当中，取得了丰富的研究成果，其中周春山等学者对广州市人口分布研究取得了一系列的成果，具有较强的代表性（罗彦等，2006；周春山等，1996b）。

（2）城市人口迁居研究。国内对人口迁居研究成果较少，研究成果多以描述性为主，其中周春山、柴彦威、冯健等的研究较具代表性。周春山等（1996b）对

中国的城市人口迁居特征、原因和影响因素展开分析，指出迁居者、社区因素、经济发展、人口政策、土地制度和住房政策是导致人口迁居的主要因素；柴彦威等（2000）通过调查问卷对深圳市的人口迁居问题展开研究，指出了人口迁居原因和城市空间结构调整的策略；冯健等（2004）通过调查问卷调查北京市的人口迁居问题，指出福利分房制度和原住地拆迁是居民迁居的主要问题。

（3）人口密度模型研究。受国外人口密度模型的影响，国内对人口密度研究也涌现出一批成果。如陈彦光（2000）借助最大熵方法对 Clark 模型进行推导，并将其推广为加幂指数形式；冯健等通过对 1964～2000 年杭州人口密度分布及其演化模型研究，揭示了改革开放后城市人口密度演化过程中自组织不断加强，城市空间结构趋向新的有序状态（冯健等，2002；冯健，2002）；高向东等（2005）指出上海人口分布虽然符合负指数函数模型，但人口分布的最优模型是 Cubic 函数等。总体来看，国内人口密度模型研究较国外明显落后，研究成果主要集中在对相关模型的验证与解释方面，实证研究与理论总结较为薄弱。

（4）城市人口郊区化研究。鉴于人口数据相对易获得性和客观性，国内一些学者结合人口分布与演变数据，对北京、上海、广州、杭州等城市郊区化的过程、模式、机制等展开了实证研究，普遍认为中国已经进入了以人口郊区化为代表的城市郊区化阶段，近郊区人口密度不断上升，远郊区人口密度缓慢上升，城市郊区化现象开始出现（唐晓平，2008；谢守红等，2006；刘长岐等，2003；冯健等，2002）。

2. 城市空间结构与形态研究

1）西方研究进展

西方古代的城市空间布局与形态研究主要关注城市静态结构形态，早期比较著名的城市布局与规划思想还有 16 世纪托马斯·莫尔（Thomas More）提出的空想社会主义的“乌托邦”（utopia）城市布局模式、康帕·内拉（Tommaso Campanella）的“太阳城”方案、19 世纪初期欧文的“新协和村”（new harmony）方案、查理·傅里叶（Charles Fourier）的“法郎吉”（phalange）等，以上这些空想社会主义的设想和理论学说，把城市当作一个社会经济的范畴，较之古代的把城市和建筑停留在造型艺术的观点更为全面，也成为以后的“田园城市”“卫星城市”等理论的源泉。

工业革命以后，西方城市的快速发展引发了一系列的社会经济问题，为解决这些问题，学者开始思考城市空间结构布局与形态的问题，提出了一系列具有创造性的城市结构与形态模式。1898 年英国的霍华德提出了“田园城市”理论，1931 年法国的柯布西埃提出了提高城市空间密度的“光辉城市”思想，1932 年美国的弗兰克·劳埃德·赖特（Frank Lloyd Wright）提出了分散的、低密度的“广亩城市”，1934 年沙里宁提出了有机疏散理论，并基于此理论制定了大赫尔辛基规划方案。帕特里克·格迪斯（Patrick Geddes）在《进化中的城市》中将城市功能结构研究引向深入，提出了城市演化的一般形态，即从城市地区（city region）、集合城市（conurbation）到世界城市（world city），其中集合城市被看作是拥有卫星城的大都市。此外，阿图罗·索里亚·马塔（Arturo Soriay Mata）的带形城市、戛涅的工业城市等也是这一时期西方典型的城市空间结构形态模式。二战后，西方对城市空间结构形态的研究开始由定性转为定量，阿朗索的地租竞标曲线是这一时期最具代表性的理论，Mills（1972）和 Brueckner（1978）运用数学方法在阿朗索的基础上也提出了相应的城市结构模型。

20 世纪 90 年代以来，随着大城市扩张速度的加快，城市空间发展压力逐渐增大，在此背景下相继出现了新城市主义（new urbanism）、精明增长（smart growth）、紧凑城市（compact city）等理念引导城市空间发展。信息化时代的到来特别是网络技术的发展给城市空间结构的发展和研究带来新的机遇，基于信息网络背景下的城市空间结构研究日益增多（冯健，2005）。

2）中国研究进展

中国城市空间结构与形态研究开始于 20 世纪 80 年代，研究对象主要为古代城市空间结构的形成、发展与演化和西方城市物质空间研究成果的引进。

20 世纪 90 年代以来，城市空间结构与形态实证研究成果开始增多，研究重点开始转向运用西方城市空间结构基本理论对中国城市空间结构进行的实证性分析，学者对我国城市空间结构的形态、特征及其演化机制进行了系统的研究。这一时期武进的《中国城市形态：结构、特征及其演变》（1990 年）和胡俊的《中国城市：模式与演进》（1995 年）研究比较具有代表性，分别从纵、横两个角度系统地研究了中国城市空间结构的形态、特征及其演化机制。

2000 年以来，国内对城市物质空间结构研究成果更加丰富，研究手段与方法更加多样化。该时期出版的代表性成果有顾朝林的《集聚与扩散——城市空间结构新论》（2000 年）、江曼琦的《城市空间结构优化的经济分析》（2001 年）、柴彦威的《中国城市的时空间结构》（2002 年）、朱喜刚的《城市空间集中与分散论》（2002 年）、黄亚平的《城市空间理论与空间分析》（2002 年）、冯健的《转型期中国城市内部空间重构》（2004 年）、周春山的《城市空间结构与形态》（2007 年）、宋金平等的《北京城市边缘区空间结构演化与重组》（2012 年）等。近年来，随着中国城市化进入迅速发展时期，城市用地扩张问题开始日益凸显，城市空间扩展相关研究引起了学术界的广泛关注，涌现出大量关于城市空间扩展特征与机制等的讨论（闫梅等，2013；黄庆旭等，2009；刘盛和等，2000）。

2.3.3　研究评述

首先，以往对于城市空间研究多学科均有参与，如经济学主要关注集聚效应、地租机制和产业结构等方面的研究，规划学主要关注城市空间的形态、结构和土地利用的协调，缺乏多学科的交叉与融合；其次，对城市形态、土地利用结构和土地经济学关注较多，而缺乏对于产业空间与城市空间相互作用的研究，这些研究多关注城市空间本身的历史形成过程、内在结构特征、演化动力机制和调控路径探索，对于工业空间仍占有重要地位的老工业基地城市调控指导意义有限；再次，国内研究主要以借鉴西方理论为主，缺乏中国特色城市空间理论体系的构建，中国城市发展历史与现行社会经济体制与西方发达国家有很大差异，因此，亟须建立具有中国特色的城市空间结构研究理论体系；最后，国内相关研究自 20 世纪 80 年代以来虽取得较快进展，但仍未形成具备中国特色完备的理论体系，对于城市内部空间研究主要集中于人口与城市内部空间结构、经济空间结构、社会空间结构和郊区化方面，研究成果主要集中于北京、上海、广州等城市，缺乏对中部地区和老工业基地的城市研究。

纵观国内外对城市空间结构的研究已经取得了丰富的理论成果，为本书提供了坚实而丰富的理论基础。新城市空间作为城市空间的有机组成部分与延伸，保持了城市发展的基本规律，城市空间结构一般理论对于新城市空间结构研究仍然具有指导意义，对新城市空间的人口布局与流动、产业结构与分布、空间结构与形态以及社会空间等的研究应借助于城市空间结构经典理论予以解释。中国新城市空间演变表现出其特有的路径、机理与机制，尤其是作为转型中的老工业基地城市，其空间演变表现出特有的路径，新城市空间虽然脱胎于原有城市空间，但其成长的机理机制又表现出其特殊性，其人口与产业空间组织特征有别于传统城市空间，如何运用经典的城市空间结构演变理论，解释中国老工业基地转型背景下新城市空间成长问题，是本书试图着重讨论的理论问题。

2.4　老工业基地转型研究进展

2.4.1　国外研究进展

老工业基地衰退是世界范围内普遍存在的问题，因此老工业基地衰落与转型问题成了学术界关注的核心议题，西方学术界主要就老工业基地衰退机理、政府调控对老工业基地转型的引导机制、科研机构等对老工业基地转型的促进作用等议题展开了讨论，并取得了丰富的成果（邹俊煜，2012）。

对于老工业基地的衰退机理研究方面，主要有比较优势转移论、利润率差异引力论、消费中心转移论、国际产业转移论、技术进步论和资源枯竭论等几种典型的观点，结构学派试图从产业结构的角度来解释老工业基地的经济衰退，有学者指出缺乏竞争力和对环境变化缺乏适应能力，是导致老工业基地低效的主要原因（Steiner et al.，1985）。

鉴于政府在老工业基地转型中发挥着重要的作用，众多学者对政府作用机制展开深入的研究。如有学者提出了老工业基地振兴的三条途径：一是成熟产业集群的创新，二是以现有产业为基础发展新的集群，三是高新技术产业和知识密集型产业的发展（Todtling et al.，2008）。

科研机构被认为是创新的重要来源，在老工业基地转型中发挥着重要的作用，Todtling 等（2004）以老工业产业区的奥地利施蒂里亚区为例，指出该地政府利用格拉茨大学等科研机构开展了应用性很强的专业教育与技术培训，知识的创新和扩展为该地汽车生产和金属制品产业集群发展提供了强大的动力。

2.4.2　国内研究进展

20 世纪 90 年代，我国东北等老工业基地的衰退问题引起了学术界的普遍关注，学者开始注重借鉴国外老工业基地改造的经验，并对中国老工业基地衰退原因、转型的动力与路径展开讨论（李诚固，1996；柯文，1992；郭振英等，1992），为老工业基地改造与振兴政策的制定提供了重要的理论依据。

学者普遍认为，体制障碍是老工业基地衰落的根本原因，黄丽华等（2005）从政府行为的视角对德国鲁尔区的产业结构调整进行历史考察，指出鲁尔区衰退的实质是结构性危机；刘通（2006）提炼了老工业基地衰退的规律，包括资源的有限性、需求结构与产业结构的不同步、制度因素对产业结构变化的制约作用；赵儒煜等（2008）从机制概念解释老工业基地衰退的规律，强调老工业基地内部变化的规律性。也有学者从产业角度探讨老工业基地衰退的原因，如李诚固（1996）基于产业结构增长理论，分析了世界老工业基地衰退机制与改造途径，指出区域优势的转变、市场需求结构的变化、产品市场竞争力的下降、产业结构的单一化以及产业布局畸形发展是西方老工业基地衰退的主要原因。

对于老工业基地振兴动力机制的分析主要集中在两个方面：一是宏观的系统性分析，将老工业基地转型动力机制置于全球化、城镇化宏观视野下的分析，如宋艳等（2014）讨论了老工业基地振兴背景下东北地区城镇化动力机制及策略，总结出东北地区城镇化 4 种发展动力机制——中心城市的极化与扩展、政策推动和工业化驱动下的城镇化、投资驱动下的中心城区空间扩张、新农村建设和城乡统筹规划推动下的城乡发展；二是对老工业基地转型内在动力系统的理论探讨，如徐江平（2010）提出了基于“二次腾飞”的动力系统概念，分析了动力构成要素的功能及相互之间的关系，明确了提升老工业基地发展动力的基本思路。

对于老工业基地发展路径讨论方面，学者主要基于体制改革、产业升级、技术与体制创新等方面展开。如张平宇（2004）从新型工业化角度探讨了东北老工业基地改造对策，针对东北地区的传统思维，阐述了新型工业化道路的关键在于区域创新；高凤清等（2008）从产业结构角度探讨老工业基地振兴，指出主导产业在内外因素的导引下形成了升级冲动力，主导产业的跃迁对提升东北老工业基地经济发展具有重要的意义；郑文升等（2004）分析了中小企业群成长与东北老工业基地改造问题，分析了东北老工业基地中小企业群的“立地”环境，提出了中小企业群的可能生长点，并拟定了未来发展的对策措施；生奇志等（2006）指出，老工业基地改造的前期有必要对其进行“输血性”政策援助，但实现老工业基地的复兴更应通过制度的完善与创新，提高其本身的“造血”能力；也有学者通过不同老工业城市转型路径与成效的对比分析老工业基地城市转型的路径选择，如袁建峰（2015）指出匹兹堡与底特律虽然同为老工业城市，但匹兹堡成功转型而底特律至今仍未脱困，其区别就在于前者服务业发展速度更快、产业类型更加多元化，更为重视生产性服务业的发展和区域合作协调。

2.4.3 研究评述

总体来看，国外对于老工业基地转型问题研究成果较为丰富，形成了较为系统的理论体系，但是，西方老工业基地的衰退、振兴与中国老工业基地有着明显的差异，中国老工业基地的社会体制、时代背景、发展路径等均不同于西方，已有研究成果是否适合中国国情，仍有待于验证，因此探索中国特殊国情背景下的老工业基地转型问题成为迫切的学术任务。“东北振兴”实施以来，国内关于老工业基地振兴问题成为研究热点，学者从不同层面、不同角度对老工业基地衰退的原因、振兴的路径与机制等问题进行了深入的讨论，但整体看来，国内研究仍处于国外研究成果的援引与介绍阶段，结合国内实际的原创性理论并不多见，对老工业基地转型的深层次问题研究仍处于起步阶段。国内对老工业基地的研究内容多侧重于“东北现象”形成原因和振兴策略的探讨，研究范围多从东北地区宏观角度展开，研究要素多集中在产业、环境、政策、城市群、资源型城市等方面，对老工业基地转型与城市空间演变关系研究少有涉及，特别是对老工业基地转型与新城市空间成长问题研究较为少见。

老工业基地振兴战略实施以来，东北地区城市发展取得显著进步，一个突出的表现就在于城市规模迅速扩大，大量新区、新城、新产业园区等成为老工业基地振兴与转型的主战场。同时也存在城市新区缺乏功能支撑，城市功能空间失衡，出现了交通拥挤、土地浪费、环境污染等众多问题，如何展开有效的治理与引导成了急需展开深入讨论的课题。

2.5　新城市空间成长研究进展

20 世纪 80 年代以后，伴随着信息发展模式的转化，资本主义产业重构加速了新的社会形态和空间过程的出现，西方学者开始关注许多新城市空间现象，新产业空间、新商业空间、新办公空间、新社会空间等成为新城市空间研究的重要内容。国内学术界对新城市空间现象关注主要在 20 世纪 90 年代以来，但总体而言对新城市空间现象的研究成果仍然不多。在仅有的研究中，朱郁郁等（2005）对新城市空间的研究较有代表性，较为系统地研究了中国新城市空间的形成机制、特征以及存在的问题，与本书所研究新城市空间概念较接近，但实证研究不足。

虽然单纯对新城市空间现象的研究成果较少，但是对新产业空间、新社会空间、开发区、边缘城市等的研究已经比较成熟，为新城市空间研究提供了广泛的理论借鉴。由清华大学建筑学院主办的集刊《城市与区域规划研究》2011 年第 2 期专门对新城问题展开了较为系统的论述，为本书新城市空间讨论提供了重要的借鉴（武廷海等，2011；赵民等，2011）。本节主要就综合性和与新城市空间研究主题相关的文献进行整理，以期从新产业空间、新社会空间、新城市空间土地利用以及新城市空间形成机制等方面梳理新城市空间相关问题的研究进展。

2.5.1　新产业空间研究

1. 国外研究

新产业空间的研究源于 20 世纪 70 年代社会学家 Bagnasco 对意大利东北部新产业区和中部地区中小企业分布的讨论，到了 20 世纪 80 年代末期，新产业区的概念得到扩展分析与验证。1987 年，Scott 和 Storper 率先提出了新产业空间（new industrial space）的概念并展开较系统的研究，引起了广泛的关注，开启了关于新产业空间研究的热潮。

在新产业空间的演变研究方面，Winther（2001）对哥本哈根地区的产业空间展开研究，认为该地区郊区的制造业开始下降，产业空间开始向更外围的地区转移，都市区的外围正在经历着新产业的增长期。也有西方学者开始关注中国的新产业空间，如 Susan（2002）以深圳和西安的高新区、上海浦东新区以及苏州新加坡工业园区为例，讨论了中国高新区发展的阶段与作用。

在新城商业空间研究方面，西方学者提出了“新零售空间（new retail spaces）”的概念，Clifford（1998）提出了新零售空间的概念，并将其定义为包括超市、高级百货商店、仓储超市、零售园区、区域购物中心和厂方直销等新型商业业态构成的商业空间，其超市和区域购物中心是主体；Louise（2000）在总结众多研究成果基础上，指出新商业空间不仅包括当前主要存在的零售业态，如大折扣店、大型超市等，而且还应包括零售业态的历史和空间转移。遗憾的是，已有成果对新商业空间的研究多集中于新商业业态的讨论，未发现单独针对新城市空间商业空间问题的系统研究。

2. 国内研究

中国城市新产业空间特指改革开放以来出现的以城市为依托、以新的生产方式与产业组织模式为基本特征、以市场经济为基础的产业集聚空间，与计划经济时期建设的传统工业空间存在显著差别。国内对新产业空间研究是改革开放以后对新产业现象调查研究、相关政策研究以及对国外科技园自由贸易区等的介绍开始的，以开发区形式存在的新产业空间是新城市空间的重要类型，也是城市空间重组的主力。伴随着社会经济的迅速发展和对外开放的不断深入，国内产业结构与类型逐步向高级化演进，各类经济开发区、大学园区、高新技术产业园区等广泛设立，进入 21 世纪，新产业空间逐步形成并迅速壮大，引起了学术界的广泛关注。

20 世纪 90 年代，顾朝林（1998）、王缉慈（1998）、周文（1999）等学者率先引介国外相关理论对新产业园区相关问题展开讨论。进入 21 世纪以来，关于新产业空间的实证研究逐渐增多，取得了丰富的研究成果，如王兴平（2005）将开发区作为城市的新产业空间，对中国新产业空间的形成与发展机制、空间演变与空间整合机制进行了系统的论述；张京祥等（2007）分析了转型期中国新产业空间形成与发展机理，并分析了开发区、大学科技城和中央商务区等新产业空间的形成发展与城市功能空间互动的机理；李程骅（2008）对比研究了伦敦、东京、巴黎、北京、南京等城市产业空间的演变规律，从城乡一体化与产业空间优化、商业高级化与城市空间重构、总部经济及其空间创新、城市复兴与创意产业的发展、城市空间优化与发展模式的选择等方面研究了新产业空间与城市空间的互动关系；管驰明（2008）分析了空港都市区形成的动力机制及其地域圈层结构；程进等（2012）以厦门市集美区为例，探讨了新型城镇化背景下我国新城区产业升级的困境与出路；曹贤忠等（2014）从企业视角对开发区转型升级模式进行比较，指出整合集群模式是转型升级模式中综合指数较高的模式；李力行等（2015）通过引用产业结构变动指数和比较优势的指标定量分析指出开发区的设立有效推动了城市制造业内部的产业结构变动。此外，也有不少学者针对开发区、新城新区开发过程中普遍存在城镇化滞后于工业化的难题，从产城融合角度分析新城市空间产业发展存在的缺陷，并提出了转型建议（阳镇等，2017；王春萌等，2014；刘荣增等，2013）。

新商业空间作为新产业空间的重要组成形式，也引起了学术界的广泛关注，例如管驰明等（2003）提出了新商业空间的概念，指出“新商业空间是指伴随着快速城市化、城市郊区化、新商业业态发展演化而出现的，将对城市商业空间和城市功能空间产生重要影响，往往成为新城的中心”，并对新商业空间的商业业态、空间区位、动力机制以及对城市发展的影响等问题进行讨论。

2.5.2 新城市空间用地演变研究

1. 国外研究

20 世纪 50 年代，随着大城市的不断膨胀，在城市核心区外围形成了与城市有密切关系的地域，学术界称之为大都市区（metropolitan region），并将这一地域结构分为内城区（inner city）、城市边缘区（urban fringe）和城市腹地（urban hinterland）三部分。从 20 世纪 70 年代开始，城市边缘区理论与应用研究逐渐增多，20 世纪 80 年代以来，随着西方发达国家郊区化的减缓，对城市边缘区的研究开始减少，但研究方法更为先进，例如，Lopez 等（2001）利用遥感影像对墨西哥莫雷利亚市快速城市化过程展开定量研究，并利用马尔可夫模型对未来 20 年土地利用趋势进行预测。西方对城市边缘区的研究经历了从概念、范围界定到形成机制、效应的探讨过程，从经济、空间、功能等多角度综合分析城市边缘区的问题成为共识。

2. 国内研究

我国新城市空间成长过程中伴随着迅速的用地扩张，关于用地的扩张强度、演变特征、集约利用等议题成为学术界讨论的热点。具有代表性的研究：顾朝林等（1995）系统地总结了城乡边缘区空间扩展的四种演化规律，即地域分异与职能演化规律、从内向外逐渐推移规律、“指状生长—填充—蔓延”空间扩展规律以及“轮形团块—分散组团—带型城市”空间演化规律；吴铮争等（2008）以北京的大兴区为研究对象，认为城市化高速扩展带土地利用空间以集中连片式扩展为主，城市化快速发展带以轴向扩展模式为主，城市化低速扩展带以独立发展模式为主；彭浩等（2009）对上海市开发区土地利用集约状况进行评价，指出影响开发区土地集约利用的主要因素是地均固定资产投资额、地均工业生产总值、地均利润和地均税收；宋金平等（2012）讨论了北京城市边缘区空间结构演化与重组问题，并对北京边缘区的范围、布局进行界定，对空间扩展规律与影响因素展开了系统的讨论；王贺封等（2014）分析了上海市开发区用地效率及其变化；张越等（2015）指出，我国城市空间的大规模扩张，主要是基于城市开发区的建设以及城市新区的建设，因开发区新城建设突破了城市发展空间不足的羁绊；屈二千等（2016）以重庆市为例定量评价了开发区用地集约程度与其行政级别、管理水平、区域经济水平之间的内在关联，并讨论了开发区用地集约利用的策略；Zheng 等（2017）基于夜光灯、土地等多源遥感数据以长江三角洲为例对"鬼城"进行了识别，得出开发区普遍存在用地资源空置问题的结论；与此同时，开发区又是很多高效企业的集中之地，如 Huang 等（2017）指出中国土地利用较高的企业往往集中在开发区，并且企业单位平均土地产出明显高于开发区以外地区；Jiang 等（2016）基于北京市宗地数据对大城市用地快速扩张过程中用地结构特征与优化问题展开讨论；Tian 等（2017）则指出中国发达地区城郊地区迅速扩张，土地利用发生了重大变化，而工业用地是非农用地扩张的主体。

2.5.3　新城市空间社会空间研究

社会空间是城市空间结构研究的重要方面，但已有研究成果多从城市整体角度展开，针对新城市空间社会空间的研究并不多见，仅有的研究成果多基于人口郊区化、绅士化、新区居住空间分异、边缘区社会问题等角度展开。

1. 国外研究

首先，绅士化（gentrification）现象对城市人口与社会空间演变起到重要的影响作用，近年来绅士化成为西方学术界关注较多的议题，Smith（1985）将绅士化解释为富裕的中产阶级通过低价购买城市贫民的住房并对其进行改造的过程，城市贫民被迫迁出，导致该地区人口与物质环境在短时期内发生剧烈转变，20 世纪 80 年代以来，绅士化问题研究逐渐增多。其次是居住空间分异的研究，二战后西方发达国家的主要城市郊区化过程中居住空间分异问题凸显，尤其是 20 世纪 50 年代以来，高收入阶层为寻找更好的居住环境而向郊区迁移，低收入阶层向市中心集聚，加剧了内城衰落，出现了一系列社会问题，伴随着 20 世纪 70 年代中心区复兴计划和中产阶级返城的绅士化过程，市中心社会结构更加复杂，分异现象更加突出，形成了城市社会空间结构的"马赛克"现象。

2. 国内研究

一是社会阶层分异议题的讨论，如朱喜刚等（2004）以南京为例研究了绅士化和城市更新的问题，指出南京的绅士化过程主要是主城区内原有分散的高收入者和新生的城市高收入者在内城的再集聚，房地产的开发、中心城区产业结构转型、政策引导、居民的择居观念与行为等是南京绅士化发展的主要动力；陈果等（2004）讨论了南京市城市贫困阶层的空间集聚状况和形成机制，指出随着住房体制改革和住房商品化的推进，城市的贫困空间呈现相对集中的特征，贫困家庭向地价低廉的城市边缘区集中，中心区的外围由于房地产开发无法获利造成旧区的衰落，从而形成贫民区。

二是城市人口迁居问题的讨论，如周一星等（2000）指出 1990～1995 年北京市近郊区成为人口迁居的净流入地，迁居距离 50%集中在 5km 以内，超过 10km 的不足 11%，改善居住条件是迁居的主要动力；易峥（2003）的研究表明居住主要向"新城"流动，外来人口也主要集聚在新城区；翁桂兰等（2003）指出居民对边缘城市的认知程度与主观评价会直接影响其迁居意象，居民倾向于迁往比较熟悉的、设施服务评价较高的地区，与新兴边缘城市有着经常性和稳定性联系的居民表现出较强的迁居意象。

三是对于新城市空间社会问题的系统研究，随着我国新城新区建设进入转型期，社会问题开始集中出现，相应地出现了关于新城区问题的系统研究，如杨卡（2012）以南京市为例，系统地讨论了我国大都市郊区新城的社会空间问题，对南京大都市区范围内的人口扩展、居住空间演变、行为空间、感知空间等问题展开了较为系统的研究，近年来针对新城新区的发展报告相继出版，也极大地丰富了新城市空间社会问题研究的内容。

随着新常态宏观调控背景下中国城市扩展的速度趋缓，新城市空间的发展进入新的历史节点，学界对新城市空间社会矛盾的关注开始增多，研究主题集中体现在以下三个方面：一是居住分异、居民安置等问题的讨论，如冯健等（2017）基于多维度对北京经济技术开发区居住空间特征及其形成机制展开讨论；Xu 等（2017）以长沙市为例对郊区居民安置的类型、驱动因素以及社会空间效应进行研究，指出权利和利益空间不匹配作用下可能出现新的贫困问题；Zhao（2017）则对较特殊的郊区非正规住宅区形成的机制、效应以及调控路径等问题展开讨论。二是社会空间转型问题的探讨，如针对开发区普遍存在人口城镇化滞后的弊端，陈宏胜等（2016）讨论了供给侧改革背景下传统开发区社会转型问题，提出应提升开发区内就业者及其家庭的主体地位，解决外来人口与流动人口在新区的"安居立业"问题等转型路径。三是郊区排斥与剥夺问题的探讨，新城市空间成长过程中不可避免地对郊区社会空间产生侵占效应，亦可看作新城市空间社会问题研究范畴，Shen（2017）和 Ouyang 等（2017）学者率先对上海郊区社会空间排斥与公共服务的空间剥夺问题展开调查研究，讨论了中国大城市快速扩张背景下郊区社会脆弱性问题。

2.5.4　新城市空间形成机制研究

20 世纪 90 年代以来，随着开发区、新城等各类新城市空间的兴起，对于新城市空间形成机制的研究逐渐成为热点。总结已有研究成果可以得出，全球化背景下的产业转移、市场经济体制改革、地方政府调控推动、城市化过程城市自身功能扩展以及城郊城市化推动等被认为是新城市空间形成的主要驱动力。

第一，新城市空间固有的资源禀赋优势成为其快速成长的重要基础，客观优势条件的剖析是新城市空间形成初期关注较多的议题，如崔功豪等（1990）通过对中国城市边缘区的研究指出，大城市边缘区有利的区位条件和交通优势，使其成为吸引城市先进技术部门和获得外向型经济发展的重要区域。

第二，社会体制转型与城镇化快速推进背景下，对于中国新城市空间成长内在驱动力的分析开始成为学术界讨论较多的议题。如孙胤社（1992）认为，新城区的形成是城市工业化扩展和非农化两种过程所决定的，中国的新城发展与欧美国家不同，农村劳动力的转移和非农产业的发展是中国大都市区形成的重要源泉。刘君德等（1997）认为影响城乡边缘区空间演化主要有三个方面：自上而下的扩展力，如开发区建设、中心城扩张、城郊工业整合等；自下而上的集聚力，如乡镇企业的发展、农民集资建设等；对外开发区的外力，如民营经济和外资企业等。张晓平等（2003）指出开发区与城市空间结构演进主要是跨国公司主导的外部作用力、城市与乡村的扩展力以及开发区的集聚力共同作用的结果。

第三，较多研究成果表明，政府调控作用下的城市规划、开发区设立、优惠政策等对新城市空间成长驱动作用明显。如张弘（2002）基于城市规划的角度对长江三角洲地区开发区与城市化的关系进行了系统研究，分析了城市规划对开发区的城市化进程的作用，提出了长江三角洲地区开发区可持续发展与城市化的规划策略。郑国等（2012）以北京丰台科技园为案例，研究了中国的边缘城市问题，指出丰台科技园的各项条件已经满足美国边缘城市的衡量标准，可以认为是一个已经形成的边缘城市，地方政府与房地产开发商联合形成的“增长联盟”是推动丰台边缘城市形成的主导力量。张越等（2015）指出我国城市空间的大规模扩张，主要是基于城市开发区的建设以及城市新区的建设。

此外，新城市空间的形成演化离不开与原有城区的互动，新城市空间的成长与城市整体联动关系也成为学术界关注的重要议题。如何兴刚（1993）分析了城市功能与开发区的关系、开发区的选址、开发区的投资环境以及发展模式等问题；王慧（2003）则探讨了开发区与城市相互关系的内在机理及空间效应相关问题，指出开发区发展对城市规模、形态以及空间增长方式、产业空间结构、人口与社会空间结构、各功能区段之间的关系、城市化与郊区化进程等方面都有着显著的影响效应；王战和等（2006）对城市开发区发展及其与城市整体关系展开了较为系统的研究，指出开发区影响下的城市经济空间演变过程包括对母城依赖与索取的成型期、对周边扩展与辐射的成长期、对母城反哺的成熟期三个阶段；杨东峰（2007）以天津开发区为例，认为对开发区实施空间重构过程包括宏观尺度上的周边整合、整体尺度上的形态调适以及局部尺度上的场所再造等关键策略。

转型背景下各类新区传统增长模式难以为继，面对新城市空间出现的种种问题，国内外学术界开始对中国政府主导下以土地为中心的城市开发模式提出批判，普遍认为地方政府与房地产开发商联合组成的“增长联盟”是投机的、忽视社会生产的、不可持续的发展模式（Ruoppila et al.，2017；Li et al.，2014；Labbé，2014）。近年来，国内大量出现的“鬼城”“空城”亦为国内外学者所诟病，其产生机制引起了国内外学者的广泛探讨（Woodworth et al.，2017；Sorace et al.，2016）。

2.5.5　各类新城新区转型研究

各类新城新区的转型研究亦是近年来学术界关注的热点之一，如何促进各类开发区、新城新区实现功能与职能的升级成为学者关注的重点内容，其中，调控策略或转型路径是新城市空间研究的落脚点，其中较具代表性的观点如：罗小龙等（2014）围绕开发区的“第三次创业”采用企业家城市理论讨论了高新技术产业园“新城转向”过程中经济、社会以及制度空间的演替路径与特征；龙开胜等（2014）从土地供给流转制度、闲置土地治理法制建设以及闲置土地再利用机制等方面提出了开发区闲置土地治理的路径；魏宗财等（2015）通过对管委会、企业以及周围村民等利益群体的需求调查与分析，提出了开发区应由单一工业园区向宜居宜业的综合性园区转型、由“制造”到“创造”转型等发展策略；方创琳等（2016）对当前低碳生态新城新区存在的变相圈地、门槛过低、规模过大等弊端提出了具体的应对策略；陈宏胜等（2016）从社会、空间、经济三个层面提出了传统开发区转型的理念、内涵与路径；顾朝林（2017）基于地方分权的视角提出了“公司型政府治理”“企业型政府治理”“企业家政府治理”三种新城新区的治理模式。此外，也有学者对中国开发区转型历程进行了冷静的梳理，如 Cheng 等（2017）以广州南沙区为例，深度解读了开发区向边缘城区（edge urban areas）转型过程。

2.5.6　研究评述

随着新城市空间现象的出现与快速转变，学术界对开发区、边缘城市、大学城等新城市空间现象研究成果日益增多，为本书新城市空间成长讨论提供了广泛的借鉴。但是整体来看，对新城市空间研究的深度与广度仍存在许多不足，未能形成系统的理论概括与实践体系，主要体现在以下几个方面。

第一，在研究主题上，以往研究主要以开发区、城市边缘区、大学城等为研究主体，较少有针对城市整体范围内新城市空间的系统研究。开发区等虽然是新城市空间的重要组成部分，但并不等同于新城市空间，国内学术界尚缺乏从区域整体视角研究新城市空间的区位选择、形态结构、发展规模与功能配置，缺乏对各种新城市空间相互关系研究。

第二，在研究范围上多限定在建成区框架内，研究重点为各类产业区、新型社区、大学城等，较少有对大都市区范围新城市空间现象的研究，发达国家城市发展实践证明，大城市功能疏散与转移、城市功能空间重构应是在大都市区整体范围内完成的。近些年，我国大城市外围的产业组团（村）镇、功能组团发展迅速，城市景观与功能逐步形成，也应是新城市空间研究的重要内容，而以往研究中较少涉及。

第三，研究内容方面的不足。一是缺乏老工业基地转型与新城市成长相互关系研究，老工业基地转型必然带来城市发展环境的转变，老工业基地振兴对开发区、大学城等新城市空间发育起到重要的推动作用，但已有文献较少有对老工业基地转型与新城市空间成长关系的讨论；二是纵观国内外新城市空间研究，关于新城市空间的土地利用、产业布局研究成果较为丰富，而社会空间研究方面成果较少，东北地区由于对外开放和市场经济制度改革相对滞后，新城市空间的形成时间相对较晚，其社会空间结构与原有城市社会空间存在较大差异，亟须对新城市空间社会问题展开系统的研究；三是已有研究多为概念、理论构建方面的讨论，缺乏对新城市空间内部组织机理深入实证分析。

第四，在研究数据与方法上，以统计数据、公报数据为主，数据的准确性、翔实性整体有待提高；以定性研究为主，运用 ArcGIS 等现代空间方法的定量研究不足，加强定量研究应是未来新城市空间研究的重要内容。

第3章　老工业基地转型背景下新城市空间研究理论框架

3.1　老工业基地转型背景下新城市空间成长响应

3.1.1　响应的基本内涵

对老工业城市而言，老工业基地转型与新城市空间成长并非两个独立的体系，而是有着紧密关联的耦合系统，二者的耦合互动是区域经济发展与社会经济转型的必然现象。一方面，老工业基地转型的有序推进必然带来新城市空间成长动力机制、演进模式、形态结构等的变迁，引发新城市空间显著的社会经济转变，从而推动新城市空间的成长；另一方面，新城市空间的成长则有效改善了城市发展环境与区域经济发展活力，促进区域社会经济发展空间“扩容”，并为区域的制度变革、科技创新与社会文化创新提供理想的“试验场”，成为老工业基地转型的重要空间支撑。新城市空间成长是区域社会经济规模增长与功能结构升级的重要力量，其必然响应老工业基地转型的社会经济转变（刘艳军，2009）。

所谓老工业基地转型背景下新城市空间的响应，是指在一定时期内新城市空间用地规模增长、人口与产业集聚、空间结构优化、功能职能完善等的城市发展与整合过程，是对老工业基地转型过程中社会体制改革、科技与文化创新、产业结构升级与集聚等社会经济变迁的适应与反馈效应。老工业基地转型背景下的新城市空间响应是一个复杂的过程，是在一定的社会经济发展水平下，在长期经济发展过程中人类活动和经济要素区位选择的结果，具有深刻的理论与实践内涵，响应的过程兼具系统性与时代性特征。

3.1.2　响应的要素构成

1. *物质层面要素*

（1）用地空间形态与结构。用地形态的扩展与结构变迁是城市功能特征演变的直接反映，老工业基地转型过程中城市功能空间优化调整、企业改制重组、产业集群构建、新开放空间的建设等无不需要用地空间的支撑，2003 年《中共中央 国务院关于实施东北地区等老工业基地振兴战略的若干意见》也明确指出“加大老工业基地中心城市土地置换、‘退二进三’等政策的实施力度”，落脚点亦体现为用地空间的调控。新城市空间成长主要体现于用地规模的扩展和形态的改变，新城市空间转型也主要体现于用地空间平衡的变化，如随着各类园区向城区转变，工业用地比例必然随之降低，而居住、服务设施等用地则会相应提高。因此，用地空间形态与结构变迁是老工业基地转型背景下新城市空间响应的直接体现，也将是本书重点关注的内容。

（2）基础设施配套。城市基础设施建设完善是老工业基地城市振兴的重要方面，基础设施是城市物质要素的重要组成部分，主要包括城市基础设施和社会服务设施，其中城市基础设施主要包括交通、供水、供电、通信、环卫等设施，社会服务设施主要包括商业服务、教育、医疗、文化、体育、休闲娱乐等设施。城市基础设施建设是老工业基地城市振兴的重要方面，国家历来重视对老工业基地城市基础设施投资建设，新区建设最为重视也是最为基础的“三通一平”“九通一平”等即是对基础设施的建设基本要求，尤其对于交通要道的规划建设，对新城市空间的发展具有重要的引导作用；社会服务设施的完善是新城市空间成长的必要组成部分，各类园区向城区转型过程中不仅仅应满足生产需求，更应满足生活需要，而社会服务设施便是新城市空间社会生活的基础。老工业基地转型的核心目的应是人居环境和社会发展水平的整体提升，因此新城市空间基础设施的完善是对老工业基地转型的积极响应。

（3）城市景观风貌。景观风貌是城市物质文明建设的重要体现，老工业基地振兴中大规模的固定投资、老工业区改造等均对城市景观风貌产生直接影响，新城市空间形成过程中其景观整体上也要经历由郊区农业带转向工业区，进而向城区转变的复杂过程。首先，国家对老工业集中的固定投资使得城市交通设施、公共服务设施的建设水平显著提高，大型立交桥、展览馆等标志城市景观的现代化建筑不断增多；其次，产业结构的升级也对城市景观风貌产生重要影响，如物流、银行、证券、保险新兴产业的大量出现，商业综合体、大型卖场、专业超市等新兴产业业态的发展；第三，老工业区改造，20世纪90年代随着部分产业的淘汰，相关企业纷纷倒闭，同时引发工人下岗潮，老工业城市出现了破败的老工业区、棚户区等问题区域，为此各级政府纷纷对其进行了颇具成效的改造，时至今日，沈阳铁西区、长春宽城区等老工业区已经旧貌换新颜，城市景观风貌大大改善；最后，生态景观的改良，伴随着越来越激烈的城市间竞争，各城市主体纷纷开始注重城市的经营，建设宜居宜业的“生态城市”逐渐成为共识，无论是旧城改造还是新城建设，政府、企业、开发商纷纷开始热衷于生态空间的建设，尤其注重生态绿色走廊和滨水绿带的构建，对城市景观风貌的改良起到积极的作用。可以说，景观风貌的转变是老工业基地转型背景下新城市空间成长响应最为直观的展现。

2. 功能层面要素

（1）区域经济发展。老工业基地振兴的一个重要方面在于促进经济的快速增长和质量的提升，而新城市空间成长则可以看作是区域经济总量不断壮大与转型的外在表现形式。我国经济综合水平的提升与新城市空间的成长历程是相伴而生的，新城市空间在很大程度上承担了经济增长的重任。据统计，2014 年国家级园区生产总值已经达到 15 万亿元，占到了全国 GDP 的 23.5%，对于国家经济发展起到了重要的促进作用（中国高新技术产业经济研究院，2016）。老工业基地转型过程中对于经济环境优化、产业结构升级、管理与技术创新等方面的推动均最终体现在城市经济水平的提升上，经济发展水平是老工业基地转型背景下新城市空间响应最为核心的要素。

（2）新区功能定位。城市新区建设的功能定位事关其生产活动性质与发展路径选择，功能定位的变迁也可以看作是老工业基地转型背景下新城市空间响应的重要方面。中国新城市空间发展的不同阶段其功能定位也存在显著差异。20 世纪 80～90 年代，经济技术开发区建设之初多以“四窗口”和“三为主”为核心，各类开发区均以工业生产为主要职能；20 世纪 90 年代以来设立的各种保税区、出口加工区、边境合作区则主要定位于对外开放的“桥头堡”；近年来，随着社会经济的不断发展以及居民服务需求的剧增，产业发展与服务需求开始呈现多样化，各类产业新区开始出现向综合型城市功能的转变。

（3）新区社会职能。老工业基地转型以来城市的社会职能不断发生转变，新城市空间作为老工业基地振兴与转型成果集中体现地域，其社会职能不断发生着变化，亦可以看作是老工业基地转型背景下新城市空间响应的重要方面。首先，社会服务职能的变迁，现代企业制度的确立直接促使城市教育、医疗等服务设施的专业化与多元化，新区承担的社会职能逐渐增多；其次，政府组织架构与服务职能的转变，各类开发区建设之初多以管委会作为管理机构，部门设置较为单一，但随着开发区经济的发展与功能的多元化，管委会职能也不断向多元化发展；最后，近年来新区承载了大量进城人口，为城市快速增长的人口提供了生活与工作条件保障，亦可看作是新城市空间重要的社会职能。

3.1.3 响应的基本过程

1. 响应要素分析

老工业基地转型是在我国社会经济体制与管理体制的市场化改革、全面对外开放以及国家综合实力的不断提升大背景下进行的，城市建设与城乡面貌也相应地发生了巨大变革。因此对于老工业基地转型背景下新城市空间成长响应的讨论，必然离不开社会经济转型的宏观背景，而老工业基地转型导致的新城市空间响应则是本书的一个侧重点，是新城市空间成长背景的重要组成部分。

老工业基地转型背景下，城市经济水平、产业结构、管理体制、国家政策、科技水平以及对外开放的程度均发生了显著的变化，新城市空间作为城市的重要组成部分与新时代区域经济增长极，必然受到这些转变的影响，无论是物质层面还是功能层面均发生明显变化，城市用地空间、人口空间、产业空间、职能空间以及资金空间等不断处于剧烈变动过程之中。本书认为，老工业基地转型背景下新城市空间成长响应的实质就在于其成长要素空间的重构调整，具体来说即是城市用地空间、人口空间、产业空间、资金空间、职能空间等的重构过程。

2. 城市用地空间重构

老工业基地转型背景下城市经济的增长、规模的扩张以及空间结构的优化调整等均对用地空间产生直接影响，导致城市用地布局、结构与形态等发生转变。无论是城市扩展引致的城乡用地转变，“退二进三”城市功能空间调整背景下用地空间的置换，还是新城市空间自身发展过程中用地的更替，均可看作是城市用地空间的重构过程。

首先，老工业基地的转型有效推动了城市经济的扩展，导致城市产业和人口不断集聚，促使新城市空间不断“扩容”，加之地方政府对新区“求大”的倾向，导致新城市空间用地规模不断扩张；其次，城市功能空间的优化调整也是响应老工业基地转型的重要方面，为适应新的产业结构与时代发展需求，以“退二进三”和产业集群等为代表的城市功能空间调整成为常态，亦促进了新城市空间的快速成长；最后，新城市空间功能的演替与升级也是对老工业基地转型的重要响应，新城市空间成长过程中“园区”向“城区”的转型也必然伴随着用地性质的更替，导致工业用地比例必然随之降低，而居住、服务设施等用地则会相应提高，新城市空间的用地结构不断发生重构。

3. 人口空间重构

人口是城市空间演变过程中最为活跃的因素，老工业基地转型背景下新城市空间的人口空间结构必然随之响应，人口空间的重构成为响应老工业基地转型的重要方面。响应主要体现在以下四个方面：一是老工业基地转型促进了城市社会经济的全面发展，加快了人口城镇化的步伐，城市人口不断集聚，人口的大规模增加对城市空间提出新的要求，城市空间的“扩容”成为必然，新城市空间得以大规模的扩展；二是老工业转型过程中国有企业制度改革背景下居民就业方式呈现多元化与灵活化的特征，从而促进了城市人口流动性的加大，居民得以在更大的范围迁移流动，为新城市空间人员的聚集提供了重要的支撑；三是老工业基地转型背景下“单位大院”式居住模式的“瓦解”导致“职-住”的模式发生转变，“职住分离”成为普遍现象，同样提高了人口的流动性，人口空间得以在更宽广的范围进行重构；四是老工业基地转型过程中住房、土地、金融的市场化运作促进了房地产的繁荣，核心区外围大规模居住区的兴建、交通条件的优化、服务设施的逐步完善等为人口向新区的流动提供了必要的基础，进一步促进了人口向新城市空间的迁移。可以说，老工业基地转型对城市人口空间的分布与流动产生了深刻的影响。

4. 产业空间重构

无论是老工业基地的振兴，还是城市产业园区的建设与转型，都始终将产业规模的壮大与结构的升级作为核心任务，产业空间成为维系老工业基地转型与城市建设关系的重要纽带。老工业基地振兴始终将促进新兴产业的发展、产业空间的集群以及老工业区产业的改造升级作为重要突破，促进了各类经济技术开发区、高新技术产业开发区等新区产业集群的发展，而传统老工业区的改造与异地搬迁等策略也成为新城市空间产业发展的重要动力，老工业基地转型背景下产业空间的重构有效促进了新城市空间的成长。产业空间的集聚与结构调整既是老工业基地转型推动的结果，同时也是新城市空间自身对于老工业基地社会经济变迁的积极响应。

5. 资金空间重构

新城市空间成长的本质其实就是资金向新城区的倾斜与流动过程，无论是基础设施建设、产业投资、住房供给，还是服务设施的完善，均离不开资金的持续支撑，我国广泛设立的开发区、工业园区等各类新城市空间形式多是在政府引导作用下进行的，是地方政府通过税费或土地优惠政策等引导投资的结果（武廷海等，2011）。同时，新城市空间的成长进一步导致资金空间的扩展与转移，也是资金空间重构的过程。老工业基地振兴过程中尤为重视投资拉动经济增长作用，通过大规模投资建设的开发区、政务新城、高铁新城、空港新城等不断改变着城市资金空间的整体分布格局，而新城市空间的成长则反过来进一步促进资金空间的重构，资金空间重构与新城市空间的成长具有相互促进、循环累计的效应。可以说，资金空间的重构是老工业基地转型背景下新城市空间响应的本质体现。

6. 职能空间重构

面对老工业基地转型背景下的城市社会经济转变，新城市空间的职能也开始发生变化，城市职能的空间重构也是新城市空间响应老工业基地转型的重要方面。由于新城市空间人口的增多、经济职能的多元化以及服务设施的不断完善，新城市空间逐渐开始具备城市的基本功能，承担更多的城市职能，城市职能空间得以扩展与重构。同时，就开发区本身而言，其管理、服务职能不断完善，如许多设立较早的园区已经基本具备一般城市的基本管理功能，开发区管委会内部管理机构不断增加、运行机制不断创新，管理模式从经济管理逐渐向新城综合管理转型（罗小龙等，2011），成为各类开发区向“城区”转型的重要保障。

3.2　中国老工业基地振兴与转型的阶段划分

3.2.1　基于国家政策转型的阶段划分

1. 20 世纪 80 年代至 2002 年，重点行业与区域振兴阶段

改革开放后，老工业基地衰退问题开始出现并引起关注，早在 20 世纪 80 年代，我国就开始着手展开老工业基地调整改造工作（魏后凯等，2010；王一鸣，1998），原国家经济贸易委员会设立老工业基地改造资金，将上海、天津、重庆、武汉、沈阳、哈尔滨 6 个城市设为重点改造对象，并在“八五”期间进行重点拨款改造。“九五”期间国家通过债转股政策和运用国债资金拉动内需政策，对东北地区给予重点扶持。总体而言，这一时期对于老工业基地振兴局限于某些产业和重点城市，未形成明确的政策与理论体系，处于重点行业与区域振兴阶段。

2. 2002 年至 2016 年，全面振兴阶段

随着东北等老工业基地经济衰退和社会矛盾不断激化，“东北现象”引起社会各界广泛关注，东北地区转型发展引起国家层面高度重视（表 3.1）。2002 年，中共十六大首次提出东北老工业基地振兴战略，明确指出“支持东北地区等老工业基地加快调整和改造”，由此将老工业基地改造上升为国家战略层面；2003 年，《中共中央 国务院关于实施东北地区等老工业基地振兴战略的若干意见》正式拉开了东北老工业基地振兴的帷幕，该意见对东北老工业基地振兴的产业结构升级、制度创新与改革、基础设施建设、对外开放内容等做出了具体部署。

表 3.1　2002 年以来国家层面实施的东北等老工业基地振兴政策与规划梳理

年份	名称	重要内容
2002	党的十六大报告	大力推进企业的体制、技术和管理创新；支持东北地区等老工业基地加快调整和改造
2003	《中共中央 国务院关于实施东北地区等老工业基地振兴战略的若干意见》	促进产业结构优化升级，形成具有较强竞争力的现代产业基地；加大老工业基地中心城市土地置换、“退二进三”等政策的实施力度；进一步扩大开放领域，大力优化投资环境
2005	《国务院办公厅关于促进东北老工业基地进一步扩大对外开放的实施意见》	鼓励跨国公司在东北地区以独资或与当地企业、科研机构、高等院校合资的形式设立研究开发中心
	《国家发展改革委 国务院振兴东北办关于发展高技术产业促进东北地区等老工业基地振兴指导意见的通知》	促进高技术产业生产力的合理布局和集聚发展，在知识密集地区，逐步形成光电子、计算机软件、生物医药、精细化工、航空等产业基地，促进以城市为中心的产业整体优化升级和产业高技术化
2007	《东北地区振兴规划》	加快结构调整与升级；实施一批高技术产业化项目，构建高技术产业链，努力形成一批具有核心竞争力的先导产业和产业集群
2009	《国务院关于进一步实施东北地区等老工业基地振兴战略的若干意见》	充分发挥沈阳、长春、哈尔滨、大连和通化等高技术产业基地的辐射带动作用，形成一批具有核心竞争力的先导产业和产业集群
2013	《全国老工业基地调整改造规划（2013—2022 年）》	优化城市内部空间布局，全面提升城市功能；统筹城市布局调整和产业集聚发展，科学开展新城区建设；引导中心城区的工业企业搬迁到产业园区集聚发展，腾出空间大力发展现代服务业
2016	《中共中央 国务院关于全面振兴东北地区等老工业基地的若干意见》	打造一批具有国际竞争力的产业基地和区域特色产业集群。设立老工业基地产业转型升级示范区和示范园区

后续各种振兴东北老工业基地政策在某种程度上均属于此意见的支持政策，如 2005 年《国务院办公厅关于促进东北老工业基地进一步扩大对外开放的实施意见》出台，2009 年《国务院关于进一步实施东北地区等老工业基地振兴战略的若干意见》，在总结东北老工业基地振兴 5 年来取得阶段性成果的同时，进一步充实东北振兴战略的内涵，对优化产业结构与建立现代产业体系、加快企业技术进步与提升自主创新能力、基础设施建设、资源城市转型、资源环境保护与社会民生等问题进行了宏观指引。总体来看，2002～2016 年国家政策层面对东北社会经济发展与转型给予政策上的全方位关注与支持，这一时期是东北地区经济重振与转型的重要阶段，国民经济水平与社会事业显著提升，社会与环境问题初步得到治理，这是东北老工业基地全面振兴极为关键的 10 年。

3. 2013 年以来，调整改造阶段

近年来，受国际金融经济危机、经济增长放缓等影响，国内正面临新一轮产业结构转型，全国整体处于“新常态”形势，受东北老工业基地体制性与结构性

矛盾仍然存在等因素影响，尤其是 2011 年以来东北地区经济出现了新一轮的“衰退”。基于此，东北振兴开始进入调整与改造阶段，从国家实施的各项政策来看，对于东北地区仍属于全面振兴策略，但方式开始有所转变，更加注重内生力量的培育。

2013 年 3 月，国家发展改革委批复了《全国老工业基地调整改造规划（2013—2022 年）》，该规划从产业再造、城市功能提升、绿色发展、科技创新、民生保障以及深化改革开放等几个方面对全国老工业基地调整改造进行规划部署。2016 年 4 月，面对新的国际国内环境，中共中央审议通过《中共中央 国务院关于全面振兴东北地区等老工业基地的若干意见》，从完善体制、结构调整、鼓励创新、改善民生等方面提出新形势背景下的指导意见，彰显了东北地区等老工业基地振兴战略在我国发展全局中的重要地位，标志着新一轮东北振兴战略的全面启动实施。可以看出，老工业基地的转型始于 20 世纪 90 年代初期，2003 年以来引起了较为广泛的关注，同时在政策层面也开始获得更多的支撑。

3.2.2　基于社会经济转型的阶段划分

城市社会经济水平的提升是老工业基地振兴的重要目标与必然结果，老工业基地振兴的核心任务，包括企业改制、产业升级、技术创新、全面对外开放、优化投资环境等策略均直接作用于社会经济发展，因此，基于城市社会经济变迁轨迹可以更为客观地反映出老工业基地转型的阶段性差异。图 3.1 是 1990～2014 年，沈阳市、大连市、长春市、哈尔滨市主要社会经济指标变化。可以看出，1990 年至 2003 年前后各项指标均缓慢提高；2003 年以后迅速提升，尤其 2008 年东北三省地区生产总值增长率超过全国平均水平 1.7 个百分点；但 2012 年以来各项指标增速趋缓。依据城市主要社会经济指标变化趋势，可将 20 世纪 90 年代初期至今社会经济水平变化划分为 1990～2003 年逐步提高阶段、2003～2011 年迅速提高阶段和 2011 年以来调整阶段。

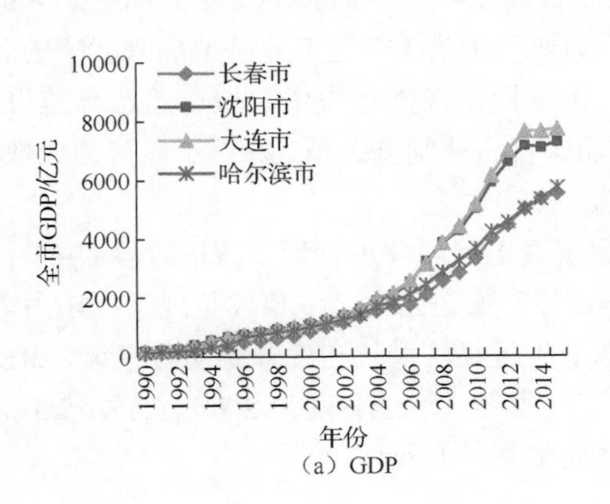

（a）GDP

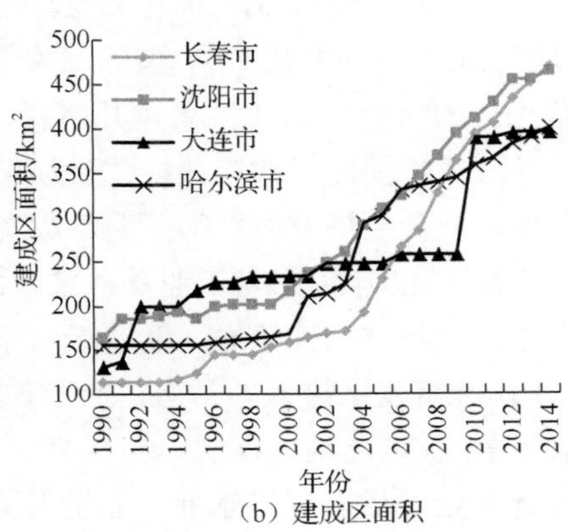

（b）建成区面积

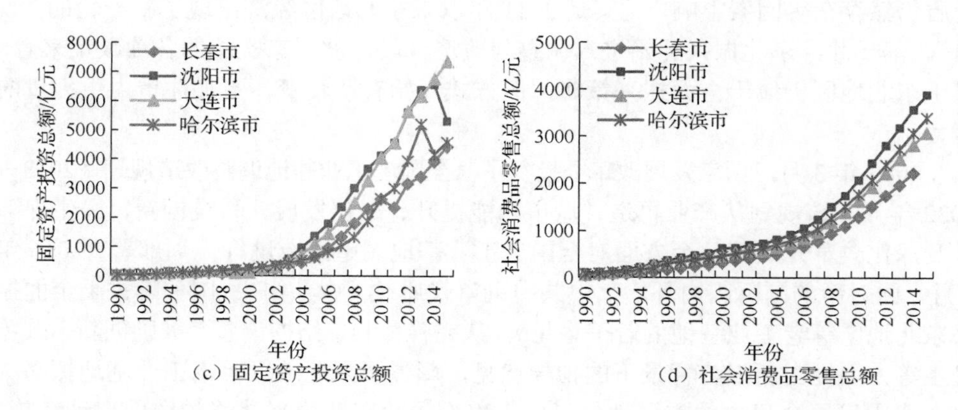

（c）固定资产投资总额　　（d）社会消费品零售总额

图 3.1　1990～2014 年沈阳市、大连市、长春市、哈尔滨市主要社会经济指标变化

资料来源：《中国城市统计年鉴》（1991～2015 年）

3.2.3　本书对老工业基地转型的阶段划分

由于老工业基地转型是一个整体性概念，转型的成效难以量化，并且基于不同学科、不同角度对转型阶段的认识也存在明显差异，以往研究中对于老工业基地转型阶段的划分内容涉及较少，极不利于对老工业基地转型的认识以及未来发展趋势判断，基于此，本书综合老工业基地振兴政策的梳理和城市社会经济水平发展趋势分析，将老工业基地转型划分为三个阶段。

一是 20 世纪 80 年代中后期至 2002 年老工业基地问题出现与缓慢转型阶段。这一时期老工业基地体制性、机制性矛盾集中出现，老工业基地衰退问题积重难返，社会经济问题逐渐引起广泛关注，虽然各级政府出台各种政策试图减缓这一衰退趋势，但效果并不明显。

二是 2002 年至 2012 年老工业基地全面转型阶段。随着 2002 年党的十六大的召开和 2003 年《中共中央 国务院关于实施东北地区等老工业基地振兴战略的若干意见》的出台，东北振兴拉开序幕，国家层面在固定投资、城市改造与建设、对外开放等方面给予政策扶持，极力推动国有企业制度改革，取得了显著的成效，东北地区社会经济发展取得了瞩目成就。

三是 2012 年以来老工业基地重新出现衰退问题并进行调整改造阶段。由于仍存在体制性与结构性矛盾、发展活力不足等，加之国内经济整体呈现下行压力影响，中国经济发展进入新常态，近几年东北地区经济增长速度开始明显减缓，2015 年前三季度，东北地区辽宁、吉林、黑龙江三省经济增速分别为 2.7%、6.3%、5.5%，全部居于全国后五位，东北老工业基地面临新的转型。

这三个阶段的划分，将为老工业基地转型背景下新城市空间成长历程研究提供重要的参考依据。

3.3　老工业基地转型背景下新城市空间成长阶段

3.3.1　新城市空间成长的背景

一是园区功能逐步多元化。由于我国开发区建设与城市化的推进具有较高的一致性，因此开发区向综合性新城转型已经成为具有中国特色的城市发展模式。各类园区在发展过程中逐渐由单一生产功能向多元化功能转型，其空间物质形态、政府管理职能、社会经济要素组成乃至居民生活方式均不同程度地向“城区”发展。例如广州开发区在1991～1995年主要为建设现代化工业园区，在开发区规模、产业结构和管理模式上进行改善，引进了一批高科技产业，到了1996～2004年，开发区与高新区、出口加工区和保税区实现“四区合一”，以建设综合性城市功能区为发展目标，逐步形成从经济开发向技术开发、城市开发的新城转向，形成后来萝岗区的雏形。

二是城市功能空间调整。城市发展过程同时伴随着城市空间调整，生产型功能逐步从城市核心区“退出”，一般性服务设施逐步扩展，而高端服务业不断集聚，核心区城市功能调整与外溢的同时也对外围新区产生众多直接或间接的影响。一方面城市功能空间调整（“退二进三”等）将部分功能置换到外围新区，从而促进新城市空间功能的多样化；另一方面城市的不断发展促使核心区功能的集聚不断加强转而出现外溢，受核心区用地限制、交通拥挤、环境污染等“反磁力”作用，部分服务功能开始在外围新区寻求新的发展空间，如普遍存在的政务新城的建设、大型零售设施的外迁、外围新区商务中心的建设等。快速城市化背景下城市人口、用地规模不断壮大，导致城市功能空间调整与外溢成为常态，而这一宏观背景成为新城市空间成长的重要历史机遇。

三是地方政府的推动。全球化背景下城市发展正面临前所未有的机遇与挑战，随着2001年中国加入世界贸易组织，老工业基地振兴的全面实施，尤其是老工业地区开发区设立之初的优惠政策陆续到期，各类开发区发展的国内外环境发生了显著变化，面临着重新定位与战略调整的转型问题。地方政府为适应国内外社会经济发展形势和城市演变规律而对城市发展战略、新城市空间成长路径进行有效的引导，如对开发区的指导思想由20世纪80年代出口加工为主，逐渐转变为致力于将开发区发展为区域创新基地、区域经济增长极以及承担城市功能的重要城市组团。一些发展基础较好的开发区都已经在规划中明确提出向“新城区”发展、打造城市副中心的规划口号，例如广州提出“把开发区建设成为以现代工业为主体，三次产业协调发展、经济与社会全面进步的广州新城区”，在此背景下许多大城市开发区在物质空间上呈现出日益明显的新城转向（杨东峰等，2006）。

四是国家宏观政策影响。随着我国社会经济发展阶段和全球格局的转变，国家层面对新城市空间发展的政策不断发生转变，20 世纪 80～90 年代随着改革开放的逐步深化，市场经济大潮席卷全国，中国城市经济发展异常迅速，城市人口、产业、用地规模随之迅速壮大，这是我国开发区发展的重要阶段，尤其是在 1992 年以后伴随着市场经济的深化与招商引资的热潮，一度出现“开发区热”；20 世纪 90 年代中期至 21 世纪初期大学城、科技新城等在各大城市竞相出现，引发了短时期的“大学城”建设热潮；近年来，国家重新启动了国家级新区的设立步伐，作为肩负着国家战略使命的综合性新区，也将成为新城市空间重要的组成部分。与此同时也出现了一些负面效应，如普遍存在的用地“圈而不建”、侵占农田等，以至于 2003 年 7 月发布《国务院办公厅关于暂停审批各类开发区的紧急通知》（国办发明电〔2003〕30 号），对全国各类开发区进行了清理整顿和设立审核。在政策驱动与社会经济发展需求等多因素作用下土地开发日益升温，这一过程中工业区则常常作为各类土地开发的先发载体。一方面各开发区为了招商引资，竞相降低进入门槛，经常导致开发区财政上的入不敷出，“大循环”开发模式因受工业生产财税回笼慢、补贴政策多等拖拽难以迅速“变现”，使得理论上的“滚动开发”模式难以为继；另一方面，为工业配套的商业性开发却能快速回笼资金获得较大收益，这就促使许多开发区竞相扩大商业性土地开发行为，在“产城融合”的旗号下“工业园区”逐渐蜕变为“工业新城”（汪劲柏等，2012）。

3.3.2 新城市空间成长阶段的借鉴

1. 相关研究借鉴

已有研究中对新城市空间成长阶段讨论较多，研究内容上学者主要集中于对开发区、园区以及新城新区等形式的讨论，研究视角上多基于新城市空间形成的背景、空间结构与形态、与城市空间互动机理以及所承担城市职能等角度展开。

针对开发区发展阶段的讨论，杨东峰等（2006）将 1984 年以来开发区发展历程划分为早期创业阶段（1984～1991 年）、快速扩张阶段（1992～1996 年）、调整转型阶段（1997 年以后）；郑国（2011）将开发区与城市空间重构历程划分为 1984 年至 20 世纪 90 年代中期开发区的“孤岛”和“飞地”阶段，20 世纪 90 年代中期至 2005 年前后开发区对城市空间影响效应增强阶段，以及 2005 年以来开发区与城市空间融合发展阶段；罗小龙等（2011）则将开发区从单纯产业园区向城区转变概括为开发区的“三次创新”过程。

针对园区发展阶段的讨论，李佐军等（2014）通过对我国园区发展回顾，将我国园区发展划分为 1979～1983 年的探索阶段、1984～1991 年的起步阶段、1992～2002 年的快速发展阶段以及 2003 年以来的稳步发展阶段。

针对新城新区发展阶段的讨论，武廷海等（2011）将新城发展的宏观背景划分为 20 世纪 80 年代的农村和城市改革，90 年代权力下放、分税制和市管县，以及 21 世纪以来全球化、城市区域和大事件/巨型工程三个阶段（图 3.2）；李建伟（2013）则基于增长极理论，将城市新区的形成和发展划分为孕育初创期、快速成长期和稳定成熟期三个阶段，指出新区功能由被动规划逐步向主动选择转换。值得一提的是，冯奎等（2015）对新城新区研究内容较为综合，其所讨论的新城新区包含了各类开发区、新城、园区等形式，与本书所指的新城市空间内涵较为接近，根据新城新区发展的数量与动力机制的不同，将其分为五个阶段：1949～1978 年的计划经济时期工业新城发展阶段，1979～1991 年改革开放时期外向型经济空间锻造阶段，1992～2000 年中国城市大发展时期都市区空间扩张阶段，2001～2008 年全球化时期的世界工厂建设阶段，以及 2009 年以来转型发展时期内需拉动和快速城镇化阶段。

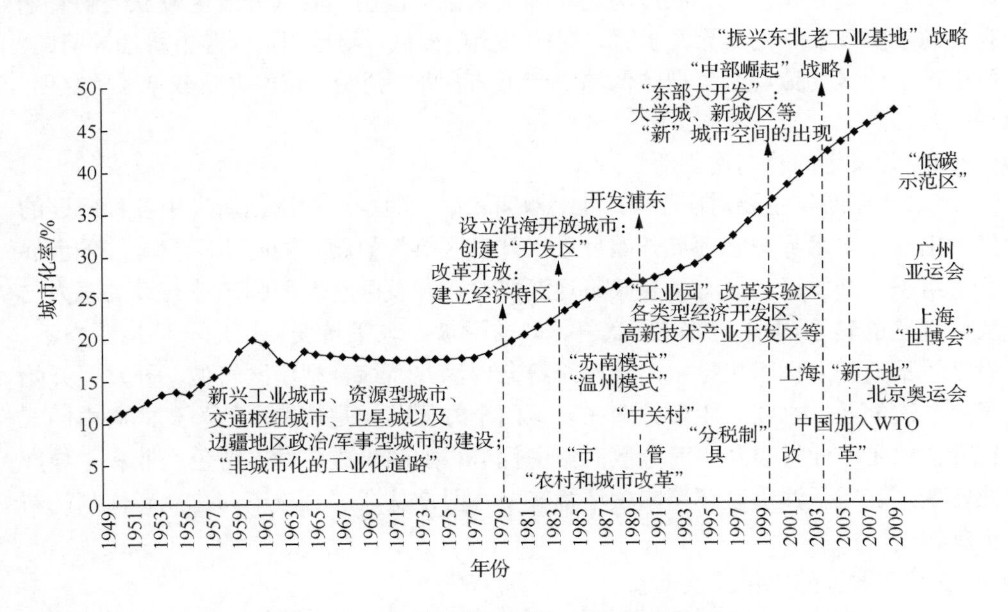

图 3.2　中国新城的发展历程（武廷海等，2011）

可以看出，已有研究多侧重于新区历史背景转变、经济水平发展和动力机制变迁等方面的讨论，而对于新城市空间这一现象的整体性特征研究较少，未能对各类园区向城区转变的机理展开深度剖析，尤其是中国社会经济发展整体上进入

“新常态”，城市发展随之进入关键的转型时期，对于新时期各类新城区发展研究不足，同时对老工业基地新城市空间成长问题研究也较少涉及。

2. 开发区的“三次创新”理论

各种类型的开发区对我国的国民经济、社会发展以及城市化进程做出了巨大贡献，成为许多城市经济增长与产业结构调整的主导力量。学术界通常将我国开发区发展理论总结为“一次创新”（奠定基础）、“二次创新”（提升发展）和“第三次创新”（新城转向）（罗小龙等，2011）。虽然开发区与新城市空间有一定差别，但各类开发区构成了新城市空间研究的主体内容，也是新城市空间较具代表性的空间形式，可以通过借鉴开发区成长历程即“三次创新”过程来认识新城市空间的成长历程。

1）开发区的“一次创新”

“一次创新”是指开发区设立之初的起步阶段，大致对应于 20 世纪 80～90 年代，国家为吸引外资、发展高新技术产业以加快区域经济发展，开始设立经济技术开发区和高新技术产业开发区，主要在基础设施、产业环境、招商引资方面做出努力，奠定了园区的制度与物质环境基础。但由于我国开发区设立之初普遍存在急于实现要素的集聚与扩张，存在入园门槛低、用地粗放、滥占耕地等问题，所引进企业多为劳动密集型的低端生产工艺企业，资金、技术含量较低（杨继瑞，1994）。

2）开发区的“二次创新”

“二次创新”主要对应于 21 世纪初期之后，随着“一次创新”中各种问题的集中出现，学术界与管理界开始反思“开发区热”问题，同时由于我国加入世界贸易组织，开发区的原有优惠政策逐渐取消，开发区普遍面临产业升级的压力与战略调整的转型问题，在市场竞争、效益滑坡、政策转变、用地与环境压力下，设立较早的开发区积极寻求出路，纷纷向内涵式、综合型新区转型，开发区开始了“二次创业”之路。主要体现在以下四个方面：一是从发展的外延式向内涵式转变；二是产业发展从小而分散向集中优势、加强集成、发展特色产业和主导产业转变；三是从注重硬环境向软环境转变；四是从渐进式改革向建立新体制、新机制转变。

3）开发区的“第三次创新”

随着快速城镇化推进和企业型政府的推动，各类开发区不断向城市新区转变，主要表现为用地结构发生演替，工业用地比例不断降低，居住、商服用地比例增加；产业结构得以升级并呈现多样化，产业选择由单一制造业向二、三产业并举发展；城市服务、管理功能逐渐齐全，开发区管委会职能开始具备更为齐全的功能，部分开发区已经具备综合型城市功能，许多大城市的开发区纷纷提出建立新城区的目标（表3.2），有学者将这种变化称为开发区的“第三次创新”（罗小龙等，2014）。这种“园区”向“城区”的根本性转变比第一、二次创新影响更为深远。严格来讲，各类开发区等园区经过“第三次转型”之后才能真正称之为新城市空间，而“第三次创新”过程正是新城市空间形成的过程。虽然有些新城新区在规划之初就定位为综合性城区职能，但其成长过程也必然经历“奠定基础—提升发展—功能转型”的过程，开发区的三次转型理论仍然适用。

表3.2 开发区转变为新城区的案例

开发区名称	转型（或规划）后的新城区	开发区名称	转型（或规划）后的新城区
沈阳经济技术开发区	沈阳铁西新区	苏州工业区	苏州西部新城区
沈阳高新区	沈阳浑南新区	杭州高新区	杭州滨江区
大连开发区	新城区	宁波经济技术开发区	宁波北仑区
青岛开发区	青岛黄岛区	广州开发区	广州萝岗区（后划入广州黄埔区）
天津开发区	天津滨海新区	武汉东湖高新区	武汉江南片东南部新城区
郑州高新区	郑州西部新城区	重庆开发区	重庆北部新区

3.3.3 新城市空间成长阶段的划分

新城市空间是一个极具时代内涵的特定概念，其空间形式与组织构架也随着时间的变迁而不断改变，由20世纪80年代个别单一生产性功能园区的设立，到当今新城新区成为城市扩展的主体形式，新城市空间也经历了由园区到城区、从向城区“索取”到“反哺”城区的成长过程。本节在借鉴已有研究的基础上，依托国内外新城新区发展的成长背景，侧重于新城市空间功能与城区化水平的考察，将新城市空间划分为“园区”发展时期与“城区”发展时期两大阶段。

1. “园区”发展时期——新城市空间起步阶段

“园区”发展时期主要对应于开发区的“第一次创新”阶段，以扩大生产、出口加工、提高经济总量为核心目的，整体处于资本的原始积累阶段。这一时期新城市空间的职能相对单一，但扩展迅速。成为我国城市经济重要的增长极，为我国经济“蛋糕的做大”过程做出了历史性贡献。“园区”发展阶段又可细分为改革开放至1992年园区的探索阶段和1992～2000年园区的壮大阶段。

改革开放至1992年为园区的探索阶段，随着改革开放政策的落实，土地制度的改革以及户籍制度的松动，改革开放初期我国城市经济进入空前的发展机遇期，面临着引资与生产的巨大空间需求，开发区等生产园区应运而生。这一时期开发区遵循“三为主”“四窗口”的思路，走上了生产园区的探索之路，也成为我国当前新城市空间现象的滥觞。

1992～2000年为园区的壮大阶段，1992年邓小平南方谈话精神对我国改革开放的深化落实与开发区政策的放开起到重要的促进作用。随着开发区优惠政策的增多和开发区政策的放宽，各大城市相继设立经济技术开发区、高新技术产业开发区等多种类型的产业园区，一度出现“开发区热”，我国分税制（1994年）、住房市场化改革（1998年）等政策的落实，进一步激活了城市扩展的活力，园区设立与建设的热度不减，大学城、政务新城、居住新城甚至综合型新城等名目众多的园区形式开始出现，各类园区进入快速成长阶段。

2. “城区”发展时期——新城市空间形成阶段

经过前一时期的发展，各类园区经济规模达到较高水平、社会职能逐渐多元化，部分园区无论是景观风貌、用地结构、组织机构、社会构成等均开始具备“城区”的特征，各类园区由此开始进入“城区”发展阶段。侧重于新城市空间成长背景和内涵差异的考量，本书将“城区”发展时期划分为2001～2009年城区的转型阶段和2009年至今城区的调整阶段。

2001～2009年为城区的转型阶段，2001年以来伴随着中国加入世界贸易组织，各种开发区税费优惠政策相继到期，用地等审批政策趋紧等多重转变，各类园区发展的国内外环境发生巨大变化，被迫改变原有的发展思路与路线，转向注重内涵、集约、创新的发展模式，园区生产、生活、服务职能逐步多元化，新城市空间由园区向城区的转型成为发展的主旋律。这一时期同时也是新城市空间稳定持续发展的阶段，大致对应于开发区的“第二次创新”。

2009年至今，城区的调整阶段，随着2008年世界金融危机对我国外向型经济打击的持续发酵，中国开始注重内需拉动经济发展模式，尤其在2010年以来，中国经济发展速度开始降低，国家宏观经济发展整体进入“新常态”，国家对于开发区等新城区发展策略开始有所转变，调整转型、产业升级、技术与管理创新成为这一时期的重要任务，新城区开始进入调整阶段，新城市空间成长也相应地进入“新常态”，这一阶段大致对应于开发区的“第三次创新”。

3.4 老工业基地转型背景下新城市空间主要类型

3.4.1 新城市空间类型划分依据

城市空间类型的划分是城市地理学常用的研究方法，早期芝加哥生态学派提出的“同心圆”“扇形”“多核心”模型就包含了对城市地域类型划分的思想，城市空间类型的划分有助于认识城市空间分异的特性并总结空间格局分布规律。由于新城市空间并非均质的空间单元，包含了各类开发区、新城新区等多种形式，因此对于新城市空间成长机理与路径探索不能一概而论，而城市空间类型的划分有助于认识城市空间分异的特性并总结其空间分布规律，从而有针对性地提出调控路径。

已有研究中对于新城新区类型讨论较多，形成了较为系统的研究成果，但无论是新城新区，抑或是园区等概念在国内学术界均未形成统一的认识，对新区类型划分的角度、侧重点以及类型形式大相径庭，难以形成统一的认识，这些概念都与本书所讨论新城市空间具有一定的相似性，这些研究可为本书提供重要的理论基础与借鉴。总体来看，已有研究中对新城市空间类型的划分主要基于以下几种视角。

第一，基于空间形态与结构视角的划分。如张晓平等（2003）根据开发区与母城空间形态关系将开发区分为“双核式”“连片带状”“多级触角式”三种类型；朱郁郁等（2005）从形态尺度角度将新城市空间分为“集聚型”和“飞地型”两种，其中“集聚型”指新城市空间表现为大规模地集中在某一地块上，如大型开发区等，而“飞地型”指空间规模较小，独立地镶嵌在城市内部或外围，如郊区大型购物超市等；冯奎等（2015）则根据新城新区与原有城市的距离将新城市空间划分为“独立新区”“边缘新区”“内置新区”三种类型。

第二，基于开发与管理模式视角的划分。如朱郁郁等（2005）根据新城市空间形成主导力量可分为政府主导型和市场主导型两种类型。政府主导型主要指政府通过财税、土地政策、城市经营等影响方式下建设的新城市空间，如新行政空间等，而市场主导型主要指市场作用下形成的新城市空间，如新产业空间、新商业空间、新居住空间等。李佐军等（2014）就开发模式将我国园区分为主体企业引导的运作模式、管委会下属的地产公司运作模式、专业地产商运作模式以及综合运作模式四种类型。

第三，基于新城市空间的功能视角的划分。主要侧重于新城区所承担的城市功能进行类型的划分，如冯奎等（2015）根据新城区功能的不同将其分为生产型（如北京亦庄新城）、居住型（如北京回龙观）、会展型（如广州天河新城）、空港物流型（如北京顺义新城）、政务型（如青岛东部新城）五种类型。

第四，基于成长的动力机制视角的划分。如张学勇等（2011）将新城分为乡镇整合型（如上海松江新城）、重大项目带动型（如唐山曹妃甸新城）、新区建设型（如哈尔滨松北新区）、开发区转变重构型（如苏州金鸡湖新城）四种类型，同时还指出按照新城兴起原因则可分为开发区、工业卫星城、大学城、郊区居住大盘、政务新城、综合性新城等类型。

第五，基于综合视角的划分。如冯奎等（2015）对新城新区类型进行了系统的梳理与划分，将新城与新区区别对待，从综合的角度分别将新城划分为通常型（包括卫星城、新城、边缘城市等）、特色型（包括产业新城、科学城、大学城、空港新城、高铁新城、临港新城等）和“先锋”型（包括生态新城、低碳城市等）三大类，而将新区划分为综合性新区（如郑东新区）、特色型新区（包括产业型新区、新中心城区、政务新区、郊区大盘、会展中心、奥体新区等）两大类。

整体来看，已有研究较为全面地包括了我国各类新城新区，对各类新区之间的异同性规律展开了卓有成效的研究，成为对于新城市空间类型划分的重要依据。但已有关于新城市空间类型划分的研究主要存在以下三点不足：一是在类型划分过程中多基于某种视角，侧重于某一方面的考察，研究角度较为单一；二是缺乏对主题功能、新城功能的探讨，中国各类新城新区设立之初多肩负着不同的功能使命，由此产生的新城市空间必然存在差异，以往研究中并未对此展开深入讨论；三是已有对新城市空间类型研究或基于北京、上海、广州大城市的新区，或基于全国层面，较少关注东北老工业基地新城市空间。鉴于此，本节将在全面介绍我国新城市空间主题类型，深入了解不同主题类型新区设立、发展、转型的基础上，试图基于本书研究侧重，对老工业基地新城市空间划分出较为综合的类型。

3.4.2 新城市空间主题类型介绍

由于新城市空间至今仍没有形成统一的概念与实体形式（如行政区、名称等）概括，本书所指新城市空间实质就是由各类开发区（经济技术开发区、高新技术开发区、保税区、出口加工区等）、政策新区（国家级新区、政务新城、科学园区）等为主题空间组成的综合体。为厘清新城市空间主要的组成类型与发展历程，本节主要对常见的几类主题类型的新区形式进行介绍。

1. 经济技术开发区

中国经济技术开发区的提出始于1984年国务院召开的沿海部分城市座谈会，会议决定进一步开放青岛、大连、天津、上海、广州等14个沿海城市，提出“划定一个有明确地域的区域，兴建经济技术开发区”。随后的1986～1988年福州和上海的闵行、虹桥、漕河泾相继被批准为国家级经济技术开发区，园区发展宗旨也由最初的“四窗口”转变为“三为主”原则。1992～1994年是中国经济技术开发区设立的高潮期，一度出现“开发区热”和开发区“遍地开花”的现象，设立的背景主要是受邓小平南方谈话精神的推动，国务院先后批准了温州、营口、威海、福清、沈阳、长春、武汉、芜湖、杭州等的18个经济技术开发区，同时各类省级、市级开发区也纷纷设立。据统计，2014年1～9月全国215个国家级经济技术开发区实现地区生产总值超过5.6万亿元，占全国的13.4%。

2. 高新技术产业开发区

高新技术产业开发区主要是指中国改革开放后在一些知识密集、技术密集的大中城市和沿海地区建立的发展高新技术的产业开发区，其设立背景在于迎接世界新技术革命挑战、我国不断深化改革开放。1988年5月《国务院关于深化科技体制改革若干问题的决定》指出“智力密集的大城市，可以积极创造条件试办新技术产业开发区，并制定相应的扶持政策”，并于1988年5月成立了中国第一个国家级高新区——北京新技术产业开发区，截至2014年8月，114个国家级高新区实现工业总产值19.7万亿元，实现增加值5.8万亿元，占全国GDP 10%以上，出口创汇占同期全国外贸出口总额的16.9%，出口总额3700亿美元，截至2015年底国家级高新区总共达到144个（附录表A.1）。

3. 保税区

保税区是由国务院批准设立的、海关实施特殊监管的经济区域，是中国对外开放程度较高、运作机制较便捷、政策较优惠的经济区域之一，其功能定位为“保税仓储、出口加工、转口贸易”。中国第一个保税区——上海外高桥保税区成立于1990年6月，1991年以来国务院又陆续批准设立了天津港、大连、张家港等14个保税区以及1个享有保税区优惠政策的经济开发区——海南洋浦经济开发区。由于保税区按照国际惯例运作，实行比一般开发区更为灵活的优惠政策，已经成为与国际接轨的“桥头堡”。截至2015年我国共设立12家保税区。

4. 大学城

大学教育机构与城镇结合建设在国外就有着悠久的历史，最早可追溯到古希腊时期或罗马时期的修辞学校或法律学校。近代随着大学职能的基本确立，才产生了真正意义上的大学城，美国的硅谷、波士顿，英国的剑桥、牛津，日本的筑波科学城等均是成功的大学城。

国内大学城的建设受到高校扩招和新城建设两个因素推动。一方面随着1999年教育部《面向21世纪教育振兴行动计划》的出台，我国进入大学扩招的时代，大学城成为高校扩招催生下的结果，不仅承担了教育产业化空间落实，而且也为高校的多元化办学提供空间支撑，为各高校集聚提供了教育资源整合的探索空间；另一方面，大学城建设也为城市发展提供了新的契机，“分税制”“分权化”改革背景下地方政府经营城市目的成为推动大学城建设的“发动机”，地方政府借此采用以土地空间资源为核心要素的商业运作模式，通过银行借贷实现城市空间的拓展，进而寻求新的经济增长点。

大学城建设热潮主要集中于 1999～2003 年前后，持续时间较短，且主要分布于大城市。1999～2000 年上半年有 10 个城市提出大学城建设计划，到 2002 年全国在建或已经建成的大学城达到 50 个（表 3.3）。1999 年河北廊坊市开发区划拨 2300 亩[①]土地，由北京外资集团投资建设的“东方大学城”拉开了我国兴建大学城的帷幕；2003 年广州在番禺区规划建设面积为 34.4km^2 的广州大学城，同一时期还有上海松江大学城、广州小谷围大学城、深圳大学城等；南京作为教育资源丰富的城市，规划建设了浦口、江宁、仙林 3 个大学城。东北地区如沈阳、大连、长春、大庆等城市也争相规划建设了大学城。

表 3.3 到 2002 年全国各地已建或在建大学城统计（冯奎等，2015）

地点	个数	地点	个数	地点	个数
北京	3	吉林	1	湖北	4
重庆	1	安徽	1	陕西	4
黑龙江	3	福建	5	宁夏	1
浙江	5	河南	6	四川	1
江西	4	广西	4	甘肃	1
湖南	3	内蒙古	1	云南	1
广东	5	天津	4	新疆	2
山西	2	辽宁	3	海南	1
上海	7	江苏	12	贵州	1
河北	1	山东	8		

随着 2003 年国家审计署审计大学城圈地运动和 2006 年教育部提出控制扩招速度后，大学城建设热潮明显降温，同时由于建设模式、社会效益、人文关怀等方面饱受争议，大学城建设热潮主要集中在 1999～2003 年，后期热潮明显衰减，有些大学城并未真正按原有计划进行建设，如东方大学城并不是建设真正的大学园区，而是借此在京郊低地价获取大量土地进行开发，最终由于资金链断裂陷入困境，至今仍未走出困境，而松江大学城秉持“先造城后造市”建设思路导致严重的空城危机。

5. 国家级新区

国家级新区是由国务院批准的承担国家重大发展和改革战略任务的综合性功能区，国家级新区内实行更加开放和优惠的特殊政策，鼓励新区进行各项制度改

① 1 亩≈666.7m^2。

革与创新的探索工作。总体而言，国家级新区具有拉动区域经济增长、实现产业战略升级、扩大对内对外开放、示范特色经济等主要功能，承担多项重大的改革和发展任务，多功能类型的新区将构建起我国未来区域发展的空间格局。最初的一批国家级新区设立于20世纪90年代，1992年10月设立了中国第一个国家级新区——上海浦东新区，1994年3月，天津滨海新区成立。此后设立工作停止，直到2010年再次启动，重庆两江新区、浙江舟山群岛新区、甘肃兰州新区、广东南沙新区、陕西西咸新区和贵州贵安新区陆续成立，截至2016年6月，中国国家级新区总数共18个（附录表A.2）。目前东北地区已经拥有大连金普新区、哈尔滨新区和长春新区3个国家级新区。

国家级新区是一种新开发开放与改革的大城市区，与开发区的主要不同之处在于：从级别来看，国家级新区具备一级管辖权，规格一般为副部级，而开发区不具备这样的条件；从战略地位来看，国家级新区一般都上升为国家战略，而开发区不具备国家战略；从规划与管理来看，国家级新区由国家统一进行规划与审核，开发区一般由地方政府规划并报国务院批准，开发区数量明显多于国家级新区；从功能来看，国家级新区承担更多的综合性功能，而一般开发区多以产业为主，功能相对单一，等等。

近年来，国家级新区批准次数与个数逐渐增多，而国家级开发区、高新区等形式开始降温，这在某种程度上也说明，当前已经形成了综合性新区的建设高潮，与此同时，国家开始整顿开发区，生产性新区纷纷转向综合性新区开发，直接进行综合性城市空间的构建成为当前重要的发展思路。

6. 其他形式的新城市空间

（1）政务新区。政务新区主要指国家的中央政府或地方政府机关较为集聚的区域。20世纪90年代后期，许多城市为拉动新城发展开始进行政务中心的搬迁，一方面卖掉原有成熟街区或办公区住房与用地筹集资金进行新区开发，另一方面在新区建设新行政中心。新行政中心多将发展目标设定为“新城”开发，开发目标并不局限于改善办公条件，形成了综合的“政务新区”，如青岛（1994年）、无锡（1995年）、苏州（1996年）等先后通过建设新行政中心建设了城市新区。2000年后，利用行政中心建设拉动新区地价，进而激活房地产开发的做法逐渐增多，在此背景下国家于2004年出台整顿政策，一度叫停“楼堂馆所”建设。东北地区政务新区建设相对较晚，如2005年哈尔滨市政府搬迁至松北新区、2006年长春市政府搬迁至南部新城等。总体来看，较早展开政务新区建设的新城已经具备一定规模和影响力，如青岛市政府的搬迁使得东部新区发展成为新的行政、办公、旅游、商务商贸中心，有效促进了新区的发展，全面提高了城市竞争力。但并非每个城市政务中心建设都是成功的，如哈尔滨松北新区由于跨江门槛过高，新行政中心对周边地区的拉动效应有限，新区开发的繁荣程度远不及靠近主城发展的其他新区（李佐军等，2014）。

（2）居住新区。与以工业生产为主的园区不同，我国大城市还普遍存在一种以居住功能为主的新区形式，一般称之为“郊区大盘”，这种居住新区多为开发商主导下的大规模房地产开发的结果，但背后也有政府的影响（汪劲柏等，2012）。“郊区大盘”的雏形是1985年深圳华侨城，其实质为“旅游地产+住宅地产”的商业化开发模式，由“欢乐谷”“世界之窗”“华侨城社区”等共同构成了一个现代化的新城区。大型居住新区主要出现在2000年以后，产生了一批具备一定规模与影响的“郊区大盘”，如广州的华南板块和洛溪板块，北京的天通苑、回龙观、富力城，上海的康城，深圳的桃源居等，这些“郊区大盘”通常是开发商和地方政府共同运作的结果，构成了所在城市空间扩展的重要内容。

居住组团形成的机制在于，从政府角度而言，大盘开发可以为其带来可观的土地收益，简化审批程序，经过统一规划建设有助于塑造城市风貌、打造城市名片，同时迅速扩展城市规模；对开发商而言，可以借机圈地，并形成大品牌效应，便于统一管理；而对入住者来说，大盘开发一般质量与物业有保障，配套较为齐全。郊区大盘的问题主要在于，位置多离中心城区较远，交通相对不变，造成居民长距离的通勤交通烦恼，医疗、教育、安保等社会服务配套也难以保障。“郊区大盘”天生具有形成“卧城”的潜质与趋势，规划建设中应注重输入多元化社会功能，构建综合性生活社区，避免沦为“卧城”甚至“空城”的尴尬局面。

（3）空港新城。随着经济全球化与区域经济联系日益紧密化，空港已经成为国家和地区重要的交通枢纽，以机场为依托的空港新城（区）成为城市空间开发的热捧对象和区域重要的增长极。近年来，我国逐渐重视空港经济的发展，许多城市诸如北京、上海、香港、深圳均已开始打造空港经济区，利用空港优势带动周边资源的集聚与产业发展，形成带动区域经济发展的“发动机”。空港新城一般选址在相对独立的位置，规划面积由几平方公里到数十平方公里不等，例如首都机场，1994年建立空港经济区，2004年完成了占地100～150km^{2}的航空城总体规划，如今已经形成了包含空港工业区、汽车生产基地、空港物流基地、顺义新城等在内的“环状临空经济圈”。长春龙嘉机场空港经济区已经确立为省级开发区，并着手制定了相关规划，控制面积达423.0km^2，规划面积100.0km^2，截至目前已经具备一定基础和规模，成为长春都市区新的增长极。

（4）高铁新城。随着高铁的普及，高铁站点逐渐成为城市人流、物流的集聚地，“高铁新城”这一概念开始受到关注，成为新区扩展的重要方式。截至2014年，中国高铁沿线已建或规划在建的高铁新城约120个，已建较为完备的高铁新城达到 49 个。中国高铁站点大多位于大城市中心城区的边缘或小城市郊区，正是城市新区发展的理想区域，有些城市将高铁站点与城市建设进行统一部署，实现了铁路规划与城乡规划的协调。如哈尔滨西站，2003 年哈尔滨市南岗区提出了“集中改造哈西老工业区，开发建设哈西新区”的设想，哈西地区被确立为未来的城市副中心，2007 年高铁站定址哈尔滨西部，城市抓住了哈大高铁修建的契机，与城乡规划相结合，统一部署高铁新城建设。

（5）综合性新区。也有一些新城区在规划设立之初就将其定位为综合性新区，其开发诉求与采取策略不同于一般开发区、大学城、居住组团等，功能定位较为综合。如 20 世纪 80 年代深圳华侨城、沙头角镇可以看作是改革开放后最早的综合性新区；20 世纪 90 年代上海浦东陆家嘴以金融商务功能为主，与金桥、外高桥、张江三个工业园区共同构成浦东新区开发的主体内容，树立了综合性新城区开发的范例。近些年来，综合性新城区规划建设多伴有地方政府“造城”的动机，如合肥滨湖新区，在经济技术开发区、政务新区、大学园区都已初具规模的前提下，新一轮规划提出开发区滨湖新城，规划总面积约 196km^2，被赋予合肥通过巢湖连接长江、融入珠江三角洲的水上门户地位，而没有提出明确的产业功能。但是，这种大规模综合性新城规划多与城市发展实际需求、规律不符，规模过大，导致人口入驻率低、产业规模小，各类设施长期处于空闲状态，对土地、资金、设施等造成极大的浪费。

此外，还存在各种各样打着不同旗号，基于不同出发点而建设的新区形式，如借助大型公共设施而建设的“奥体新区”“会展新区”，借助港口建设的“临港新区”，借助当前时髦概念而规划的“生态城”“知识城”“低碳城”等。这些新城区虽然基于不同的理念，但多以房地产开发为主要形式，最终都殊途同归地走向了城市开发，形成了新城（区），即本书所谓的新城市空间。

3.4.3　新城市空间基本类型划分

1. 类型划分的意义

首先，将空间差异类型化有助于对改革开放以来形式各异的开发区类型进行总结，为新城市空间现象研究提供基础。中国开发区等各类形式的园区正处于关键的转型期，中国经济进入“新常态”，改革开放逐步深化，政策也随之开始转变，为总结新城市空间成长理论提供了契机，而对新城市空间进行类型的划分正是新城市空间理论构建的重要内涵。

其次，对各类新城市空间研究的核心目标在于揭示不足并提出发展策略，而对新城市空间进行类型的划分有助于实施差异化的政策与调控路径，使之更具操作性。对本书研究而言，对新城市空间进行类型的划分有助于深入认识各类新城区本质特征，基于对各类新城市空间“形成机制—现状评价—发展趋势”的讨论，为老工业基地转型背景下新城市空间成长调控提供参考意见。

最后，由于历史因素和发展路径差异，老工业基地新城市空间具有一定的特殊性，存在整体发育水平相对落后、工业型新区比例较高、产业结构与社会结构问题较为突出等特征，重新审视老工业基地新城新区发展状况，并将其进行类型的划分，对于老工业基地转型背景下城市空间结构调控具有重要的现实意义。

2. 类型划分的基本原则

一是城市功能主导原则，不管设立之初出于哪种目的，现今发展水平如何，新城市空间存在的主要意义在于其所承担的城市功能，新城市空间的经济、社会、用地乃至制度空间特征无一不体现在城市功能上，基于城市功能占主导的划分原则最能体现新城市空间城镇化与工业化相结合的本质内涵。

二是综合视角的评价原则，综合衡量新城区的空间形态、形成机制、城市职能、管理模式等因素，基于综合的视角划分新城市空间的类型，目的在于划分出更具综合性和实用性的新区类型。

三是形成机制与现实条件相结合原则，不同类型新城市空间的设立目的、发展历程、承担使命、发育水平存在差异，同时当前的社会经济发育水平，产业、用地、职能结构等也存在天壤之别，成长历程与现实条件的差异致使各类新城区遵循着不同的成长路径，因此在进行新城市空间类型的划分时应综合考虑其历史与现实条件，侧重于空间事实的辨析，重视发展条件的相似性。

四是侧重于老工业基地城市考察原则，老工业基地新城市空间与全国新城市空间相比较既存在一致性特征同时也具有一定的独特性，突出老工业基地新城市空间特色是本书有别于以往研究的重要创新。

3. 新城市空间类型的划分

1）基于“政策性新区”形成的新城市空间

此类新城市空间主要包括经济技术开发区、高新技术产业开发区、保税区、出口加工区、特色产业园区等国家战略支撑下政策性特征较为显著的新区类型，其设立时间或发展起步时间多集中于20世纪90年代，园区设立之初多为以工业生产为主的产业园区，随着园区功能的演化和转型，多数园区正处于向城区转型的阶段，设立较早的园区甚至已经完全转化为市区。这类新城市空间随着产业的不断高级化与职能的多元化，靠近中心区地域或功能的核心区将逐渐向新城区转化，居住空间、商业空间比例不断提高，社会公共服务设施逐步完善，逐步发展为成熟的新城市空间形式。基于“大学城”建设的新城市空间也属于此类，主要指规划建设的各类大学城、科学城，依托大学或科研院所设立的高科技产业园区，建园初衷在于依托大学知识创新，形成现代产业的孵化器。

2）基于“综合型新城”形成的城市空间

此类新城市空间在设立之初就定位为建设综合型新城，设立并不局限于某个时段，起源于国外的“卫星城”和“新城”建设属于这种类型。综合型新城建设的目的主要为疏散城市核心区过度拥挤的压力，寻求新的增长极。综合型新城建设初期就考虑了其综合职能的构建，商业、居住、工业、生态等城市功能较为齐全，有些还规划了 CBD、政务新区、居住大盘、生态新城等。总体来看，这类新城市空间内部差异较为显著，如浦东新区已经发展成为国家级重要战略新区，而哈尔滨新区至今仍未跨越“过江门槛”。同时，有些“综合型新区”在开发商与地方政府共同推动下沦落为单一房地产开发的“居住新区”。随着我国经济发展速度的放缓、土地与住房政策的趋紧，经济发展水平相对落后区域的“综合型新城”或将陷入发展困境，促进城市职能的多元化、积极发展第三产业是其未来重要的发展路径。

3）基于“城市功能外溢”形成的新城市空间

此类新城市空间主要包含两种类型：一是城市核心区外围随着城市产业、人口、职能的扩展，逐渐由“郊区”转为“城区”地域，如城市大型产业区外围，随着该产业的壮大而逐渐被覆盖并与产业区融为一体，虽然这其中也包含了各种名义的开发区，但这种新城区形成的主要动力却来自于老城区城市功能的扩展与转移；二是主要指大城市外围所辖市（县）、沿交通干线布局的乡（镇）政府所在地，借助于与中心城区便利的交通条件，挖掘自身优势，形成城市外围新的功能组团，这类新城市空间形成动力机制并非局限于城市核心区功能的外溢，还包括区域本身“自发性”动力，一般自身的区位条件、经济基础相对优越，或具备优势资源（如旅游资源），在核心区城市功能外溢过程中优先获得发展机遇。

4）基于重大基础设施建设形成的新城市空间

此类新城市空间主要包括依托重大交通设施建设的空港新城、高铁新城、临港新城等，以及依托快速交通导向建设的卫星组团，依托交通节点（如高速公路出入口）形成的产业集聚区，依托大型公共服务设施建设的会展新城、奥体新城等。大型基础设施一般占地规模大、建设周期长、配套项目多故而多选址于城市郊区，成为新城市空间扩展的重要方向。这类新城市空间往往依托重大基础设施的建设获取区位优势，在地方政府推动下得以迅速崛起。随着所依托基础设施的完善与影响力的逐步扩大，这种区位优势有进一步强化的可能，因此将重大公共服务设施作为城市空间扩展的方向成为许多城市普遍采取的策略。

5）基于老工业区改造形成的新城市空间

此类新城市空间在以往研究中较少提及，但在东北等老工业基地城市中较为常见。随着老工业基地振兴与转型，老工业基地城市空间结构也随之调整与改造，原本属于传统老工业区的旧城区经过产业转型、功能置换、棚户区改造等措施开始焕发新的生机，成为新的城市空间类型。如沈阳铁西城区 2002～2012 年工业用地减少了 1123hm^2，比例从 37.1%降至 8.5%，居住用地、商服用地分别增加 885hm^2、206.8hm^2，比例分别由 22.5%增至 48.2%、由 2.7%增至 8.0%，城市用地结构与功能结构发生显著变化（李晓，2014），显示出新城市空间的一些特征，也是本书所讨论新城市空间的范畴。此类新城市空间形成的根本动力在于老工业基地振兴背景下的城区的改造与产业结构的转型。

3.5 老工业基地转型背景下新城市空间成长机制

3.5.1 新城市空间成长的经济原理

新城市空间的成长归根结底是经济活动在空间上的反映，区域经济效益的最大化始终是城市发展所遵循的基本经济原理，因而从经济学角度分析新城市空间成长的动力机制有助于认清新城市空间成长的内在原理，为新城市空间成长机制分析和调控路径探索提供更为广泛的理论借鉴。城市空间演变主要遵循发展综合效益（经济效益、环境效益、社会效益）的最大化原则，其中又往往以经济效益的最大化作为核心利益追求，基于“投入-产出”比较的经济学理论体系与实践已经较为成熟，为城市演变研究提供了广泛的借鉴（洪世键等，2015）。城市经济学中经典的理论如基础经济模型、聚集经济和规模经济、增长极理论、发展轴理论、外部经济效应、乘数效应、经济开放度等，均可作为解释新城市空间形成与发展的理论基础。

1. 国外城市空间演变的经济学解释借鉴

对于城市空间结构演变经济学动力机制的研究，近年来国外学者主要从新古典经济学、新经济地理学和新马克思主义地理学等视角展开。新古典主义学派有关城市土地利用和空间扩展的研究，通常以 Alonso（1964）投标竞租模型及其单中心城市一般均衡分析框架为基础，Muth（1969）和 Mills（1972）对该模型进行扩展，建立了“穆特-米尔斯模型”，Brueckner（2000）利用“穆特-米尔斯模型”来解释城市空间增长问题，认为从经济学的角度来看，收入上升、人口增长和由政府在交通基础设施上的投资而导致的通勤成本下降，是造成城市郊区空间增长的主要原因。

以 Fujita 等（1999）为代表的新经济地理学派认为，在存在收益递增和不完全竞争的条件下，各种产业和经济活动在"路径依赖"作用下具有空间聚集的向心力，指出了空间聚集是导致城市形成和不断扩大的基本因素。而新马克思主义学派学者从空间生产资本积累的角度出发，研究资本流动对地理环境建构的影响，认为资本为了缓解生产领域过度积累造成的危机，将投资转向城市的建成环境，通过集体消费的方式实现城市空间由"容器"向"商品"的转变，也就是由"空间中的生产"过渡到"空间的生产"，从而推动了城市空间的快速扩张。

此外，Hirshman 与 Friedmann 等对于"二元结构"理论的探讨也可应用于新城市空间成长的解释。Hirshman 的不平衡发展理论认为增长极对于外围同时具有"涓滴效应"和"极化效应"两种作用，城市核心区的"涓滴效应"有助于新城市空间的扩展，同时新城市空间内部的"先发地带"同样充当着地区增长极的作用，通过"涓滴效应"带动临近区域发展，但"极化效应"的存在，也导致新城市空间内部的社会经济不平衡；Friedmann 的空间极化理论认为区域的发展表现为不平衡发展，核心区的增长会扩大与外围之间的经济差异，但同时他也认为，核心区把自己的机构扩展到外围区的过程中可能会在某些方面丧失进一步创新的能力，导致核心在外围区出现，从而产生新的城市空间形式。这一理论在同一城市内部仍然适用，当城市核心区功能外溢时也伴随着某些发展机会的丧失，由于城市外围具有交通、用地、环境等方面的优势，有可能在某些方面迅速形成发展优势，进而形成核心区以外的集聚中心，这也是新城市空间功能集聚中心形成的重要原因（安虎森，2015）。

总体来讲，西方对于城市的产生、演变以及扩展等问题展开了系统的经济学方面的分析，已经建立了城市经济学的分析理论体系，在对于城市空间演化、城市扩展、新产业区形成等方面的研究上取得了丰富的成果。

2. 中国城市空间演变经济机制的特殊性

相比美国等市场经济国家而言，中国城市演变与发展是置于社会主义市场经济体制下的，市场机制并未彻底发挥其作用，中国的城市空间演变受到政府调控的深刻影响，制度变迁是中国城市空间结构演变的根本动力，如土地有偿使用制度的建立、分税制与住房商品化改革等，深刻影响着城市空间结构演变的主体（包括政府、市场和社会），而不同主体围绕对土地剩余资金的博弈，通过差异化的空间生产活动来影响城市空间结构演变，如旧城改造与新区开发等活动（周敏等，2014）。因此，对于新城市空间成长的经济学解释，本书侧重于政府行为下的经济分析，讨论政府对资源要素配置背景下的"投入-产出"的效率，其实质可以看作是政府企业化与对土地剩余价值的追逐。

城市新区发展的“效益”体现为“综合效益”，即社会效益、经济效益、环境效益的结合，但城市的发展归根到底是一种“投入-产出”的经济行为，因而经济效益应是研究城市新区发展的核心（黄珍等，2004）。中国城市空间扩展与新区成长实际上就是多方利益主体博弈的结果，其中地方政府发挥着举足轻重乃至核心的作用，因为地方政府不仅控制着农业地的征收和非农化，而且还垄断土地一级市场，并且掌控着城市发展战略、基础设施建设、城市规划导向。但是，这与城市空间演化的经济机制分析并不矛盾，因为虽然政府角色在城市空间演化过程中起到至关重要的控制作用，但政府作为市场背景下的城市主体，其对资源的空间配置、土地的经营、收入的再分配，以及交通等基础服务设施的建设依然遵循了经济学的原理，始终追求利润的最大化（如土地剩余价值的最大化）。

体制环境的差异导致西方城市经济相关理论难以直接应用于我国城市问题解释，使用居民与厂商为主体的新古典经济学的理论模型与分析框架很难解释中国的这种地方政府推动下的城市空间增长及其相关问题（洪世键等，2010），因此，有必要将西方城市成长的经济学动力机制分析理论结合中国实际进一步发展。

3. 中国新城市空间成长的经济学解释

经济的快速发展使得城市的“扩容”不可避免，为了容纳日益增多的人口与产业，城市总的建筑面积必将提高，城市的“扩容”无非有三条途径，一是城市边界的扩大，二是城市以外地区的新城发展，三是建成区的再发展（即密度增加）。由于城市再发展所能增加的建筑空间不能满足城市发展的需要，城市将不可避免地扩大其边界或在城外建新城，即新城市空间的生产（丁成日，2005）。中国新城市空间的成长是置于改革开放以来城市经济规模迅速壮大、发展需求持续旺盛、城镇化迅速推进的宏观背景下的，新城市空间的发展既不只是某些自由经济力量的行为偏好，也不只是某些城市政府贪大求全的结果，而是有着内在深刻的经济学动因（黄珍等，2004）。

第一，集聚经济与规模经济是新城市空间成长的核心动力。城市产生的本质就是集聚经济及其社会承担者存在的空间形式，地理上的集中可以带来更多的集聚经济和规模经济。由于集聚经济的存在，靠近建成区的土地比远离建成区的土地更有可能被开发，同时由于规模经济的存在，城市成块开发的可能性远大于分散开发。中国城市的聚集经济与规模经济所产生的利益还离枯竭的边缘较远，地方政府在设立各类新区、新城过程中，在集聚经济与规模经济的驱动下，多将新城区设立在紧邻核心区的外围，而各类新区的规划建设也多遵循集聚经济与规模经济的规律，极力促进产业集群、副 CBD、政务新城等专业化城市组团的形成。城市化进程的加快和新经济的发展促进了我国中心城市的分散化趋势，城市与区域一体化和经济全球化又要求我国城市适度集中，正反两种力量在国情与市情的调节下促使我国城市走上一条中间道路，即城市新区发展。

第二，较为低廉的地价成为新区快速建设的先天优势。按照威廉·阿朗索（William Alonso）的竞标地租机制，城市各功能空间的属性决定了其地租的弹性，根据竞标地租理论工业用地应分布于紧邻核心区的外围，形成圈层的工业地带。我国实行的是“划拨”与“出让”并存的用地制度，实际地价往往低于市场价格，导致工业用地曲线逆时针旋转，成为郊区大规模新城新区产生的重要经济基础（踪家峰，2016）。一方面，随着城市的扩展，“划拨”土地由城市中心区向外围转移，由于划拨土地存在“单位制大院”式的空间生产惯性，面积往往较大并且多以“斑块状”散布于城市外围，如大学城等新城形式就普遍存在“求大”倾向，并且很多新区形成了城市的专业中心，如教育科研中心、行政中心、交通运输中心等（周敏等，2014）；另一方面，协议出让的不透明和政府间的恶性竞争，往往导致土地低于市场价格或零地价出让，同样导致各类园区“求大”倾向，各类产业园区“圈地”现象屡禁不止，成为新城市空间规模扩展的重要原因。

第三，基础设施建设成本节约是城市就近扩展的重要原因。一方面，靠近建成区可以享受已有基础设施的正外部性效应，靠近建成区的土地比远离建成区的土地更有可能被开发，由于基础设施的规模经济效益，城市成块开发的可能性远大于城市分散开发，因此基础设施建设成本节约是城市就近扩展的必然选择；另一方面，交通设施具有引导城市开发的作用，交通设施的建设与完善具有降低可达性成本的显著效果，同样是对生产、生活成本的节约，扩大了企业、居民的通勤距离，以至于可以在更远的郊区选择建厂或居住，在城市人口不变的前提下，交通设施的发展导致城市土地地租曲线逆时针旋转，是城市外围大规模产业新区、居住新区扩展的重要驱动因素（丁成日，2005）。对地方政府而言，为了保持土地出让与城市建设的“良性循环”，也倾向于在原有城区的外围加大基础设施建设的投入，为招商引资、新区开发创造条件，基于交通设施的导向性作用实现新区用地的快速开发，例如现实中经常出现的“高铁新城”“空港新城”等就是基于大型基础设施建设的新城市空间典型代表。

第四，相对成熟的劳动力市场对企业选址吸引作用显著。由于外围新城市空间交通可达性高，而同时大城市具有较为成熟、高效的劳动力市场，城市核心区劳动力资源的“涓滴效应”使得新区可以最小的代价将城市居民与城市就业机会连接起来。新城市空间建设初期可以及时有效地获取所需的各种劳动力；对雇员而言，在大的劳动力市场中则更容易再找到同样的工作，世界城市发展经验表明，大且整合的劳动力市场和劳动力市场的规模递增性是大城市存在和发展的内在动力（丁成日等，2004）。

3.5.2　新城市空间成长的驱动因素分析

城市发展过程中受到各种自然与社会经济因素的影响，由于自然因素（如地形、水文等）往往不是人所能控制的，因此本书对于新城市空间驱动机制的分析侧重于社会经济因素的讨论。新城市空间的成长因素既包括宏观的国内外社会经济环境变迁，也包含东北老工业基地转型，因为老工业基地新城市空间的成长始终离不开城市发展的整体环境，因此本书讨论的新城市空间成长影响因素分析是置于中国城市发展环境下的，不仅包含老工业基地的社会经济变迁，也包含国内体制环境改革、科学技术进步以及对外开放的深化等国内外社会经济环境变迁因素。

1. 经济规模增长的驱动

经济规模的壮大是城市空间扩展与功能调整的重要支撑基础，经济发展的动力不足与增长缓慢是老工业基地衰退的直接表现，作为区域经济发展的增长极，城市地区社会经济的进步成为老工业基地振兴与转型的核心任务。伴随着老工业基地的转型和改革开放的深化其经济总量得以快速提升，其中，20 世纪 90 年代是老工业基地转型的初级阶段，经济总量稳步提升，1990～2000 年东北三省 GDP 由 2203.21 亿元增加到 12955.12 亿元，年均增长 19.38%；2003 年实施东北地区等老工业基地振兴战略的重大决策以来，东北三省经济总量增长进一步提速（图 3.3）。

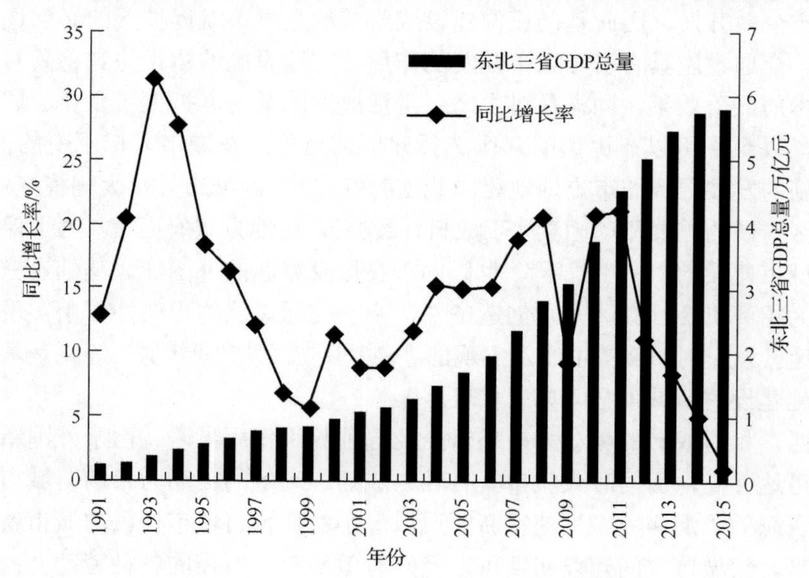

图 3.3　1991～2015 年东北三省 GDP 总量与同比增长率

数据来源：《辽宁统计年鉴》（1990～2016 年）、《吉林统计年鉴》（1990～2016 年）、《黑龙江统计年鉴》（1990～2016 年）

地区经济总量的大规模增长引发了城市用地需求与空间扩张。首先，经济总量的提升为房地产业的大发展提供了资金保障，2002～2012 年长春市辖区房地产开发投资总额由 60.8 亿元增加到 609.51 亿元，促进了以居住空间的扩张与置换为主导的城市功能空间重构；其次，经济规模的增长必然要求相应的用地空间支撑，各类开发区、产业园区已经成为转型时期城市经济的增长极，新城市空间成为城市经济增长的重要载体与外在形式；最后，经济规模的增长也为基础设施的建设提供资金支持，城市外围基础设施的建设与完善有力地促进了城市的扩张。表 3.4 是 1990～2015 年东北地区四个主要城市沈阳市、大连市、长春市、哈尔滨市主要经济指标与建成区面积的相关系数。可以看出，市辖区 GDP 总量、固定资产投资额均与城市建成区面积显著相关。

表 3.4 1990～2015 年东北地区四个主要城市主要经济指标与建成区面积的相关系数

城市	市辖区 GDP 总量	固定资产投资额
沈阳市	0.987*	0.968*
大连市	0.839*	0.899*
长春市	0.973*	0.969*
哈尔滨市	0.956*	0.854*

* 指在 0.01 水平上（双侧）显著相关

经济快速发展同时也有效促进了人均收入水平和资金可支配能力的提高。以典型的老工业城市长春市与哈尔滨市为例，1990 年以来呈现快速增长趋势，两市 1990 年人均 GDP 分别为 0.17 万元和 0.28 万元，到 2015 年分别增加到 7.26 万元和 5.90 万元，增长幅度巨大；而从城镇人均可支配收入来看，2003 年两市均仅为 0.79 万元，2015 年分别达到 2.54 万元和 3.10 万元，居民收入水平的提高意味着对城市功能空间的影响力增强，居民的购房和投资商业行为有力促进了城市的扩张与新城市空间的发展，对于各类新城新区向城市功能转向产生积极影响。

2. 产业结构转型的促进

产业结构的转型升级必然伴随着新产业的出现和传统产业的改造，使得城市的制造业得以快速发展，企业的数量与规模剧增。原有城区土地的稀缺性，必然导致新增制造业在城市外围的集聚，从而促进新城市空间的扩张，具体体现为高新技术产业园区的兴建、现代产业集群的出现、制造业的扩展与郊区化等。自 2003 年实施老工业基地振兴以来，东北等老工业基地在产业结构转型方面取得了巨大的成效，从根本上促进了新城市空间的扩展。

一方面，历次关于老工业基地振兴的政策、规划等无不把产业升级与产业转型放在核心地位，促进了传统产业的升级改造与产业结构的优化调整。老工业基地振兴以来政府从资金支持、产业升级、企业培育等方面，实施了一系列优惠政策，取得了积极成效。东北老工业基地已经建设了装备制造、信息、生物、能源、基础原材料及特色轻工业基地，传统产业经过升级改造重新获得发展活力，产业空间扩展迅速。整体来看，1990 年以来东北三省的三次产业结构发生明显转变，其中第二产业比重一直较大，反映出老工业城市以工业生产为主的固有特点，第三产业比重持续增高（表 3.5），说明城市的服务职能转变明显。

表 3.5　辽宁省、吉林省和黑龙江省主要年份三次产业比重

年份	辽宁省	吉林省	黑龙江省
1990	15.9∶50.9∶33.2	29.4∶42.8∶27.8	22.4∶50.7∶26.9
2003	10.4∶47.5∶42.1	19.4∶45.2∶35.4	11.3∶57.2∶31.5
2015	8.3∶46.6∶45.1	11.2∶51.4∶37.4	17.5∶31.8∶50.7

数据来源：各省相关年份统计公报与《中国统计年鉴》（1991 年、2004 年、2016 年）

另一方面，培育了一批战略性新兴产业，形成众多现代产业集群。2000 年以来东北老工业基地在先进装备制造、新能源、新材料、信息产业、节能环保、生物制药、新能源汽车等方面取得了重要突破，在现代产业集群发展方面亦取得显著成效，先后建立了辽宁沿海经济带、沈阳经济区、哈大齐工业走廊、长吉图经济区等现代产业基地，长春市依托特色产业优势，建设了汽车产业开发区和轨道交通装备产业园等，成为新城市空间成长重要的依托载体（肖兴志等，2013）。新兴产业的崛起与产业集群的出现是新产业空间迅速成长的根本驱动因素，也成为新城市空间产业空间的重要内涵。

产业结构的升级必然伴随着新产业的出现和传统产业的改造，城市的制造业得以快速发展，企业数量剧增，原有城区土地的稀缺性，必然导致新增制造业在城市外围的新城市空间集聚，现代企业制度改革、土地利用制度改革等经济体制改革促进了这一转变过程，从而促进新城市空间的扩张。同时科技进步背景下通信、交通服务水平大幅度提升，支撑了制造业的空间扩展和郊区化进程，为新城市空间顺利成长提供保障。

3. 体制环境变革的影响

20 世纪 90 年代以来，我国分权化、市场化体制改革有效激发了城市的发展潜能，引发了地方政府和市场双重驱动背景下的城市社会经济增长，成为近年来我国新城市空间大规模扩展的制度性支撑。体制环境的变迁为新城市空间成长提供了重要的政策保障，满足了新城市空间发展对于用地、资金等关键要素的需求，从根本上改变了中国城市发展的动力基础。

1）分权化

社会主义市场经济实施以来，中国逐渐由中央集权开始向逐渐“放权”转变，将经济、政治、社会活动等权力下放，地方政府由此获得更多的自主权，促使其为自身利益开始积极地介入城市经济、社会发展当中，极大地刺激了地方经济的发展（Lin，2000）。

分权化直接导致政府角色的转变，改革开放与分权化以来中国地方政府在城市发展中的角色经历了两次大的转变：一是发展型地方政府（development state），20 世纪 90 年代中期以前，改革主要采取行政分权战略，中央将国有企业控制权逐步转交给地方政府，从而激发了地方在经济发展中的积极性，成为发展型地方政府，对城市空间的主要影响在于城市建成区的迅速扩展与小城镇的大量出现；二是企业家城市/政府（entrepreneurial city/state），20 世纪 90 年代中期以后，改革采取经济型分权战略，经济增长由地方政府驱动转变为由市场约束的企业主体驱动，政府职能由经营企业转变为经营城市，成为具有独立利益与行为目的的企业家城市/政府，主要通过非经济因素的创新与发展环境的优化来提升城市竞争力，对城市空间的主要影响在于城市空间结构的巨大调整（包括行政区划，如 2005 年广州开发区经调整变为萝岗区）和许多新的城市空间类型、战略性城市空间的生成（罗小龙等，2014）。

分权化背景下地方政府经营城市的积极性前所未有，城市的 GDP、建设用地规模、标志性工程建设等成为考核地方政府政绩的主要指标，直接提高了招商引资的力度、促进了新区建设的步伐，各地方政府相继出台优惠政策吸引外资，并积极通过用地前期整理、基础设施建设等措施“筑巢引凤”，通过各种形式的新区建设来达到迅速壮大城市规模的目的，对新城市空间的扩展起到至关重要的推动作用。

2）市场化

资本、土地、劳动力等要素市场的建立，所有制改革、分配方式、企业组织方式等的变化有效促进了城市各生产要素的流通，尤其土地市场改革与住宅商品化改革深刻地影响了城市发展要素的组合方式与机制，从根本上改变了中国城市发展的动力基础。

首先，土地制度的市场化改革。1990 年国务院颁布《中华人民共和国城镇国有土地使用权出让和转让暂行条例》，城市的土地供给能力大大增强，加之改革开放以来分权化政策不断深入提高了地方政府对土地出让的积极性，共同导致了城市规模的迅速壮大。地租机制作用下，付租能力较低的工业生产纷纷向外围新区寻求发展空间，商业服务业付租能力较强，得以在城市核心高地价区集聚，而行政和公共设施职能用地则在政府调控下保留于核心区，这也是20世纪90年代以来许多大城市提出“退二进三”城市发展策略的内在驱动因素。因此，土地制度市场化改革有效促进了城市用地空间调整，有效促进了城市新区、新城的快速扩展与产业园区的兴起。

其次，住房制度的市场化改革。计划经济时期我国实行的是城镇住房无偿分配制度，居民没有选择居住地的权利，居住空间分布主要受单位制形式的约束，尤其是老工业基地城市围绕大型企业分布的“单位大院”式居住空间格局极为典型。20世纪90年代中期以后，随着我国经济的持续快速发展，快速城镇化与住房制度改革带来住房需求的大幅度增加，1998年国务院颁布《国务院关于进一步深化城镇住房制度改革加快住房建设的通知》，促进了住房市场的大发展，推动了居住的郊区化和旧城更新。住房制度的市场化改革背景下，对住房的刚性需求和投资需求双重推动下城市居住空间得以快速扩展，并催生了灵活的职住关系的形成，为新城市空间职住关系平衡、人口的集聚提供了必要的基础。

最后，企业组织体制的变革。国有企业改革是东北等老工业基地振兴发展战略的核心内容，国有大型企业现代企业制度与产权制度确立、社会功能的分离等转型过程，其实质也是适应市场化发展的过程。企业组织体制变革引起其空间组织模式发生变化，一方面有力促进了产业集群化发展和专业产业园区的兴起，如沈阳铁西区的迅速崛起，长春国际汽车城、长春世界级轨道车辆研制基地等大型装备制造业产业园区的建设等；另一方面国有大型企业社会功能的逐渐剥离，也促进了城市外围单一工业园区和城市功能组团的建设，如长春市2005年成立的汽车产业开发区核心职能之一就是承接“中国第一汽车集团有限公司”剥离的社会职能、建设长春西部新城区，从而有效促进了长春西部新城区的发展和城市功能空间的整合。

4. 宏观政策转变的支撑

老工业基地转型以来城市发展的外部政策环境也发生了显著改变，各级政府对城市发展策略展开全方位、多角度的调整，这种转变或直接或间接地对新城市空间的发展产生影响，本书认为政策环境的转变可分为国家层面和地方层面。

1）国家层面

首先，人口管理政策转变。改革开放以前我国实行的是严格的“城乡二元”人口户籍制度，严重限制了人口的流动，20世纪80年代以来户籍制度改革逐步深入，放宽了农业人口进城的限制，促进了人口的流动与城市人口的快速增长，

1990年全国非农业人口仅为2.20亿人，而2010年全国城市常住人口达到6.66亿人，增长幅度巨大，城市人口的大幅度增加为新城市空间成长提供了源源不断的劳动力资源，城市人口对空间的需求也是城市空间扩展的原始动力，人口城镇化是导致城市建设用地扩张与城市新区成长的主要因素之一（陈江龙等，2014）。

其次，城市发展政策的转变。我国城市发展策略经历多次调整，对于大城市的发展策略可谓“一波三折”，由限制大城市发展转变为大中小城市协调发展，鼓励城市群、城市区等形态的发展，为大城市空间扩展与新区发展提供政策环境的支撑；同时，城市群、都市区、同城化、多中心城市等概念的出现与引进，也深刻影响了城市发展策略的转变，政府对城市空间结构与形态的规划引导不再拘泥于传统的单中心城市格局，而是倾向于从区域甚至全国的角度考量城市发展并制定相应的策略。

最后，开发区管理政策变化。20世纪80年代特别是20世纪90年代初期，我国为吸引外资、发展高新技术产业，对开发区、高新区设置实施税费优惠，直接刺激了全国开发区“遍地开花”式兴起，但随着各类开发区所享受的税费减免等优惠政策在1998年以后相继取消，各种形式的开发区开始面临转型发展的挑战，各种形式的开发区开发区为适应政策环境的转变纷纷制定向新城区转型策略，提出开发区的“二次创业”与“第三次创业”等发展思路，直接促进了新城市空间的形成。

2）地方层面

首先，国家政策对地方的倾斜。沈阳经济区、辽宁沿海经济带、长吉图开发开放先导区等先后批准上升为国家战略，截至2016年7月东北三省共有国家级经济技术开发区22个，国家级高新区16个，拥有大连金普新区、哈尔滨新区、长春新区3个国家级新区。这些形式各异的战略区和开发区享有较多的政策红利，多已发展成为地方经济的重要增长极，成为所依托城市新城市空间主要的空间形式与城市空间结构的有机组成部分。

其次，产业集群的发展。发展高新技术产业集群、利用已有产业基础提升装备制造基地等是老工业基地振兴的重要内容，例如2005年11月，《国家发展改革委 国务院振兴东北办关于发展高技术产业促进东北地区等老工业基地振兴指导意见的通知》中指出“要统筹规划，促进高技术产业生产力的合理布局和集聚发展”，2009年9月《国务院关于进一步实施东北地区等老工业基地振兴战略的若干意见》指出“充分发挥沈阳、长春、哈尔滨、大连和通化等高技术产业基地的辐射带动作用，形成一批具有核心竞争力的先导产业和产业集群”，新兴产业集群的迅速壮大深刻改变了新区组织形式与空间形态，也成为新城市空间的重要空间形式。

最后，老工业基地振兴还致力于城市功能调整、老工业区治理、棚户区改造等，例如 2003 年 10 月《中共中央 国务院关于实施东北地区等老工业基地振兴战略的若干意见》指出“加大老工业基地中心城市土地置换、‘退二进三’等政策的实施力度”。城市空间调整政策是影响新城市空间成长的重要因素，城市功能空间调整促使部分功能向新区“外溢”，促进新区发展，例如沈阳铁西区、长春宽城区等传统老工业区经过调整改造开始展现出全新的面貌与良好的发展态势，成为新城市空间扩展的重要组成部分。

5. 科学技术进步的推动

首先，现代通信技术的应用对城市空间结构产生巨大冲击。远程办公、网络交易的普及，信息大规模迅速传播的实现，使得部分城市功能（尤其是传统工业活动）对城市核心区的依赖程度明显降低，促进了综合性产业园区的发展和城市外围功能组团的建设；现代通信技术变革深刻改变了居民的生活方式和城市功能的组织形式，如移动支付、网络购物、智能手机应用等的普及、智慧城市的建设等，都极大地提高了现代城市生活的便利性；大城市核心区外围不断出现新的 SOHO 社区、服务集聚中心、大型居住组团等城市形态，推动了新城市空间城市功能的多元化发展与快速扩展，也成为城市由单中心向多中心或网络化空间模式转变的重要驱动机制。

其次，现代技术的应用促进了高新技术产业的兴起。高新技术产业在用地规模、空间外部性作用、布局灵活程度等方面与传统产业存在巨大差异，降低了企业生产的环境负效应，涌现出一批环境友好型的生产企业，对居住与工业空间布局关系产生重要影响。同时现代高新技术产业的发展也离不开研发机构、孵化机构、金融机构等的配套，新产业区亦成了高技术人才和高收入群体的集聚空间，增加了新城市空间社会功能的多样性与复杂性，如长春的高新南区，既是高新技术产业与科研院所的集中区，高学历人口和从事科技活动人员比例均较高（图 3.4），同时又是高端居住空间重要的集聚地，在一定程度上促进了职住的空间融合。

最后，科技进步促进了交通设施的完善和交通方式的变革。一方面，交通对城市的扩展与演变具有显著的导向性作用，城市快速交通设施的普及、机场的扩建与完善、大型客运站的建设等，促进了以大型交通设施为依托的新城建设，如近些年兴起的高铁新城建设蔚然成风，全国 2014 年已经规划或在建的高铁新城已达 120 多个，广州南站高铁新城、郑州东站高铁新城、武汉站高铁新城等已经具备较大规模，长春市总体规划也提出依托西客站建设西部新城、依托龙嘉机场建设空港新城的战略部署，并完成了相应的规划，出台一系列有利于企业落地的优惠政策。另一方面，随着私家车的普及、路网的完善、公共交通设施的升级，居民出行便捷度大大提升，极大地扩展了城市核心区的辐射范围，成为城市居住、工业等功能大尺度扩张与新城市空间建设的重要支撑。截至2014年末，长春市道路总面积已经达到 7113.21hm^2，道路长度达到 3125.23km，人均道路面积达到19.19m^2，2015年机动车保有量超过15.69万辆，极大地提高了城市交通便利程度（刘长宇，2015）。

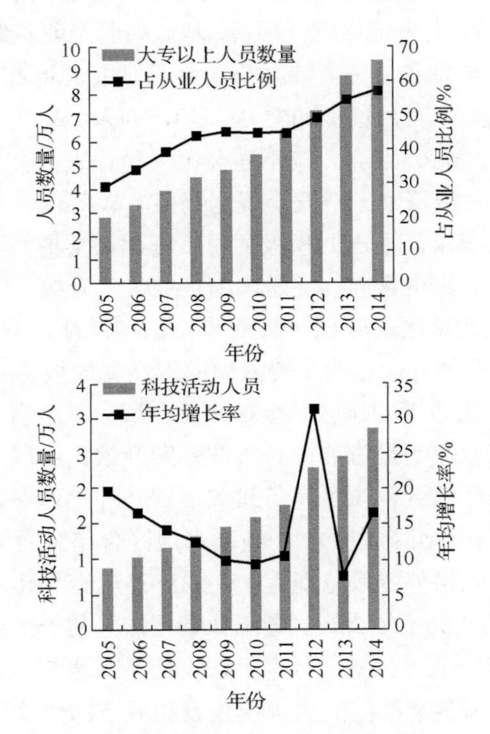

图3.4　长春高新技术产业开发区大专以上人员数量和从事科技活动人员数量

数据来源：《中国火炬统计年鉴》（2008～2015年）

6. 对外开放深化的驱动

我国城市的对外开放始于20世纪80年代初期建立的4个经济特区（深圳、珠海、厦门、汕头），随后在对外开放的实践过程中扩展为14个沿海开放城市，直到20世纪初期以来，随着“东北振兴”“西部大开发”“中部崛起战略”等的实施，大开发和大开放的格局全面形成（罗小龙，2009）。对外开放为我国城市参与到全球竞争与分工、提高经济效益、发展现代产业提供了良好的契机。由于东北老工业基地是受计划经济运行时间最长、实行计划经济最为彻底的区域，在向市场经济的转型过程中出现了落后与不适应，其改革开放的步伐因各种长期积累因素而落后于其他地区，可以说，东北地区与东部沿海地区最大的差异在于对外开放比较落后，至今仍未形成完善的产业结构调整、市场选择和对外开放的互动机制，因而深化对外开放成为东北振兴的重要课题（阎质杰，2007；金强一，2005）。

老工业基地的振兴战略推进了东北等老工业基地的对外开放进程，2003 年 10 月《中共中央 国务院关于实施东北地区等老工业基地振兴战略的若干意见》指出“进一步扩大开放领域，大力优化投资环境，是振兴老工业基地的重要途径”；2005 年国务院办公厅进一步发布《国务院办公厅关于促进东北老工业基地进一步扩大对外开放的实施意见》（国办发〔2005〕36 号），为东北老工业基地的对外开放工作进行规划与督促；2006 年 3 月，第十届全国人民代表大会第四次会议审议通过了《国民经济和社会发展第十一个五年规划纲要（草案）》，“十一五”规划对东北振兴和对外开放提出要求，指出要积极利用外资，切实提高利用外资的质量，加强对外资的产业与区域投资导向，促进国内产业优化升级。

在此背景下，东北地区的开放步伐逐步全面与深化，在对外开放平台建设、进出口贸易增长、企业的外向化改革等方面取得显著成效。截至 2016 年 7 月，东北地区拥有 6 个国家级边境合作区（全国共 16 个），4 个出口加工区。大连东北亚国际航运中心建设取得明显进展；长吉图开发开放先导区上升为国家战略并取得积极进展，长春兴隆综合保税区具备封关运营条件，珲春国际合作示范区和中新吉林食品区建设正在展开；中俄、中蒙毗邻地区合作全面推进。2014 年东北三省进出口总额和实际利用外资额分别为 1792.38 亿美元和 402.33 亿美元，比 2003 年分别增加 3.71 倍和 4.36 倍。此外，老工业基地振兴的一个突出特点就是投资驱动特征明显，2010 年东北“三省一区”平均投资率高达 73%，投资驱动在某种程度上促进了新城新区和各类园区的大规模建设和城市的快速扩张。

对外开放的深化给城市发展提供了新的机遇和新的动力，出现了新的现象、特征与趋势，并改变着城市传统的景观格局和未来发展趋势，如跨国公司的进入和城市 CBD 的出现，以吸引外资为目的设立的各种开发区引发新产业空间的迅速扩张。以经济技术开发区为代表的各类开发区遍布我国绝大多数城市，经济技术开发区设立的初衷便是吸引外资。

作为社会经济对外开放的平台，老工业基地振兴政策实施以来，东北各大城市开发区发展迅速，规模不断壮大，设立较早的开发区已经成为城市产业集聚中心，甚至已经发育为新的城区，成为新城市空间重要的组成部分。但是，面向出口加工的产业区定位也导致了我国经济技术开发区以产业生产为主导和城市功能的缺失问题，经过多年发展各类开发区开始出现各种各样的社会问题，成为阻碍区域可持续发展与城区化转型的重要难题。

7. 城市规划调整的引导

城市规划是研究城市的发展、布局和综合安排各项工程建设的综合部署，是一定时期内城市发展的蓝图与城市管理的重要组成部分，城市的总体规划往往对城市的发展脉络、格局演化、功能调整等起到关键的引导作用。新城市空间的演变与扩展受到各种社会经济因素的共同驱动，而城市规划引导在各因素作用过程中起到重要的桥梁作用（申庆喜等，2015a）。不论是城市各类开发区、新城、外围功能组团等的设立与规划部署，抑或是“退二进三”等城市功能空间调整，老工业区与棚户区的改造或重建过程中，各种城市规划都“如影随形”，同时新城市空间发展过程中问题反馈（用地调整）、问题解决路径的设计也需要通过城市规划来实现。

3.5.3　新城市空间成长的驱动机制探讨

1. 成长背景

全球化、市场化、分权化、城镇化以及工业化等构成了中国新城市空间成长的宏观背景与整体环境，国内外社会经济的大变革激发了中国城市发展的需求与动力，城市的扩容与调整成为势不可挡的历史性脚步，也成为 21 世纪中国城市发展面临的重大挑战与机遇。空间是人口与产业的载体，城市空间的不足成为限制城市进一步发展的最大羁绊，老城区的人口和产业的疏解，新产业的集聚都需要足够的空间支撑，由于在老城区内已很难找到较大的产业（工业、高新产业等）发展空间，为解决发展空间不足的矛盾，发展新区或卫星城等的新城市空间形式就成为中国大城市跨越式发展的必然选择（郑国等，2005a）。

2. 驱动机制

机制是指有机体的构造、功能与相互关系，泛指一个工作系统的组织或部分之间相互作用的过程与方式，如市场机制、竞争机制等，是一套结构化的规则，可以是人为的或自然的，一般指事物变化的内在原因及其规律、外部因素的作用方式、外部因素对事物变化的影响以及事物变化的表现形态等方面（赵儒煜等，2008）。城市发展与演变受到各种社会经济因素影响，其中政府与市场是最为核心的组成部分，因为不管是何种因素对于城市空间的影响，均需要直接或间接通过政府与市场行为来调节。因此本书认为，新城市空间成长的动力机制可归纳为行政机制与市场机制两个方面，并且两者存在相互促进作用，其中包含的各种动力交织在一起，构成了中国新城市空间成长的综合驱动机制。

1）行政机制

我国新城市空间的成长具有较强的政策依赖性，土地开发、基础设施建设等均主要依赖政府投资。对地方政府而言，分权化与市场化背景下，面对城市间激烈的竞争、城市问题治理、财政收入及政绩表现需求等压力，表现出强烈的经营城市的动机与意愿，中国地方政府的企业家化趋势越来越明显，在城市建设中起到举足轻重的作用（张京祥等，2007）。基于上述目的，地方政府往往极力促成各类产业园区的设立和专业化城区的建设（政务新城、大学城等），并进一步通过招商引资的落实、产业集群的形成、城市空间调整（“退二进三”等）以及新城区基础设施建设等措施，积极引导各类园区的用地类型、产业结构、组织形式等向“城区”的转变，实现城市规模的扩张与功能的升级，可以说，地方政府成为新城市空间成长的绝对主导动力。但需要指出的是，社会主义市场背景下政府的调控仍然遵循了市场运营的一般规律，注重“投入-产出”效率的权衡，以用地剩余价值的最大化、基础设施运营效率最高化为目标，注重规模经济与集聚经济的追求，由此产生了大量的居住新区（如商品房集中区）、近域新区组团以及高新技术产业集群区等集中布局的新城市空间形式。

老工业基地城市虽然受到20世纪90年代以来老工业区“衰退”的影响，但各大城市整体上仍保持了高度扩张过程，衍生了大量的新城市空间现象，其政府角色、宏观政策环境、城市发展路径等与全国大城市具有较高的相似性。其不同之处主要表现在，老工业城市面临更为急迫与复杂的产业结构升级问题，传统产业区的改造问题，城市发展过程中往往是新区建设与老区（老工业区、棚户区、污染区等）改造并重，而老区的改造本身也是导致城市景观重塑和城市空间改造的重要方面，其中不乏成功的案例，如沈阳市“铁西新区”、长春市“铁北新区”等已经将老工业区进行深度的改造，城市面貌、用地结构、产业构成等均得以转变，培育出了一批具备竞争力的产业集群，社会功能和生产功能均得到显著提升，成为新城市空间的重要组成部分。

2）市场机制

新城市空间的成长是市场机制调控下的必然选择。由于快速城镇化、全球化背景下城市产业、人口急剧增加，经济业态、结构呈现多样化，城市区域的集聚程度进一步增强，原有的城市空间显然难以适应这种变化，市场驱动下城市的“扩容”不可避免，而相对旧区改造（用地整体重建、提高容积率等）而言，建设新区能更经济、有效地扩大城市容量，在此背景下新城市空间的扩展成为必然趋势。

市场条件下新城区自发的“城区化”转型。早期建设的各类产业园区、开发区等经过多年的发展，实现了理想的产业集聚状态之后，继而吸引商品、资金、信息、劳动力等要素的自发涌入，并进一步推动园区内餐饮、交通、教育、金融等服务业和相关产业的发展，已经具备了城区的基本特征，集中体现在产业空间呈现集群化、社会功能呈现多样化、景观风貌呈现城区化等方面，成为新城市空间重要的组成部分，这也可以看作是市场运营机制下新城市空间自发的成长方式，如北京亦庄新城，已经历了“开发区—卫星城—新城—新区”的成长过程，成为北京都市区城市空间结构的重要组成部分（冯奎等，2015）。

资本流动导向下的新城市空间发育。国际资本投资一般选择劳动力、土地低廉，交通、通信便捷，具备较完善的管理与法律服务支撑体系，以及良好生态环境等条件的地域，城市老城区和远离城市的中心城镇、乡村地区难以提供这种优良的投资环境，这就决定了城市外围成为国际资本投资的最适宜空间，成为以吸引投资、出口加工为目的的开发区（新区）理想设置区位。此外，中国并非完全的市场运营机制，而是受到政府主导与调控作用的影响，地方政府也多倾向于引导资金流向各类开发区，实现各类新区的集聚发展，从而在规模经济、管理成本、设施利用效率等方面实现地方利益的最大化。

3. 基本过程

1）要素的转变

新城市空间成长过程概括而言就是非城市地域转变为城市地域、非城市形态转变为城市形态的过程，具体地，既包括开发区向城区的转型、综合性新城区的建设与完善、专业性城市组团（大学城、政务新城等）功能的多样化等演变过程，也包括传统老工业区经过改造成为面貌全新的新区形式，包含用地、产业、人口、政府职能、社会保障、景观风貌等多种要素的转变。然而，上述变化均为外在形式的改变，本书认为对新城市空间形成过程来说，归根结底是人口、产业等微观行为主体要素的变迁，因为人口与产业是新城市空间运行的核心要素，各种社会经济驱动因素均直接或间接作用于人口与产业的变化，人口与产业的集聚与结构转变才是新城市空间成长的核心目标，是新城区社会空间、产业空间、用地空间成长的主要内涵和核心驱动因素。

人口的集聚与结构变化是新城市空间社会空间转变的直接驱动因素，人口数量的增加导致社会服务需求的急剧增加，而人口结构的变迁，尤其是对新城市空间而言具有高学历与低学历、高收入与低收入、原生居民与流动人口等多重人口结构特征，对社会需求的多样性要求较高，人口结构的变迁有效促进了新城市空间社会功能的多样化发展与完善。人口增加意味着消费需求和投资需求的提升，进而对城市空间结构产生深刻的影响，新区人口的增加导致对于住房、餐饮、购物、娱乐等需求的急剧增加，进而带动新城市空间房地产业、大型购物中心、商业综合体等的快速发展。

城市产业空间调整和新产业区的培育是多数开发区、新区设立的初衷，产业集聚区的形成尤其是高新技术产业空间的崛起对新城市空间的成长促进作用明显。产业空间的集聚不仅可以显著提高地区的综合经济水平，也可有效带动新区就业、人均收入水平等的提高，为区域人口的进一步集聚提供保障。同时产业的集聚也极有利于基础设施的建设、服务功能的提升、研发与孵化机构等的集聚，有助于促进新城市空间多样化城市功能的培育，事实也正是如此，只有具备完善产业体系支撑的新城市空间才有可能实现长期稳定的发展，而缺乏产业支撑的新城新区往往沦为“空城”，难以真正实现“城区化”转变。

2）效应与反馈

新城市空间的成长产生正负两种效应：积极效应在于其成为促进城镇化的重要载体，同时也是都市区范围内城市空间结构优化与社会经济综合发展水平提高的重要体现，成为中国城市经济大发展与快速城镇化不可或缺的组成要素；消极方面主要体现在，新城市空间成长过程出现了众多的问题与矛盾，如用地规模过大与比例失衡、城市功能严重缺失、社会问题频发等，尤其是超大规模新区建设与“空城”问题饱受诟病，新城区的持续发展能力引起广泛关注。

老工业基地转型发展的成功与否，主要取决于其与地区的城市综合发展是否协调并形成良好的互动，老工业基地转型主要体现为国有企业制度改革、产业技术升级、社会问题治理等方面，城市是老工业基地振兴的核心区域，特别是新城市空间的成长受到老工业基地转型与振兴的深刻影响。老工业基地转型过程中投资拉动、企业改革、产业集群化、高新技术产业的培育等无不影响着新城市空间的发展，而新城市空间的成长也是老工业基地振兴的重要方面。新城市空间成长与老工业基地振兴相互促进，成为老工业基地转型最为重要的方面，同时新城市空间成长与老工业基地的转型也是面对全球化、市场化、分权化等城市发展背景的积极反映。

在反思新城市空间成长问题与成效的基础上，无论是出于政府机制还是市场机制，都将采取进一步的措施进行调控，如用地规划的调整、特色产业园区的培育、服务设施的配套完善等，而这种调控对新城市空间成长和老工业基地转型均会起到反馈作用，从而促进新城市空间成长与老工业基地转型的互动（图 3.5）。

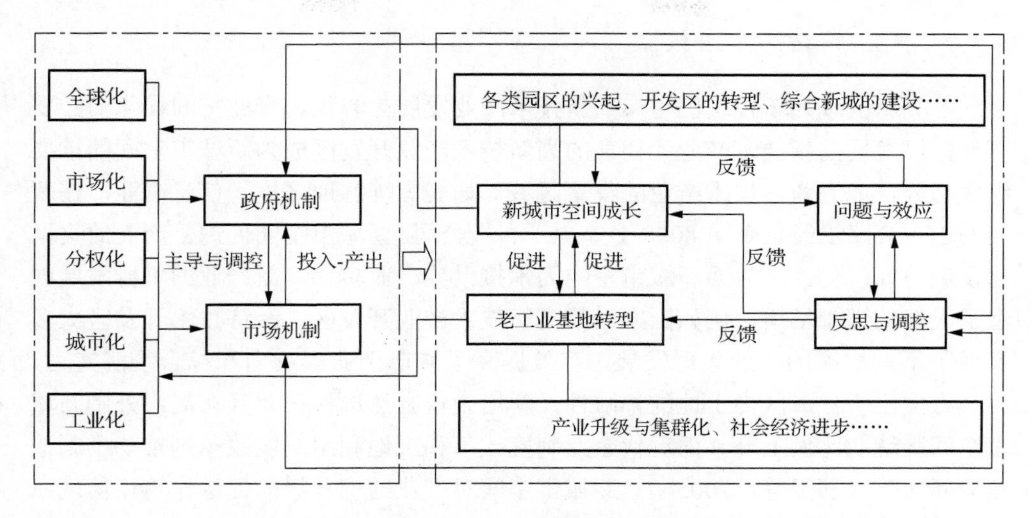

图 3.5　老工业基地转型背景下新城市空间成长的动力机制

3.6　老工业基地转型背景下新城市空间成长效应

3.6.1　新城市空间成长的积极效应

以各类开发区为代表的新城市空间成长模式为推进我国城镇化与工业化进程做出了重要贡献，这种新的城市空间成长模式在机制创新、体制创新、管理创新、技术创新等方面取得了有益的尝试，为后发国家和地区城市成长模式提供了重要的借鉴。新城市空间在城市经济增长中起到了增长极的作用，我国第三次大转型已经拉开序幕，新城市空间仍然要扮演“先锋队”和“主力军”的角色（李佐军等，2014）。本书主要就经济发展、产业结构升级、城镇化推进、城市空间调整、国家战略实施以及老工业基地转型等方面阐述新城市空间成长的积极效应。

1. 区域经济总量的壮大

各类园区尤其是国家级的开发区，成为产业集聚与规模壮大的核心地域，在区域中多承担经济增长极的地位，成为所在城市吸引投资、扩大经济规模与再生产的重要平台，为区域经济总量的壮大做出了重要贡献。随着 20 世纪 90 年代以来新城市空间的快速扩展，我国城市进入前所未有的高速发展阶段，经济规模与城市整体实力不断提高，这种经济的大规模增长过程中各类开发区贡献巨大。据统计，2014 年 1～9 月全国 215 个国家级经济技术开发区实现地区生产总值超过 5.6 万亿元，占全国的 13.4%；截至 2014 年 8 月，114 个国家级高新区实现工业总产值 19.7 万亿元，实现增加值 5.8 万亿元，占全国 GDP 的 10%以上。

2. 产业结构的优化升级

各类新区成为新技术应用、高新技术产业发展与孵化、产业空间优化的必要条件，以发展高新技术产业为初衷的高新技术产业开发区成为新城市空间的重要组成部分，成为新兴技术产业的集聚区域，如美国硅谷地区电子信息产业，在著名的 101 公路沿线集聚了 8000 多家电子科技公司。新城市空间促进了产业的集聚化发展与郊区化，一方面新城市空间为承接世界产业转移、新产业的集群发展创造了天然的理想场所，例如国家级的高新技术产业开发区、经济技术开发区大多实现了不同程度的产业集群发展，有效提高了城市产业影响力和综合经济实力，另一方面由于建成区内土地的稀缺性，新增企业必然选择在郊区布局，外围新城市空间制造业比例上升，而现代企业制度改革和土地利用制度改革则推动了制造业的郊区化（郑国等，2005b）。新城市空间对产业结构升级的促进作用还体现在为产业结构调整提供了重要的支撑，为现代产业的发展与集聚、产业的空间置换、产业空间整合等提供重要的空间平台等。

3. 区域城镇化的快速推进

我国设立的以开发区为主体的各类园区初衷多为引进外资、出口加工、发展高新技术产业，但经过一段时间的发展，各类园区成为城市强劲的增长点，成为城镇化的主要载体和重要动力，有效地促进了人口城镇化和用地城镇化的快速推进。

新城市空间是人口城镇化的重要承载平台，20 世纪 90 年代以来我国进入快速城镇化时期，城镇化率由 1990 年的 26.41%增长到 2016 年的 56.1%，城镇常住人口达到 7.7 亿，2000～2010 年我国城镇化率年均增长 1.35 个百分点，每年新增人口 2200 万人。我国从农业大国向工业大国转型过程中大规模人口涌入城市，巨大的就业、住房、服务等需求是原有城市空间所难以承受的，新城市空间成长成为解决这一历史难题的唯一途径，大量的工业新区、居住新区为新增城市人口实现职业与居住方式转变提供重要的场所，同时也为城市环境的改善、生活空间的改善提供良好的契机，据统计，北京 2005～2014 年新增人口的 40%位于新城区，新城市空间已经成为人口城镇化的重要支撑平台（冯奎等，2015）。

新城市空间是用地城镇化最为直观的表现形式，我国城市空间的大规模扩张，主要是基于城市开发区的建设以及城市新区的建设，园区的城区化进程实质就是各类产业园区逐渐转型为城区的用地城镇化过程。新城市空间分布较为集中，与城镇化主体形态比较吻合，符合中国城镇化主体形态发展的方向。新城市空间的优化发展是促进工业化与城镇化良性互动的重要路径，在我国参与全球化与综合实力提升方面做出了重要的贡献，同时也成为新型城市化、现代工业化的重要载体。德国最著名的中国研究专家 W. Taubmann 将 20 世纪 80 年代以来以经济特区和各类开发区为主要形式的城市建设看作为继封建王朝时期、殖民地时期、社会主义早期之后的又一个中国城市发展时期。以开发区为先导带动区域整体城市化的道路是当代中国极富特色又卓有成效的城市化模式之一，将对中国未来的城市发展产生深远的影响（郑国，2011）。

4. 城市空间结构的优化

新城市空间成长对城市空间结构优化的促进主要体现在以下三个方面：一是新城市空间作为城市空间“退二进三”调整的主要空间载体，支持了现代第三产业的发展，而工业生产也可以在新区获得理想的空间场所，实现规模的扩大与布局结构的调整；二是新城市空间还出现了新的服务业集聚中心，如很多城市在外围新区规划建设了新的 CBD 或综合型新城，促进新的服务组团的形成和功能完善的新城组团的形成，有利于打破传统的单一中心城市空间结构，达到疏散城市核心区过度拥挤的人口与产业压力的目的，从而优化城市空间结构；三是新城市空间的成长促使了居住空间发生重构，住房货币化改革背景下，居住空间开始快速扩展并于新城市空间形成居住新区等形式，有效优化了居住空间布局，同时提高了人均居住面积与居住环境质量。

新城市空间的出现有效地促进了城市空间的扩展，新城市空间成长既是城市扩展的主要表现形式，同时也是城市空间扩展的核心动力。新城市空间成长对城市空间扩展的促进主要表现为两种形式：一是外部调控驱动，由于各类开发区发展基础较好、设施齐全，地方政府在确定城市发展方向时多选择具备一定发展基础的开发区，从而有效促进开发区向城区的转变；二是内部自发转变驱动，设立较早的各类开发区经过多年的发展，已经“自发地”向城区转变，各类要素在新城市空间快速集聚，新城区功能的日益完善并逐渐发展成为大城市中心区的“反磁力中心”，亦成为城市空间扩展的重要组成部分。新城市空间成为城市空间结构调整的主要载体，如苏州为了保护原有城区的古城风貌，在外围分别规划建设了苏州工业区和苏州新区，旧城则通过“退二进三”进行城市功能的置换，可以说是新区的建设实现了其古城保护与功能调整的双重目标。

5. 城市发展政策的实施

无论是国家层面城市发展战略，还是城市本身发展规划的实施，都需要一定的空间支撑，由于原有城市空间用地的紧缺性与社会经济功能的“固化”，难以实现在短时期内落实大型项目或大规模拆迁、调整，因而在新城区寻求发展空间成为各大城市不约而同的发展路径选择。首先，新城市空间成为国家政策实施的重要平台，无论是改革开放、吸引外资，还是发展高新技术产业，均将重点置于新城区，近几年国家加快了设置国家级新区的步伐，这些承担国家战略的国家级新区，也将成为未来城市发展新政策、新路径实施的重点区域；其次，新城市空间也成为所在城市发展战略的“桥头堡”，因为无论是“政务新城”“高铁新城”“空港新城”等的新城建设，还是城市重点扩展方向的确立，均离不开新城市空间的身影，可以说新城市空间是城市发展策略的主要实现平台；最后，新城市空间还承担了城市发展的各种发展机遇，实践已经证明，举办具有较大影响力的重大赛事、节事活动有利于快速提高城市影响力和城市本身的建设，而我国大城市所举办的大型赛事、重大节事活动等往往选择在新区举行，如北京奥运会、上海世博会等，从而为城市跨越式发展与迅速提高影响力提供重要机遇。

6. 老工业基地振兴与转型的推进

老工业基地的转型对新城市空间成长具有重要的促进作用，反之新城市空间成长对老工业基地转型而言同样意义重大，尤其对老工业基地转型的特殊意义在于为企业制度改革、新兴产业集群的培养、城市人居环境的改善等方面起到关键的促进作用。首先，企业制度改革背景下，大型企业为发展配套产业、延长产业链而进行的异地搬迁，“单位大院”式居住空间“解体”激发的大量住房需求等，均提出强烈的空间诉求，显然老城区难以满足这种巨大的用地需求，而新城市空间的成长则有效解决了这一空间瓶颈；其次，老工业基地振兴尤为重视对传统产业的改造升级和新技术产业的培育，而作为新城市空间重要组成部分的经济技术开发区和高新产业技术开发区则是新产业集群培育的重点地区，成为老工业城市新兴产业主要的集中地域；最后，新城市空间的快速成长为城市环境治理与改善提供充足的回旋余地，如为城市绿地与娱乐设施空间的增加、污染性设施与产业的外迁、人均居住面积与住房质量的提升、体育会展等大型公益设施的建设等提供用地支撑，全面提升了老工业基地城市的现代化水平。

3.6.2　新城市空间存在的主要问题

1. 用地规模过大与结构失衡

（1）新城新区数量过多，“遍地开花”问题严重。中国新城新区大规模建设始于改革开放以来，到 20 世纪末全国已经建立各类开发区 4000 多个，规划占地约 123600km^2（李红，1998），据不完全统计，2000～2010 年，全国 27 个省（区、市）规划建设了各类新城新区 748 个，规划用地面积约达到 27000km^2；据 2013 年国家“发改委城市和小城镇改革发展中心课题组”调查辽宁、内蒙古、河北、江苏等12个省（区、市）的156个地级市和161个县级市发现，90%的中国地级市正在规划建设新城新区，有些新城新区的规划面积甚至达到建成区的7～8倍（冯奎等，2015）。

（2）用地规模普遍过大，土地闲置问题严重。我国各类开发区建设主要基于引进外资和企业需求，土地利用效率并不是考核内容，经常出现零地租出让现象，导致土地闲置问题屡见不鲜，土地利用的“隐形闲置”问题突出。各类新城新区普遍存在规模过大的问题，开发区、新城等的规划建设动辄几十平方公里甚至上百平方公里，与市场客观需求大相径庭，开发区人均建设用地普遍高于城市用地标准《城市用地分类与规划建设用地标准》（GB 50137—2011）规定的85.0～105.0m^2/人标准的范围（表3.6），有些开发区为了体现地方政府政绩过渡征地，土地闲置浪费问题严重，闲置土地甚至达到40%以上（魏青，2007）。

表3.6 我国部分开发区人均建设用地面积（王兴平，2012） 单位：m^2/人

开发区名称	常州高新区	苏州新加坡工业园区	连云港经开区	启东经开区	无锡太湖国际科技园	常州东南经开区	平均水平
人均建设用地	162	163	189	254	257	90.1	185.6

（3）用地结构失衡。以开发区为主的各种新城新区是对外开放和经济发展的产物，以利用外资和发展外向型经济为主，普遍过于重视工业生产功能而忽视城市化功能的开发，在用地布局上存在不合理现象，大多数开发区在建设之初都采用居住功能和工业功能相分离的布局方式，“产城分离”导致的新区发展后劲不足、“职住分离”等问题逐渐暴露。同时，我国新城市空间的工业用地比例普遍偏高，进而导致城市整体工业用地的偏高，我国城市工业用地比例达到了26%，珠三角、长三角的一些城市甚至达到40%～50%，相比之下，纽约、我国香港、伦敦和新加坡只有7%、6%、2.7%和2.4%（冯奎等，2015）。

2. 产业结构与空间组织不甚合理

（1）产业结构单一。从产业类型选择来看，我国新城市空间普遍存在产业选择雷同、扎堆投资的现象，缺乏具备影响力的产业品牌与特色，导致区域内部的恶性竞争与低效率，与城区协作能力较差；从产业结构来看，园区产业主要以生产为主，而生产性服务业（金融、会计结算、法律咨询等）、生活性服务业（教育、医疗、文化体育等）不受重视，极不利于园区的长远发展与竞争力的提升。

（2）产业技术落后。由于各类园区建设初期过度重视企业数量和规模，主要依赖土地价格低廉和税费减免政策，对入园企业设置门槛较低，使得园区内部产品同质性较高，而技术水平、产品附加值普遍较低，整体上处于生产价值链的低

端，缺乏具备竞争力的创新型企业。园区内的企业没有形成技术创新的市场主体，创新动力明显不足，只能进行低层次、重复性的生产活动。产业技术落后也是造成各类园区产业结构性不足的重要原因，低层次生产活动产能过剩，同时高新技术产业又规模不足，产业持续发展能力受到制约。特别对老工业基地而言，其产业技术体系处于衰退阶段，是导致老工业基地经济增长缓慢，传统产业比例过大、产业比例失调、失业率居高不下等问题产生的根本原因（杨振凯，2008）。

（3）产城不融合问题突出。我国大中城市各类新区普遍存在“产城分离”的问题，成为社会各界广泛关注的热点（刘荣增等，2013）。一方面，开发区建设之初产业规划脱离地方产业发展阶段与劳动力市场，尤其是高新技术产业开发区盲目追求高新技术密集型、新型战略性产业，难以满足当地劳动力的就业需求，成为功能单一的产业园区而非城区，例如天津生态新城，规划有国家动漫园、国家影视园、环保产业园、生态科技园、信息产业园五个园区，但是吸引的住户要么是为了投资，要么是中低收入社会群体，“产城融合”出现困难；另一方面，新城区的产业选择脱离所在城市，产业发展与城市建设脱节，各类产业园区的城市功能建设滞后，难以形成产业化与城镇化的良性互动格局。

3. 人口与服务设施空间失衡

（1）人口密度低是新城市空间普遍存在的问题。数量过多、规模过大的新城区建设脱离了城市发展实际与人口城镇化需求，导致缺乏人口支撑的新城区广泛存在。有些大型新区规划面积动辄几百平方公里，规划人口规模甚至与整个城市相当，脱离了城镇化的客观规律，如曹妃甸新区 1869.4km^2，人口 22 万人，每平方公里均仅有 100 多人。新区人口密度过低不仅不利于区域持续发展与正常的城镇化进程，同时对于土地、资金、服务设施等也造成了巨大的浪费。

（2）公共服务设施不足是新城市建设的重要短板。我国新城新区普遍存在公共服务设施供给不足的难题，主要体现在教育、医疗、公共交通、文化体育等关乎居民生活的公共服务设施。由于我国新城建设之初多以工业生产为主，或单纯的房地产开发为主，受近期利益驱动和政府监督不严等因素影响服务设施的建设往往与规划不符，虽然新区建设之初对各类服务设施需求较低，但随着人口的集聚和功能的多元化，对基本公共服务设施的供给水平不断提出新的要求，导致服务设施的严重不足。而由于公共服务设施投资高、见效慢等特点，开发商、新政府领导往往不愿意花费过多的精力和财力，新区服务设施的“补课”面临诸多难题。

（3）人口与服务设施是相互依存、相互促进、同时又相互制约的矛盾统一体。首先，对服务设施而言，配套不足难以满足新区人口的生活需求，对于新区人气的集聚产生约束，服务设施的完善将有助于人口的快速集聚，但服务设施的超前配置导致巨大的浪费，因为新区人口迟迟达不到规划规模，难以保证服务设施的使用效率。其次，人口的密度过低不利于新区服务设施的建设，在边际效益、使用效率等因素影响下制约了服务设施的进一步完善，人口密度提高可有效促进服务设施的建设，对服务设施带来“正反馈”效应，而对于部分人口快速集聚的区域如北京等大城市外围，人口密度迅速提高对服务设施提出更高的要求，带来严重的交通拥堵、生活不便等问题。最后，人口密度的提高和服务设施的完善是相互促进的，人口密度的提高对服务的完善具有“正反馈”作用，而服务设施的完善也有助于新区人气的集聚，但二者需要同步，未来应避免新区建设过程中人口与服务设施的“两种极端”，否则缺少足够人口生产、生活的新城新区将会陷入“人口规模小—消费规模小—配套服务少—人口增长慢”的恶性循环（冯奎等，2015）。

4. 园区组织功能滞后与条块分割

以各类开发区为代表的园区在形成过程中具有鲜明的时代特征，并且其行政管理机制与一般市区明显不同，随着开发区体制优势的丧失，其管理组织的问题开始凸显。随着开发区范围的扩大、人口和居民的增加，管委会社会管理与社会服务职能日益加重，“精简、高效”的管理模式面临极大压力，机构简、人员精、包袱轻、效率高等比较优势受到挑战，随着开发区向新城或城市新区转型，“管委会”模式已经无法满足开发区的发展需要。

从园区内部来看，各类开发区管委会虽然行使着一级政府的权利，但毕竟不是一级政府，缺乏相应的法律保障，对于很多问题只能“协调”而无法“命令”，难以进行统一规划与协调，管委会模式在社区之初效率较高，但随着园区城区化进程的推进，弊端开始凸显，难以发挥一般政府的功能。

从园区外部来看，同一城市的园区一般都具有行政区归属，各区各行政部门竞争意识浓烈，跨区域的合作松散，各行政区之间园区的重复建设与恶性竞争，跨区域的合作松散，各级园区之间长效的合作机制仍未建立，“以园区为主题、以市场为导向”的新型产学研机制均尚未形成，城市之间、区域之间的园区调快分割问题严重。李佐军等（2014）指出，2008 年以来各类园区建设进入快速扩张期，其中有不少属于盲目兴建，各个地方及行业多是基于自身利益考虑，使园区发展缺乏整体规划和定位，导致园区间及园区内竞争激烈，各自为战、无序竞争、恶性竞争等现象普遍存在。

5. 新区建设过程中的社会问题突出

首先，新区建设过程中出现了严重的债务危机。中国城市空间显现出以前所未有的扩张与剧烈变动，市场、经济机制在城市空间的重构中起到至关重要的作用，产生了市场化背景下与西方国家类似的城市问题与现象，如居住空间分异、职住分离、社会矛盾增多、郊区化等（张京祥等，2007）。然而，对中国的新城市而言，“金融危机”同样成为当前必须引起高度关注的社会问题。

虽然有学者指出中国的土地财政模式是中国经济发展的核心竞争力，不仅克服了城市化初期阶段的资本短缺问题，而且形成了强大的制造业竞争力，但是，土地财政背景下的政府债务问题已经成为我国新城市空间建设过程中必须直面的课题。我国新城市空间快速壮大是建立在“非常规”融资基础之上的，土地资本化与政府企业化导致我国普遍存在土地财政的依赖问题和过度负债问题，地方土地财政高度扩张。一方面，政府对土地财政过度依赖，成为城市用地快速扩张的重要推手，例如中国科学院一项调查表明，我国地级市财政收入的30%～35%、县级市和县级财政收入的 50%～70%来源于土地出让和房地产开发。但这种城市增长模式导致房地产泡沫严重，金融风险不容忽视；另一方面开发建设的巨额资金主要依赖于政府背景的财政、信贷、借贷等形式，当前存在的主要问题在于地方政府融资平台负债规模奇高，地方政府无力偿还或者无意偿还问题普遍存在，地方政府债务进入高峰期，地方债务风险陡增。

其次，“文化危机”成为新城市空间建设的重大缺憾，新城建设过程中存在千城一面、高度雷同的现象，缺乏特色和个性的新城市空间大量出现，同时原有的景观风貌和历史文化特色遭到破坏，极不利于新城区功能完善和差异化发展，同时也很难塑造城市景观风貌与历史文化景观，社会文化与景观文化的缺失导致居民的认同感与归属感难以建立，城市特色与文化内涵严重缺失。

最后，社会极化问题严重，新区开发过程中较多地建设别墅区等高档社区，没有充分考虑当地人口的实际需求，居住空间分异严重；园区建设过程中更多地关注企业生产和产业发展，配套社会功能往往重视程度不够，普遍缺乏教育、医疗、公共交通、文化体育等社会文化服务设施，社会保障事业较为落后，而高收入人群往往能够在市区享受这些服务，低收入人群服务需求难以满足。社会极化还表现为严重的贫富差距问题，如征地过程中财富分配不均导致产生“食利人群”和“失地人群”两类社会群体等，前者由于拆迁收益一夜爆发，后者由于征地补偿额度不高陷入贫困，同时新城市空间还存在企业管理人员、高级技术人员与一般务工人员收入的巨大差距。

第4章　老工业基地转型背景下长春市新城市空间演变特征

4.1　长春市新城市空间成长的基本背景

4.1.1　长春市城市空间结构演变历程简述

长春市是东北地区重要的中心城市，是中国最大的汽车工业城市，是新中国汽车工业、光电子技术、生物技术、应用化学等的摇篮。2014 年市辖区总人口为 365.9 万人，地区生产总值达到 5342.4 亿元，包括南关区、朝阳区、二道区、宽城区和绿园区五个建制区，经济技术开发区、汽车产业开发区、高新技术开发区和净月高新技术开发区四个开发区。据《长春市城市总体规划（2011—2020）》，中心城区面积 612.08km^2，主城区面积 1351.25km^2，2014 年建成区面积达到 359.27km^2。

近代长春最早的城区出现于 19 世纪 20 年代，位于今南关区三道街和四道街一带、伊通河西岸的宽城子城，建城之初约 5.0km^2，主要职能为农产品的集散中心和行政中心，城市规模较为稳定。1899 年以后，随着俄罗斯、日本殖民势力的侵入，长春大规模的城市建设正式开始，相继开辟了中东铁路附属地和南满铁路附属地，至 1931 年形成了由老城区、中东铁路附属地、南满铁路附属地和商埠地四块构成的空间雏形，面积约 21.0km^2、人口约 15 万人（图 4.1）（黄晓军，2011）。

1931～1945 年是长春市城市空间快速扩展的重要时期，随着伪满洲国傀儡政权的建立，长春沦为日本帝国主义的殖民城市，1932 年日本关东军主持制定了带有殖民烙印的《大新京都市计划》，开始了大规模的城市建设，至 1945 年长春市建成区面积达到 80.0km^2，形成了以今人民大街为中轴线、人民广场为中心的城市空间格局。1949 年新中国成立后，在新的经济政治背景下长春开始向工业城市转型，特别是在“一五”“二五”期间“一汽”、客车厂、机车厂、柴油机厂、光学仪器和长春电影制片厂等多个国家重点工程相继在长春兴建，形成若干大型工业区包围城市的空间格局，城市空间成长历程虽经历波动，但建成区规模整体扩张明显，至 1978 年已经达到 90.0km^2。

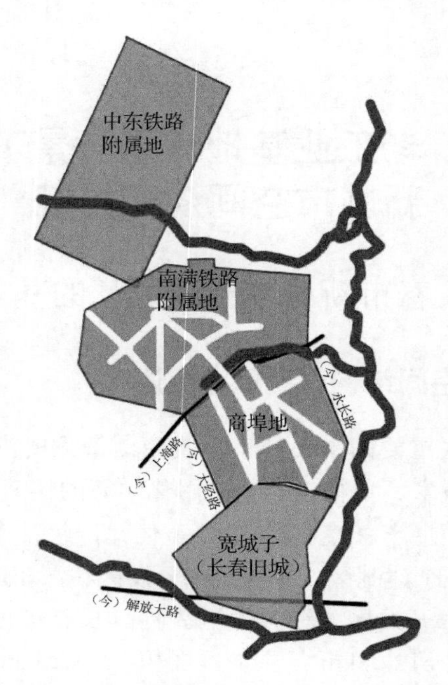

图 4.1 1931 年长春城区（黄晓军，2011）

改革开放以后，尤其是 20 世纪 80 年代以后，长春经济发展与城市建设加速，开始借鉴沿海地区设立开发区，城市空间的扩展步伐也相应地开始加速。长春市城市扩展最为迅速的时期是 1990 年以来，伴随着改革开放的进一步深入、迅速增长的经济形势和东北振兴战略的实施，长春市社会经济进入快车道，同时伴随着 1991 年高新技术开发区升级为国家高新技术产业开发区，1993 年长春经济技术开发区升级为国家级经济技术开发区等国家战略的实施，城市空间迅速扩展。长春市辖区建成区面积由 1990 年的 114.0km^2 增长到 2014 年的 470km^2，年均增长达到 6.08%；市辖区人口也由 1990 年的 211.0 万人，增长到 2014 年的 365.9 万人，各项城市社会经济指标均取得大幅度提升（表 4.1）。但 20 世纪 90 年代以来，长春城市空间的快速扩展出现了“摊大饼式”的空间蔓延态势（黄晓军等，2009）。

表 4.1 1990、2014 年长春市辖区主要社会经济指标及年均增长率

	建成区面积	城市人口	国内生产总值	社会零售平均消费总额
1990 年	114.00km^2	211.00 万人	58.77 亿元	50.35 亿元
2014 年	470.00km^2	365.90 万人	3818.44 亿元	2217.55 亿元
年均增长率	6.08%	2.32%	19.00%	17.08%

数据来源：《长春统计年鉴》（1991～2015 年）

4.1.2　老工业基地振兴与长春社会经济转型

1. 产业结构升级

老工业基地出现衰退的重要原因在于传统产业比例过大，生产工艺与技术相对落后，升级产业结构与发展新兴产业成为老工业基地振兴背景下城市发展的重要路径。产业结构升级过程中对传统产业的搬迁、扩建、改造，以及新的产业集群、空间类型出现，必然对原有城市空间造成冲击，并促进新城市空间出现与扩展。以设立较早的高新区为例，建区的初衷就是重点发展先进装备制造、生物与医药、光电子、新材料新能源、精优食品加工产业和高端生产性服务业等现代产业。截至目前，高新南区 55.0km^2 的用地已经基本实现城区化，区内先后建设软件产业园区、动漫产业园区、先进装备制造产业园区、生物与医药产业园区、光电子产业园区、新材料新能源产业园区、精优食品加工产业园区等“园中园”的产业集群形式。各类园区在政策、人才、基础设施等方面优势得天独厚，成为长春市高新技术产业发展、孵化的理想平台，本身就是新城市空间的重要构成方式。

以高新南区内部的长春软件园为例，2000 年 9 月被国家科技部认定为“国家火炬计划软件产业基地”，截至 2014 年用地面积达 85.0hm^2，孵化面积达 45.0hm^2，就业人数达 41640 人，营业收入达 115.2 亿元，已经发展成为科技实力雄厚、人才资源充足、产业氛围良好的大型软件园区（表 4.2），成为长春市乃至整个东北地区软件行业发展的增长极。

表 4.2　长春软件园 2014 年基本信息汇总

<table>
<tr><th>项目</th><th>数值</th><th colspan="2">项目</th><th>数值</th></tr>
<tr><td>现有用地面积/hm^2</td><td>85</td><td colspan="2">年末基地总人数</td><td>41640</td></tr>
<tr><td>现有建筑面积/hm^2</td><td>70</td><td rowspan="4">其中</td><td>博士学历/人</td><td>223</td></tr>
<tr><td>现有孵化面积/hm^2</td><td>45</td><td>硕士学历/人</td><td>2486</td></tr>
<tr><td>企业数/个</td><td>556</td><td>本科学历/人</td><td>32350</td></tr>
<tr><td>营业收入/亿元</td><td>115.2</td><td>大专/人</td><td>6581</td></tr>
<tr><td>软件收入/亿元</td><td>72.21</td><td colspan="2">年末软件从业人数/人</td><td>26355</td></tr>
<tr><td>出口创汇/亿美元</td><td>0.48</td><td colspan="2">有 5 年以上软件从业经验人员/人</td><td>5582</td></tr>
<tr><td>软件出口创汇/亿美元</td><td>0.325</td><td colspan="2">有 2～5 年软件从业经验人员/人</td><td>14364</td></tr>
<tr><td>科技活动经费支出总额/亿元</td><td>6.225</td><td colspan="2">软件研发人员/人</td><td>14025</td></tr>
</table>

2. 优惠政策出台

从国家层面来讲，针对老工业基地衰退中央政府相继出台一系列优惠政策，特别是 2003 年以来，国家层面对东北等老工业基地扶持力度加大，在体制机制改革、社会问题治理、高新技术产业扶持等方面给予优惠政策。对长春新城市空间发展而言，最为直观的政策倾斜在于开发区的升级和国家级新区的设立等，国务院相继批准长春高新技术产业开发区（1991 年）、长春经济技术产业开发区（1993 年）、长春汽车产业经济技术开发区（2005 年）以及长春净月高新技术产业开发区（2012 年）为国家级开发区；2009 年国务院正式批复《中国图们江区域合作开发规划纲要——以长吉图为开发开放先导区》，长吉图开发开放先导区建设上升为国家战略；于 2016 年设立面积为 499.0km^2 的长春新区，并定位为创新经济发展示范区、新一轮东北振兴的重要引擎、图们江区域合作开发的重要平台、体制机制改革先行区；此外，还批准兴隆保税区，进一步推进长春的对外开放与新区事业发展。

从地方层面来讲，中心城市作为带动区域发展的增长极和老工业基地振兴的关键环节，地方政府亦通过各种优惠政策努力促进城市建设与新区发展。一方面通过降低地价、优化基础设施等措施吸引企业入驻，促进产业园区的发展，这在各类开发区中表现较为明显；另一方面通过城市发展策略、设立开发区、新城区、大学城、产业园区等来实现城市规模的扩跨越式发展，通过大型服务设施的建设或搬迁促进新区发展，例如长春市为促进南部新城建设，将长春市政府、省图书馆等相继迁往南部新城，有效促进了区域功能的迅速集聚。

3. 城市转型与空间优化

城市转型是老工业基地转型的重要表现形式与重要内容，城市转型过程中对于新城市空间的促进主要体现在三个方面：第一，我国大城市转型升级的一个重要方面在于服务职能的进一步集聚和生产职能的园区化与郊区化，即“退二进三”的城市空间调整策略，核心区迁出的生产职能成为新城市空间形成的原始组成动力，促进产业园区的发展；第二，面对城市核心区过度拥挤、运行低效、环境恶化等问题，我国大城市普遍采取人口、产业乃至居住等职能的疏散，多中心化成为城市功能空间优化的重要途径，城市外围组团逐渐成为城市社会经济新的增长点，同时新时期新城市空间类型不断涌现，大型商业综合体、副 CBD、孵化基地、产业集群等新的空间形式成为新城市空间的重要组成部分与成长的重要驱动因素；第三，老工业基地转型背景下“问题区域”的治理成为城市空间转型的重要方面，将原本的棚户区、老工业区改造成为新型的空间形式对于提升城市面貌与综合水平具有重要的意义，如长春宽城区为彻底解决铁北区域城市功能缺失、环境污染严重、基础设施落后等问题，全面实施了“改造大铁北、建设新宽城、打造长春北部现代中心区”的发展战略，使得铁北的基础设施建设、产业引进、城区改造等取得显著成效。

4. 投资拉动力度加大

老工业基地振兴以来，国家层面对东北等老工业基地的投资力度持续加大，投资倾斜背景下经济高速增长、新型产业集群涌现，以及人口、投资拉动策略对城市建设的促进效应十分显著。对长春市而言，1990年以来固定资产投资额度逐年增加，而建成区面积与投资额增加趋势较为一致，从二者相关系数来看，1990～2015年长春市辖区建成区面积与固定资产投资额的相关系数达到0.969（在0.01水平上显著），也说明城市投资的加大对于城市规模的扩张起到重要的促进作用。2003年，老工业基地全面振兴以来，长春市的固定资产投资额明显增速，与此同时市辖区建成区面积也开始进入快速扩张阶段，2003～2014年长春市辖区建成区规模年均增长9.63%，远高于1990～2003年的3.17%，全市固定资产投资额年均增长23.38%，2014年的固定资产投资超过1990～2002年累计投资总和的3倍多。

固定投资的增加也促进了重大基础设施的建设与完善，城市新区重大基础设施的建设对新城市空间的扩展起到重要的引导作用，围绕大型服务设施往往形成城市功能的集聚区。长春西客站、龙嘉机场的建设运营有力促进了高铁新城与空港新城的建设；“两纵三横”快速路建设、地铁1、2号线和轻轨3、4号线的建成通车，“三、四环”路的建设与完善则有效提高了城市交通的可达性和机动性，扩大城市辐射范围，有利于新城市空间的成长；净月潭国家森林公园、北湖湿地公园、莲花山生态旅游度假区等大型生态空间的打造也有效促进了外围城市组团的成长，涌现出一批以生态旅游为特色的新型城市空间类型。外围新区基础设施的完善与建设为新城市空间功能的完善与人口、产业的快速集聚创造了良好的外部条件。

5. 对外开放的深化

我国很多新区建设之初就承担了对外开放的使命，因此对外开放的过程同时也伴随着新城市空间成长，各类出口加工区、保税区、中外合作园区的设立与不断完善成为新城市空间的重要组成部分。对长春市而言，对外开放的逐步深化与外向经济的发展对新城区建设促进作用显著，2015年，长春市进出口总额达到140亿美元，其中，出口完成20亿美元，进口完成120亿美元，全年实际利用内外资实现1110亿元和56.53亿美元，外向型经济成为城市社会经济的重要组成部分。位于新区的中韩软件园、中德产业园、中俄科技园等一批合作园区建设取得明显成效，促进了新城市空间经济、用地规模的壮大与城市功能的多元化。以长春市高新技术产业开发区为例，内部建立了“国家高新技术产品出口基地”，全方位、多层次、宽领域的对外开放格局初步形成，“十一五”期间进出口总额五年累计25.43亿美元，年平均增长14.56%，其中出口16.58亿美元，年均增长16.3%，全区实际利用外资累计完成30.4亿美元，为区域的城市建设起到重要的推进作用。

4.2 长春市新城市空间的研究内容、研究范围及其成长阶段

4.2.1 新城市空间实证研究内容辨析

对于城市空间结构的研究，学者多基于用地空间、社会空间、人口空间以及产业空间等方面展开（王兴中，2000）。但各类型空间在研究内容上又存在相互渗透的复杂关系，如较早关于城市社会空间研究的“芝加哥学派”三大经典模式的提出就是基于用地来进行划分的，用地空间是研究城市空间问题涉及较多的方面，也是其他各功能空间的重要载体。社会空间研究内容较为庞杂，涉及服务设施配置、职住平衡、邻里关系、社会公平、城市政策等诸多方面，与用地、服务、人口等要素的研究多有交叉，本书主要从服务设施配置与演变、人口分布与结构两个方面透析新城市空间社会空间的基本特性。产业空间亦是城市空间结构的重要组成部分，各类新城区多将产业发展作为区域建设的核心目标，因此对于产业空间的分析，尤其是新产业空间的讨论也将是本书的核心内容。

综上所述，本书试图选取新城市空间的用地空间、人口空间、服务空间以及产业空间四个方面展开讨论，虽然这种研究内容的选择并不十分全面，但仍可从整体上反映出新城市空间演变的基本特征。时序选择上，本书旨在讨论老工业基地转型背景下的长春市新城市空间演变特征，考虑到2003年为东北等老工业基地全面振兴的重要节点，同时21世纪初期以来是长春市新城市空间发展较为完善与成熟的阶段，故本书重点讨论21世纪初期以来长春市新城市空间的演变特征。具体地，对于用地空间、服务空间、产业空间的研究主要讨论2003年以来的空间格局与演变特征，对于人口空间的研究考虑数据的可得性因素，主要讨论2000年与2010年两次人口普查期间的变化特征。

4.2.2 新城市空间的基本职能

1. 城市社会经济新的增长极

长春市的各类开发区已经成为城市空间的重要组成部分，亦成长为社会经济发展的重要载体。据统计，截至2014年长春市共建立各类开发区（包括工业集中区）27个，其中国家级开发区4个、省级开发区15个、市级开发区3个，已开发区面积高达473.0km^2，区内规模以上企业1006户，外商投资企业892户（其中世界500强企业70户）。从开发区社会经济占全市比例来看，2014年全市开发区实现地区生产总值3740亿元，占全市的69.9%；实现全口径财政收入795亿元，

占全市的68.8%；实现工业总产值8890亿元，占全市的88.9%；完成固定资产投资2700亿元，占全市的71.1%；实际利用内资852亿元，占全市的89.5%；实际利用外资45.6亿美元，占全市的89.9%。2012年，高新技术产业开发区、经济技术开发区、净月高新技术产业开发区以及汽车经济技术开发区四大开发区对长春市经济的贡献率达到 52.0%。可见，以各类开发区为代表的新城区已经成为城市社会经济发展的重要组成部分与区域经济的增长极。

2. 城市功能空间优化的支撑平台

一方面，外围各类新区成为城市“退二进三”城市功能空间调整与承接外来产业转移的承载地域，为工业生产等城市职能的疏散提供用地支撑，促进了城市核心区服务职能的进一步集聚与城市功能空间整合优化。如汽开区借助已有产业基础，在西南部扩大汽车整车生产与配件生产，形成了全国乃至世界著名的汽车产业生产集群，而汽开区的老城区部分则不断改变着其传统老工业区的面貌，商业服务业功能不断完善，城市功能逐步实现综合化与多元化。另一方面，新城市空间发展为多中心的城市功能空间形成提供了必要的前提，外围新区“组团式”发展在促进城市扩展的同时也极有利于促进外围城市功能组团的形成。基于新城区的发展需求，长春市2004版城市规划提出了“双心、三翼、多组团”的城市空间发展战略，开启了多中心城市发展模式的历史阶段①。

3. 新的城市空间类型的重要载体

随着社会经济的多样化与全球化快速推进，新的空间形式不断涌现，城市功能空间的多样化趋势明显，新产业空间、新社会空间、新商业空间、新商务空间、新娱乐空间等大量出现。以长春为例，现代产业集群（如汽车电子产业集群的发展）、大型制造业基地（如世界轨道车辆基地）、现代金融集聚中心（如净月生态大街金融集聚中心）等新的空间形式广泛布局于外围新区，而南部新城、空港新城等新城建设步伐正不断加速，这些新的空间形式不仅成为新城市空间的重要组成部分，也成了长春建设综合性大都市、承接世界产业转移与分工的重要支撑。

4.2.3 新城市空间的地域格局

根据本书对于新城市空间内涵的理解，新城市空间与开发区具有明显不同的

① “双心”：在人民大街轴线的南端建设城市新中心，与人民广场地区的原城市中心形成一南一北的组合双心结构，从而实现对中心城区功能的有效疏解。北部中心保持其传统的商业中心职能，南部中心重点突出其金融、商务以及行政职能。“三翼”：城市发展的西南、东北和东南的三个方向，西南和东北方向以产业职能为主，东南方面以生活职能为主。“多组团”：结合城市生态系统，未来的城市拓展采用组团布局的方式，实现城市空间有机生长。

内涵，其空间范围、属性与功能结构存在明显差异，但由于开发区“遍地开花”式的设立，已经对原有城市核心区进行了“围合”，新城市空间也基本上都处于各类开发区、新城区的范围之内，可以说新城市空间是设立的各类开发区、新城区的成熟部分，各类开发区与新城市空间社会经济指标在某种程度上可以替代。由于现实中对新城市空间的精确范围界定较为困难，同时对应的社会经济数据在官方统计中又难以体现，所以本书对于新城市空间社会经济等基本状况的分析主要基于开发区的数据，以各类开发区空间数据和社会经济数据分析来反映新城市空间发展的基本概况。对长春市而言，20 世纪 90 年代以来相继设立的高新技术产业开发区、经济技术开发区、净月高新技术产业开发区、汽车产业开发区、宽城区经济开发区，以及南部新城、北部新城、绿园西新工业集中区等空间形式包围了中心城区原有的建成区。可以说，20 世纪 90 年代以来城市扩展区域基本被各类开发区所涵括，新城市空间形成了“圈层式”的分布格局（图 4.2）。

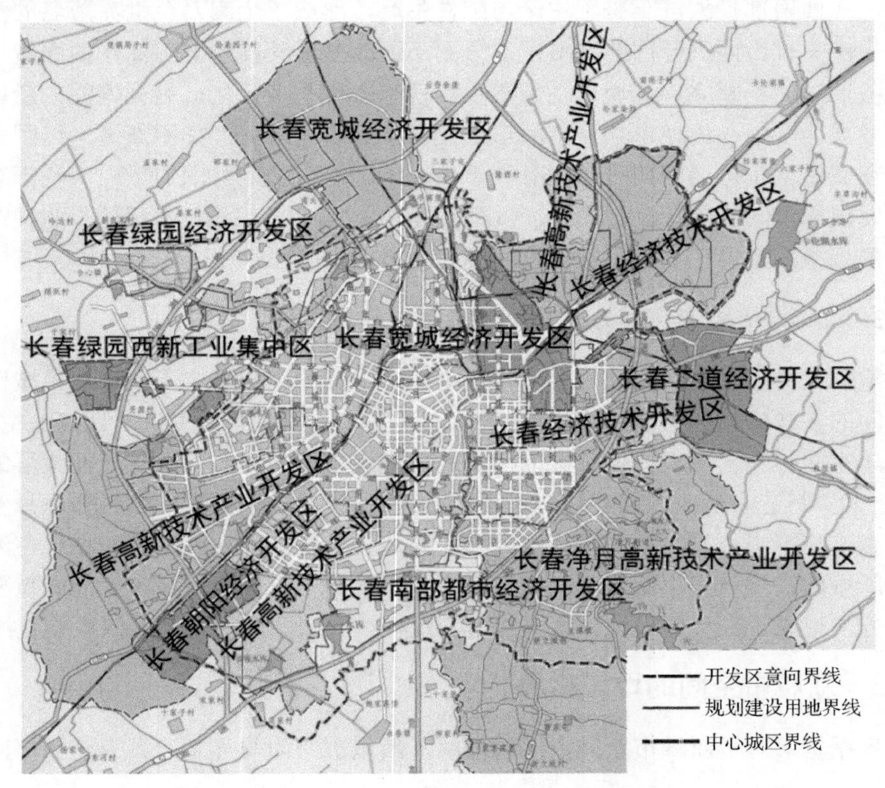

图 4.2　长春市中心城区及周围主要开发区分布示意图

4.2.4　长春市新城市空间研究范围

对于长春市的新城市空间研究主要以长春市的主城区为研究对象，主城区范围依据《长春市城市总体规划（2011—2020）》，包括南关区、朝阳区、宽城区、二道区、绿园区、经济技术开发区、高新技术开发区、汽车经济技术开发区、净月经济开发区共 9 个行政区，剔除辖区内主城区以外的乡镇，总面积为 1351.25km²，截至 2014 年末建设用地面积达到 412.75km²。选取主城区作为研究范围的原因在于：一是主城区包含建成区和近郊地带，涵括了长春市设立较早的开发区与新城区，可以综合反映典型城市核心区和外围扩展区域的城市空间基本特征；二是主城区范围相对较小（未包含远离中心城的空港新城、双阳城区等外围组团），便于实地考察与调研，同时统计资料相对翔实，可以满足研究的数据需求。

主城区是一个整体的区域概念，不仅包含了新城市空间，同时也涵括了原有的"旧城市空间"，而后者并不属于本书讨论的范畴。根据本书对新城市空间概念的定义，新城市空间主要指 20 世纪 90 年代以来新出现或扩展城市区域，包含主要的开发区与城市边缘地带，为将研究对象具体化，需进一步划定"旧城市空间"范围并将其"剔除"。参考 1990 年、1995 年两个年份的长春市用地现状图城市边界范围，设定北至北环城路（"三环路"），东至东环城路（"三环路"）与经开区，南至卫星路（"二环路"）、高新区，西至西环城路（"三环路"）以内区域为"旧城市空间"，将其"剔除"后得出本书新城市空间地域范围（图 4.3），总面积为 1201.51km²，2014 年建设用地面积为 234.93km²。

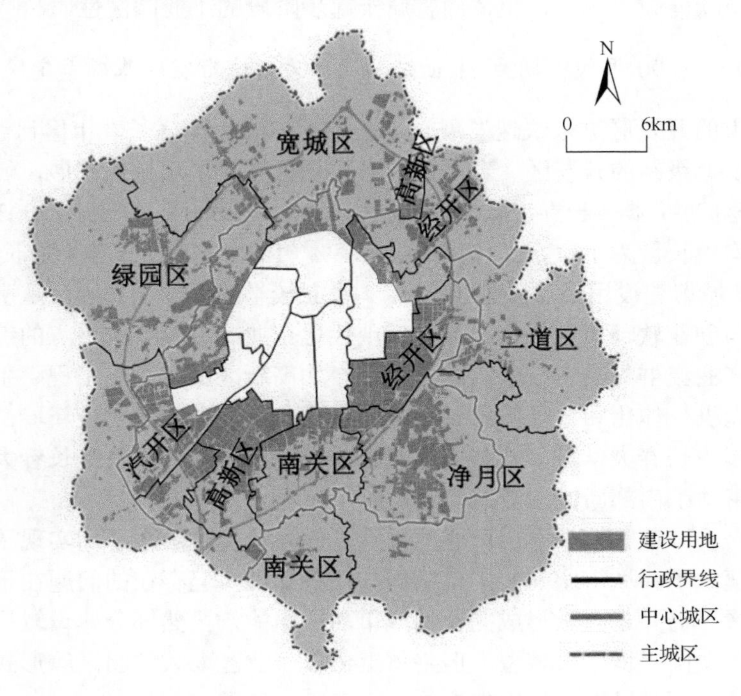

图 4.3　本书划定的长春市新城市空间研究范围

根据前面对新城市空间概念的界定，长春市的新城市空间还应包含空港新城、长德新区以及外围的县（区）域中心地（如双阳区）等，本书未将其纳入实证研究，主要基于以下两点考虑：一是空港新城等新城市空间远离城市中心区，其演变机理与成长机制具有特殊性，而本书旨在集中分析城市外围近域新城市空间的演变机理与成长机制，为保持研究内容的整体性而舍弃了远离城市中心区的建成区域；二是经过调研与查询资料发现，长春市空港新城等仍处于新城建设的起步阶段，虽建设用地初具规模，但仍未形成人口与产业的大规模集聚，且极度缺乏规范的社会经济统计资料，难以定量分析其空间演变特征与成长机制。

4.2.5 长春市新城市空间成长阶段

1. 20 世纪 80 年代末期至 20 世纪 90 年代中期，为新城市空间起步阶段

这一时期长春市相继设立高新技术产业开发区、经济技术开发区和净月潭旅游经济开发区三大开发区，有效地促进了新城区产业的发展与对外开放，为新区建设提供了用地、政策、资金等方面的支撑。该时期城市扩展主要局限于高新产业技术开发区和经济技术开发区，空间上靠近原有建成区的外围，开发区建设的核心任务主要以基础设施建设和工业生产为核心，处于开发区的“第一次创业”阶段，城市功能较为单一，整体而言属于起步阶段的工业园区性质。

2. 20 世纪 90 年代中期至 21 世纪初期，为新城市空间基础奠定阶段

长春市的开发区进入快速发展轨道，截至 2003 年底长春市区已经设立了 9 个省级及以上级别的开发区（表 4.3）。各类新区建设呈现快速发展，城市空间随之开始快速扩展，据《长春市城市总体规划（2004—2020）》，1996～2003 年城市建设用地年均增长量为 11.1km^2，年均增长 5.8%（1979～1995 年年均增长为 2.7%），到 2003 年城市建设用地达到 240.7km^2。设立较早的开发区开始注重引进企业的质量控制与创业软环境的优化，推进以现代化企业制度改革为重点的综合配套改革，注重产业集群与高新技术产业的打造。如高新区围绕汽车工程、生物工程、新材料、光机一体化和电子信息 5 个高新技术主导产业塑造科技新城，内部创建长春软件园、长春大学城、吉林大学科技园等创新基地，尤其是长春大学城的建设，显著带动了南部新区功能的迅速扩展与完善。

整体来看，该时期长春市新区的用地规模与社会经济水平均实现了跨越式发展，初步奠定了新城市空间的扩展格局与经济基础，但存在的问题在于，快速建设的“新区”仍并未真正形成完善的城市功能职能，虽然部分建设较早的开发区开始有意识地向“城区”转型，但整体上仍以产业区、大学园区等形式存在，无论是用地结构还是城市功能均较为单一。

表 4.3　截至 2003 年年底长春市区及周边开发区一览表

序号	名称	批准时间	序号	名称	批准时间
1	长春高新技术产业开发区	1991.08	6	长春朝阳经济开发区	2002.11
2	长春经济技术开发区	1993.04	7	长春绿园经济开发区	2003.06
3	长春净月潭旅游经济开发区	1995.10	8	长春合隆经济开发区	2003.07
4	长春长江路经济技术开发区	2001.09	9	长春东湖经济开发区	2003.07
5	吉林德惠经济技术开发区	1992.08			

3. 21 世纪初期至今，为新城市空间转型与完善阶段

伴随着老工业基地振兴的全面展开、东北地区对外开放的逐步深化、全球技术革命背景下产业技术升级等外部环境变迁，老工业基地城市面临着前所未有的竞争挑战与发展机遇，长春市各类新区得到空前的发展，为新城市空间转型与完善阶段。这一时期的新城区扩展依然显著，各类开发区或政策性新区对原有城区“圈层式”围合（图 4.4），新城市空间已经成为城市人口、用地、产业规模增长的重要载体。长春市南部新城、净月新城、北部新城以及外围小城镇在开发区的带动下迅速崛起，而设立较早的高新南区、经开南区基本完成了向“城区”的过渡，成为真正意义的城市空间。

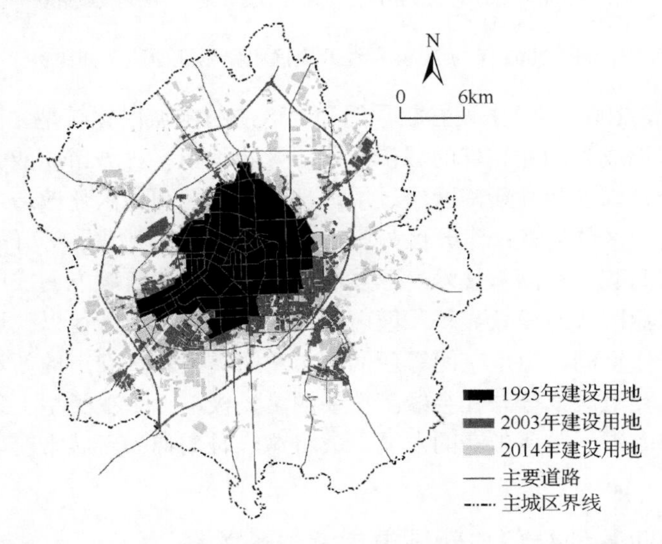

图 4.4　长春市主城区 1995 年、2003 年与 2014 年建设用地扩展对比图

新城区建设不再局限于工业生产与用地规模的提升，转而更加注重各类新区城市功能的培育，将贸易、服务、生活等作为发展的重点，注重新城区产业的创

新与持续发展能力，城市功能不断完善。居住空间与服务空间开始替代工业空间并逐步在城市外围扩展，社会服务职能逐步多样化，以经开南区为例，建设用地由 2003 年的 23.39km^2 增长到 2014 年的 30.15km^2，其中居住用地由 3.06km^2 增长到 9.13km^2，年均增长 10.46%，服务设施用地（包含公共服务与管理用地和商业金融用地）由 4.05km^2 增长到 5.72km^2，年均增长 3.24%，而工业用地由 2003 年的 10.93km^2 减少为 7.64km^2，用地结构变化明显，出现了明显的用地空间更替现象（图 4.5）。

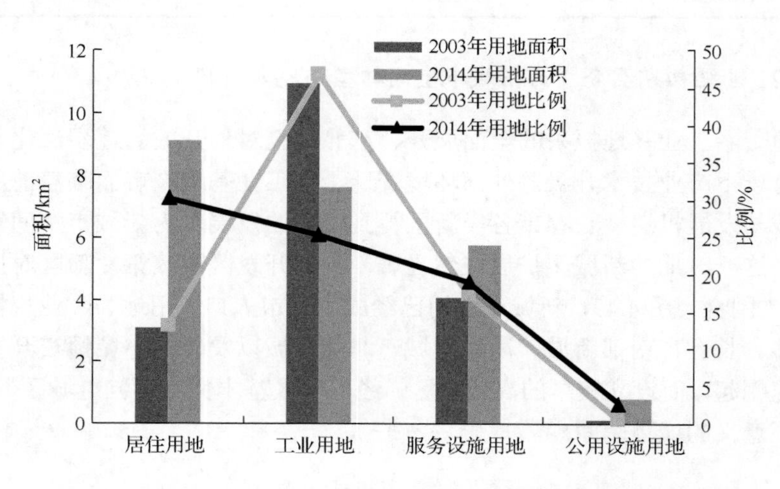

图 4.5　2003 年与 2014 年经开南区主要用地面积及其比例

整体来看，2003 年以来设立较早的开发区纷纷向城区化转型，南部新城、净月新城已经建设成为功能完善的城市组团，开始承担各种城市职能并形成新型的功能中心；经开南区和高新南区经过用地功能的演替和城区化改造，基本完成了由开发区向新城区的转变；汽开区外围、高新北区、经开北区等开始呈现出工业型城市组团的面貌，在高新技术产业发展、产业集群培育等方面成就显著；铁北宽城区等老工业区改造成效显著，区内的棚户区、老工业区得以改造，取而代之的是现代化居住空间、绿地空间等新的城市空间类型。长春市的新城市空间已经成为城市的重要组成部分与社会经济重要的增长极，无论在类型上还是在规模上新城市空间都取得了前所未有的发展，故将这一时期称为新城市空间的转型与完善阶段。

4.2.6　老工业基地转型与新城市空间成长关系

老工业基地转型与新城市空间成长之间存在着密切的关系，促进老工业基地的振兴与转型是 20 世纪 90 年代以来老工业城市所面临的最为核心的任务，而以各类“新区”为代表的新城市空间成长则成了老工业城市社会经济快速发展的直观表现，二者相辅相成、互为表里。

老工业基地的转型与新城市空间的大规模出现均兴起于 20 世纪 90 年代，尤其是随着 21 世纪初期老工业基地全面振兴的实施，迎来了新城市空间的迅速扩展与转型，可以说，老工业基地转型为新城市空间成长提供了制度与经济环境的支撑，而新城市空间成长则成为老工业基地转型的关键支撑地域。对老工业城市而言，各类“新区”的发展与转型过程中其用地的大规模扩展、新兴功能组团的涌现、城市职能的多元化等，对于老工业城市的产业空间置换、现代产业集群培育、城市功能空间升级等方面起到关键的促进作用。

新城市空间成长的实质是工业化与城镇化互为促进的结果，而老工业基地转型的实质则是新型工业化与新型城镇化的互动的结果，二者在本质上都是工业化与城镇化互动的产物。老工业基地新城市空间演变历程的特殊性在于，老工业基地转型过程中政策体制环境与社会经济文化转变得更为频繁与深刻，导致新城市空间成长的整体环境更为复杂，老工业基地转型与新城市空间成长存在密切的关联，呈现出相互促进、互为支撑的时空关系，尤其在时间序列上表现出明显的耦合性（图 4.6）。

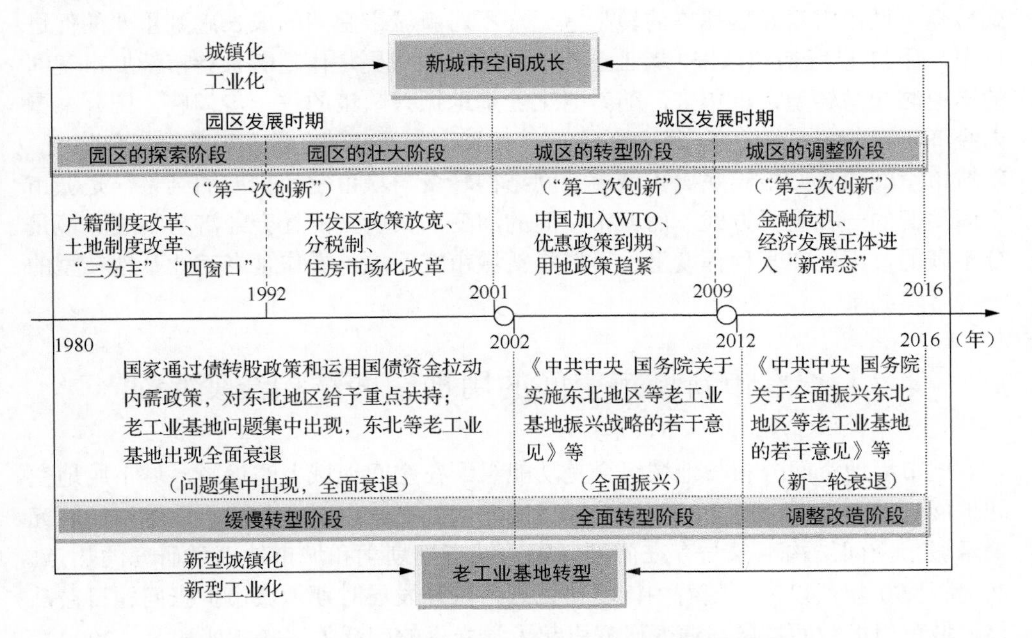

图 4.6　老工业基地转型与新城市空间成长时序关系

一是 2002 年前后，2002 年以来是东北老工业基地全面持续振兴的阶段，也是我国各类开发区转型的重要时期。随着党的十六大的召开，东北等老工业基地振兴上升为国家战略，东北振兴全面启动，老工业基地由“缓慢转型阶段”进入“全面转型阶段”，几乎与此同时，开发区等园区整体上进入“第二次创新”阶段，新城市空间由“园区发展时期”进入“城区发展时期”。

二是2010年前后，老工业基地基于投资拉动的增长模式难以为继，出现了新一轮的衰退，由“全面转型阶段”进入“调整改造阶段”，而新城市空间也整体上开始进入“第三次创新”阶段，即由“城区的转型阶段”进入“城区的调整阶段”，进入新的历史发展时期。究其主要原因，在于受国际上金融危机持续影响，中国外向型经济遭受严重打击，国内产业结构亟须调整升级，国内经济发展环境整体进入“新常态”，老工业基地与新城市空间的新一轮转型势在必行。如2010年5月国务院批准了沈阳经济区国家新型工业化综合配套改造实验区，并于2011年9月颁布《国家发展改革委关于印发沈阳经济区新型工业化综合配套改革试验总体方案的通知》，要求沈阳经济区开展新型工业化综合配套改革试验，着力推进统筹城乡改革，实现工业化与城镇化相互促进，走出一条具有中国特色的新型工业化与城镇化道路。

可以说，老工业基地转型与新城市空间成长在时间上存在某种程度上的对应关系，20世纪90年代以来，老工业基地振兴过程中社会体制转型、产业组织模式转变、城市宏观发展战略的转型等无一不对新城市空间的成长起到重要的促进作用，而21世纪初期以来，老工业基地的全面振兴更是伴随着长春市新城市空间的迅速崛起与转型，近年来，随着老工业基地振兴政策的进一步调整，国外、国内经济环境发生深刻转变等因素的影响，新城市空间亦随之进入调整与完善阶段。新城市空间成长归根结底属于城市空间结构转变与城市空间扩展的结果，是城市空间演变的一种重要方式，而城市空间的演变与其所处的社会经济与制度环境是分不开的，因此在某种程度上也可以将新城市空间成长看作是老工业基地转型的一种必然结果。

4.3　长春市新城市空间的用地空间结构演变特征

城市用地空间分布与地域组合是功能组织在空间地域上的投影，城市用地空间扩展与转变是城市社会经济活动发展规律的外在体现，因此基于用地空间研究揭示城市空间结构现象与存在问题，成为城市规划学和城市地理学研究的热点。20世纪90年代以来，随着中国城市化进入快速发展时期，城市扩张问题日益凸显，城市用地空间扩展与演变研究引起了学术界的广泛关注（刘盛和等，2000）。老工业基地振兴以来，长春市的城市用地规模与结构发生了明显变化，这种变迁一方面是老工业城市转型与振兴最为直观的体现，同时也对城市产业升级与转型、功能集聚与优化、居住与生产环境改善起到重要的支撑作用。本节主要基于长春市新城市空间的用地信息变化来分析 2003 年以来新城市空间的成长格局、过程与机理。

4.3.1　研究数据说明

1. 数据来源

研究的用地数据主要为 2003 年、2005 年、2007 年、2010 年、2012 年、2014 年 6 期长春市用地现状图，同时参考相关年份的遥感影像资料，运用 AutoCAD、ArcGIS 10.1 等多种软件对数据进行转换、几何配准与纠正，依据《城市用地分类与规划建设用地标准》（GB 50137—2011）获取城市用地矢量信息，建立长春市主城区用地矢量数据库。参考 GB 50137—2011，本书将建设用地分为居住用地、工业用地（含仓储物流用地）、公共管理与公共服务用地、商业服务设施用地、教育科研用地、绿地、水域、军事用地、公用设施用地和其他建设用地共 10 类（表 4.4）。

表 4.4　城市主要用地空间类别划分与说明

序号	用地类型	说明
1	居住用地	各类城市居住用地
2	工业用地	各类工业用地、物流用地、露天矿用地、热电厂
3	公共管理与公共服务用地	行政办公用地、文化娱乐用地、体育用地、医疗卫生用地、中小学用地、文物古迹用地、其他公共设施用地
4	教育科研用地	高等学校用地、中等专业学校用地、成人与业余学校用地、特殊学校用地、科研设计用地
5	商业服务设施用地	商业金融用地
6	绿地	公共绿地、生产防护绿地
7	水域	水面覆盖区域
8	公用设施用地	市政公用设施用地
9	军事用地	军事用地、外事用地、保安用地
10	其他建设用地	对外交通用地、铁路用地、机场用地、弃置地等

2. 片区的划分

将研究地域进行类型单元的划分有助于更深入地研究其内部差异性特征，从而有针对性地分析新城市空间演变特征及存在问题（申庆喜等，2015a）。参考已有研究成果，本书主要依据行政界线与中心城区界线（关于长春市中心城区范围的界定已有研究多有体现，此处不再赘述）（周国磊等，2015），将主城区的新城市空间划分为17个片区单元（图4.7），并参考其行政区划名称依次命名为“高新区1”“高新区2”“经开区1”“经开区2”“宽城区1”“宽城区2”“二道区1”“二道区2”“汽开区1”“汽开区2”“南关区1”“朝阳区1”“朝阳区2”“净月区1”“净月区2”“绿园区1”“绿园区2”。基于行政界线划分主要考虑行政区划对城市空间成长显著的影响作用，同时便于进行各行政区统计数据的收集；而基于中心城区界线划分主要由于长春市中心城区内外用地结构存在明显的差异，是对新城市空间进行“核心”与“外围”区分的重要参考界线（申庆喜等，2015a）。

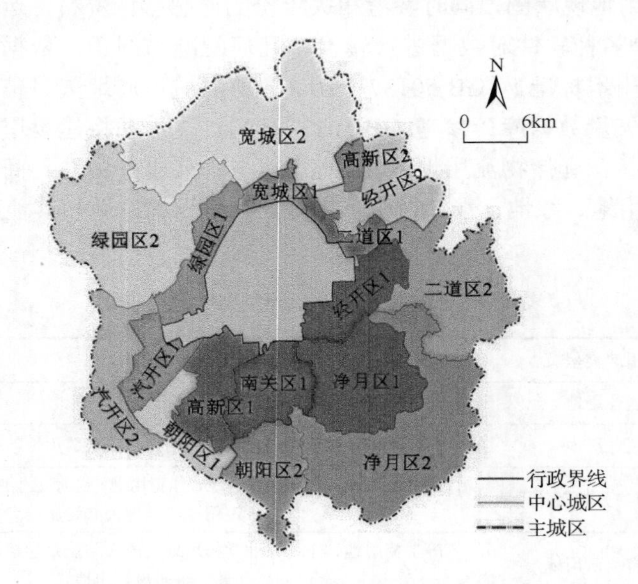

图4.7 长春市新城市空间研究范围内片区的划分与命名

4.3.2 新城市空间用地演变特征

1. 用地的扩张特征

1）用地的整体变化

2003～2014年长春市新城市空间建设用地面积扩张迅速，由112.93km^{2}增长到250.98km^2，年均增长7.53%。通过2003年与2014年新城市空间范围内建设用地对比可以看出，2003年以来长春市新城市空间用地扩展明显（图4.8），主要呈现出以下主要特征：一是用地扩展以工业用地和居住用地为主，用地功能较为单一，外围新区并未形成大规模的服务中心；二是用地扩展的“圈层式”特征明显，原有城市空间外围各个方向均出现明显的用地扩展；三是外围新增用地沿主要交通干线“放射状”扩展，沿长吉、长哈、长沈、长营、G302等交通干线均新增大量建设用地；四是“西南—东北”工业翼与东南部的净月组团是新城市空间用地规模扩展最为显著的区域。

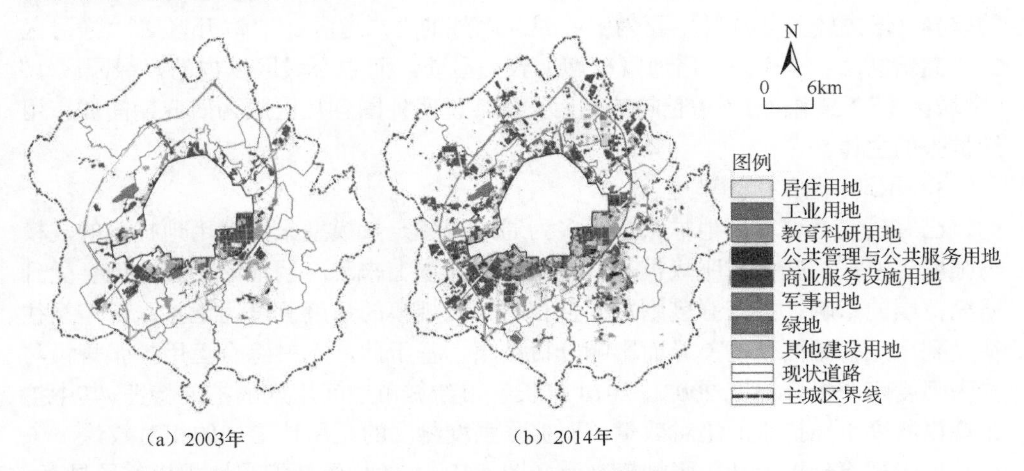

图 4.8　长春市主城区 2003 年与 2014 年新城市空间范围内建设用地对比

2）用地的扩张趋势

2003 年以来长春市新城市空间地域的建设用地增长明显，但不同阶段也表现出一定的差异，从各片区的用地面积变化趋势来看（图 4.9），2003～2014 年用地面积均呈稳步上升趋势，其中 2003～2005 年用地扩展相对缓慢，2005～2012 年

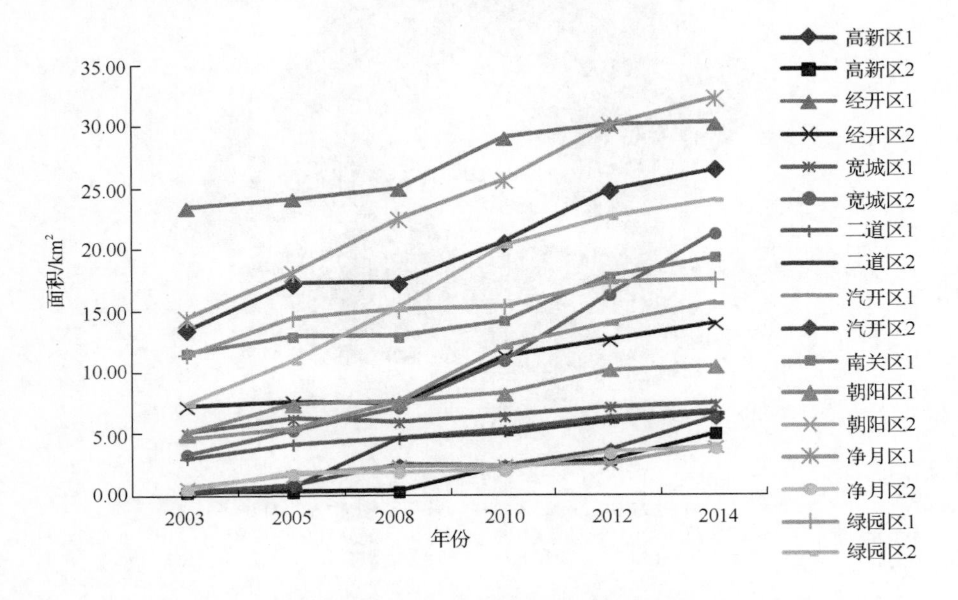

图 4.9　2003～2014 年长春市新城市空间地域范围内各片区用地面积变化

增速提高，但 2012 年以后又呈现出减缓的趋势，即 2003 年以来长春市新城市空间用地扩张速度经历了“低—高—低”的变化过程。各片区增长趋势也存在一定的差异，增幅较大的片区主要为中心城区以外的“二道区 2”“汽开区 2”“净月区 2”“高新区 2”等片区，用地规模增加较为显著，而中心城区以内的“绿园区 1”“宽城区 1”“二道区 1”增长趋势相对平缓，说明外围各片区成为研究期间城市用地扩张的主体。

3）用地扩张的规模与强度

已有研究对城市用地扩张分析多为通过构建定量模型来测度用地扩张的规模与强度等特征，其中扩张规模可以从绝对增长量上来测度用地的扩张，但会受到研究范围的影响，扩张强度则主要从相对增长规模的角度测度用地扩张，但又往往受到用地初始面积的差异而影响分析结果。基于此，本书综合运用扩张规模与扩张强度两个指标测度 2003～2014 年长春市新城市空间用地的扩展特征，其中扩张规模测度用地扩张的绝对数量，而扩张强度测度的是用地增加的相对数量。

扩张规模分析。从扩张规模来看（图 4.10），各片区新增用地规模差异显著，用地增加较多的区域主要为中心城区以外的宽城区（增长 17.84km^2）与绿园区（增长 16.47km^2），原因在于这些区域处于城市增长的边缘地带，工业用地在该区域

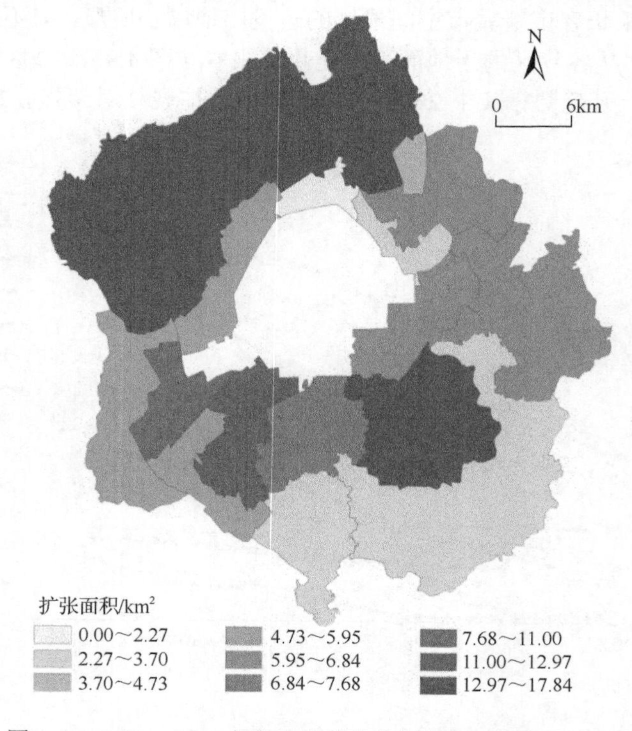

图 4.10　2003～2014 年长春新城市空间各片区扩张用地面积

扩展明显，如宽城区与绿园区外围的合心、合隆、兰家等组团建设迅速，增加用地规模较大。中心城区以内的高新南区（增长 12.97km^2）、汽开区（增长 11.00km^2）以及净月区（增长 17.73km^2）虽然范围相对较小，但用地增长规模也相当可观，说明南部各片区是 2003 年以来城市扩展的重要方向，反映出 2003 年长春市战略规划研究中南部新城（包括国际汽车产业园区、南部中心城区、净月潭综合发展区三大组团）发展方向的确立，对南部城区扩展起到重要的引导作用。

扩张强度分析。扩张强度主要用于描述一定时期内某类土地的扩张面积占该类总用地面积的百分比（刘盛和等，2000），用于比较不同时期土地扩张的强弱程度。计算公式为

$$K = \frac{U_b - U_a}{U_a} \times \frac{1}{T} \times 100\% \tag{4.1}$$

式中，K 为研究阶段某类用地的扩张强度指数；U_a、U_b 分别为研究初、末期该类用地面积；T 为间隔年数。

2003～2014 年扩张强度较高的片区主要分布在中心城区以外［图 4.11（a）］，中心城区以内各片区扩张强度均低于新城市空间整体的平均值（11.11%）。扩张强度较高的片区为“二道区 2”（285.74%）、“汽开区 2”（138.90%）、“高新区 2”（130.56%），其次为“净月区 2”（58.97%）、“宽城区 2”（47.47%）和“朝阳区 2”（42.18%）。截至 2003 年，长春市中心城区范围内开发程度已经达到较高水平，其用地的初始面积（U_a）规模较大，导致其整体的扩张强度较低，而中心城区外围由于初始面积规模普遍较小，亦是近十多年来的重点开发地区，从而引发了较高的扩张强度。

不同阶段各片区扩张强度也存在一定的差异：首先，2003～2007 年新城市空间用地扩张强度为 10.45%，整体较高，扩张强度较高的片区主要分布在西南部的“汽开区 2”（135.28%）和东部的“二道区 2”（539.65%），同时“宽城区 2”（27.56%）、“绿园区 2”（25.60%）、“朝阳区 2”（61.46%）和“净月区 2”（67.19%）也表现出较高的扩张强度；其次，2007～2010 年新城市空间范围内用地扩张强度为 6.95%，较上一时期明显降低，用地扩张主要集中在城市北部各片区和西南部的“汽开区 1”（19.95%），主要得益于这一时期外围工业用地的快速扩张，同时该时期是长春开发区建设的重要时期，“高新区 1”（6.36%）、“经开区 1”（5.51%）出现一定程度的扩展，“高新区 2”（195.67%）和“经开区 2”（17.17%）开始进入快速建设时期；最后，2010 年以来整体的扩张强度略有提高，为 7.42%，这一时期各片区间的用地扩张强度差异显著，扩张最为突出的片区主要分布在外围的“高新区 2”（29.77%）、“宽城区 2”（23.26%）、“净月区 2”（23.14%）和“汽开区 2”（41.75%）等片区，外围成为用地扩张绝对主力，中心城区内部整体扩张强度较低，说明长春市用地空间的增长已经转移到中心城区以外的地域。

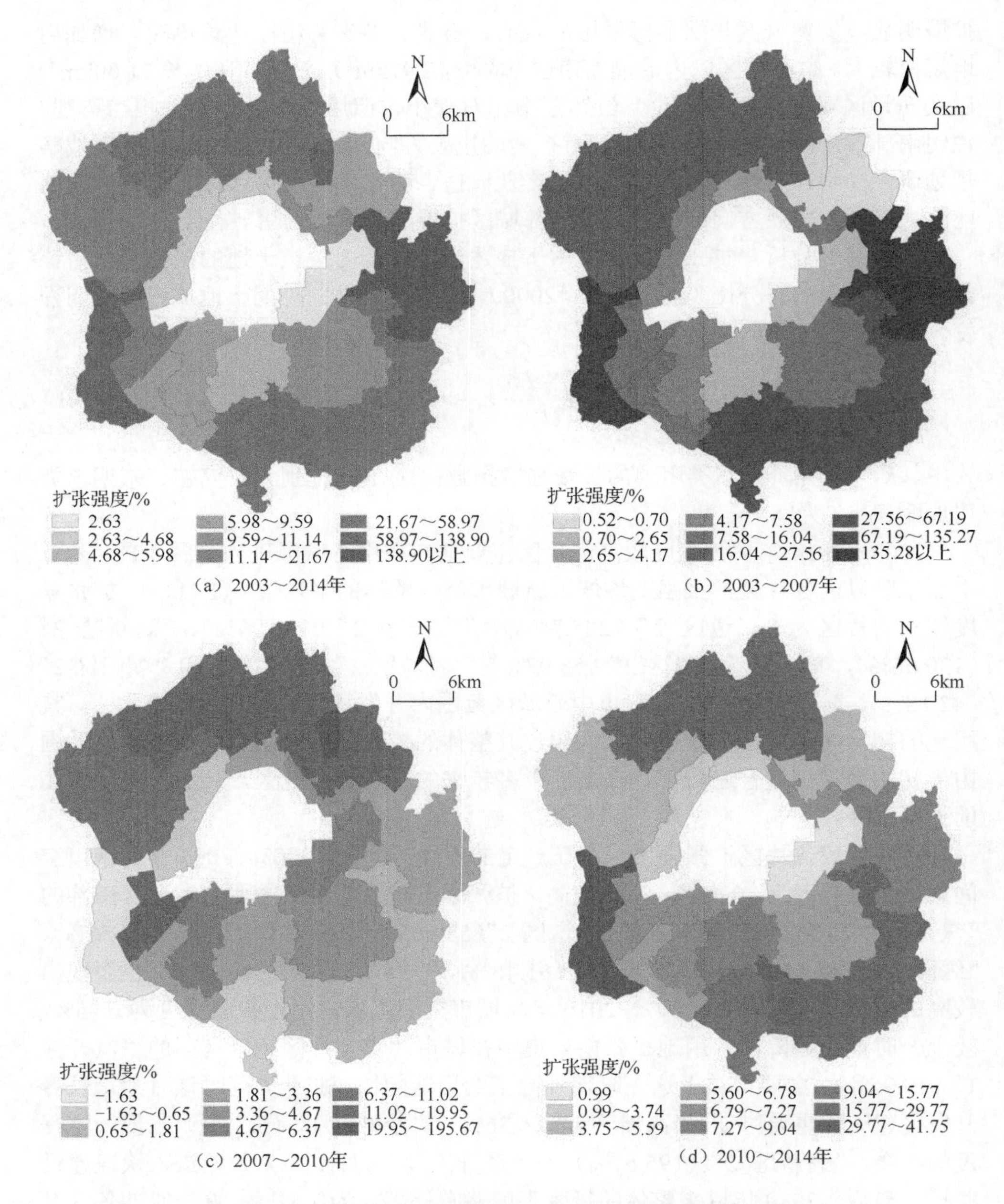

图 4.11　新城市空间范围内各片区不同阶段扩张强度对比

2003 年以来，长春市新城市空间用地呈现出较高的扩张强度，但不同阶段不同片区扩张强度又存在显著差异，整体经历了“快速扩张—扩张减速—略有回升”的增长历程，同时各片区之间扩张强度存在显著差异。这种差异既有来自于空间区位、自身资源禀赋等因素差异的影响，同时也与政府对城市发展策略（开发区的设立等）的实施与调控关系密切。

4）用地扩展的方向性特征

对于用地扩展方向性特征的分析有助于整体把握城市用地空间扩张态势，是研究用地扩展特性的重要方面，对于城市产业流、人口流、资金流等的调控具有重要的参考价值。核密度分析已是较为成熟的研究方法，本书主要通过计算增加用地的核密度来分析 2003～2014 年新城市空间用地扩展的方向性问题（王法辉，2009）。

图 4.12 是 2003～2014 年长春市新城市空间新增用地的核密度分布图。可以看出，2003 年以来长春市新城市空间用地扩展在每个方向上均有体现，但用地扩展的高密度值仍主要集中在中心城区以内，即用地的集中增加地域仍处于中心城区；3 个极高密度值分别位于南部的“高新区 1”“净月区 1”和东部的“经开区 1”，南部与东部是新城市空间扩展的主体方向，东北部“高新区 2”、西南部“汽开区 2”高密度值分布广泛，显示出“西南—东北”工业翼仍是用地扩张的重要方向；整体来看，西部至北部的广大区域除了绿园区的合心组团出现了一个高密度值区域（客车厂新厂区所在地）外，核密度分布值普遍较低；中心城区外围也出现了较多的次高密度值分布区域，但多集中在极高密度区域的周围呈现“组团式”扩展，与新城市空间的主体扩展方向一致。

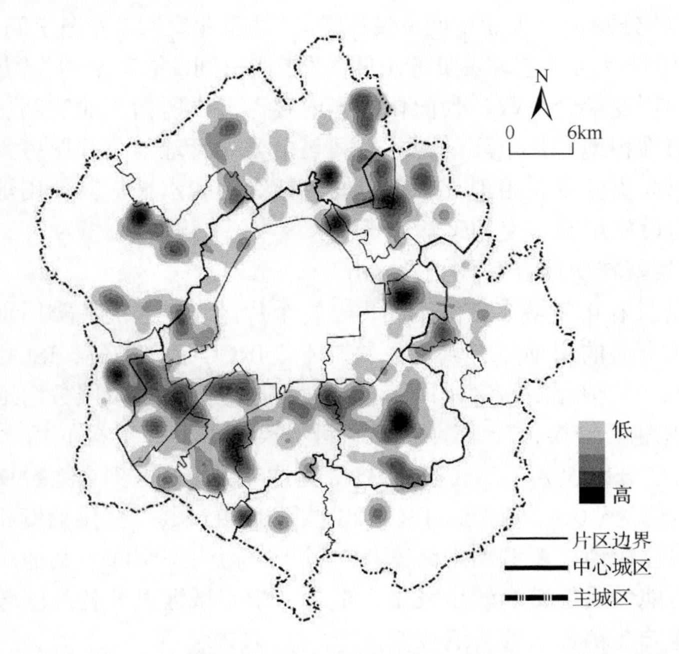

图 4.12　2003～2014 年长春市新城市空间新增用地的核密度分布图

2. 用地的更替特征

用地是城市功能布局最为直观的体现，城市各类用地功能空间转变的实质是城市内部人流、物流、信息流、能量流等迁移转化在空间上的客观体现，可以直接反映出城市社会经济要素演变规律（杨晓娟等，2008）。因此，本书拟通过主要类型用地间的更替现象分析新城市空间各功能空间演变规律。

1）用地转变耦合系数

为了定量分析不同类型用地转变的关系，本书选取用地转变耦合系数定量分析各种用地转变的动态特征，其实质是指某一时期两类用地相互转换的面积占这两种地类发生变化总面积的比例，该系数越大表明两类土地转型的耦合度越高（龙花楼等，2012）。鉴于工业空间与居住空间在新城市空间中的主体性地位，主要通过计算工业空间、居住空间与其他空间的用地转变耦合系数，来分析 2003～2014 年各片区城市用地空间的转变规律。计算公式为

$$\mathrm{IRCC}=\frac{C_{\mathrm{IR}}+C_{\mathrm{RI}}}{C_I+C_R-C_{\mathrm{IR}}-C_{\mathrm{RI}}}\times 100\% \qquad (4.2)$$

式中，IRCC 指“工业空间&居住空间”转变耦合系数；C_{IR} 和 C_{RI} 分别指研究期间工业转变为居住用地和居住转变为工业用地的面积；C_I 和 C_R 分别指两期土地利用数据叠加后性质发生变化的工业和居住地块面积。ISCC、IGCC、IOCC、RSCC、RGCC、ROCC 分别指“工业空间&服务空间”“工业空间&生态空间”“工业空间&其他用地空间”“居住空间&服务空间”“居住空间&生态空间”“居住空间&其他用地空间”转变耦合系数。为简化研究内容，书中所指工业空间包括工业、物流仓储、矿物堆积地和热电厂，服务空间包括公共管理与公共服务用地、商业服务设施用地两大类的主要用地，生态空间包括绿地和水域，其他用地空间包含军事用地、公用设施用地、交通运输用地等。

2）不同类型转变耦合系数差异分析

表 4.5 是长春市新城市空间范围内 17 个片区与全区的各类用地转变耦合系数。首先，从全区的用地转变耦合系数来看，IRCC（4.57%）、ISCC（3.08%）、RSCC（3.92%）数值相对较高，即工业用地、居住用地以及服务用地三大类用地间存在一定程度的转换，而与其他用地间转换的规模处于极低的水平，尤其是 IOCC 和 ROCC 分别仅为 1.24%和 0.83%；其次，从各片区耦合系数变化幅度也可以看出，IRCC 达到 0～26.12%，ISCC 也达到 0～9.68%，变化幅度相对较大，即工业用地与居住用地、服务用地转变相对频繁，而生态空间与其他用地空间用地相对稳定，用地性质的转变较少发生；最后，中心城区以外各片区较少出现用地的转变，用地转变耦合系数普遍较低。

表 4.5　各片区不同耦合类型的用地耦合系数

片区名称	耦合类型						
	IRCC /%	ISCC /%	IGCC /%	IOCC /%	RSCC /%	RGCC /%	ROCC /%
高新区 1	4.88	4.14	1.56	0.33	7.04	0.92	3.09
高新区 2	0.00	0.00	0.00	0.00	0.00	0.00	0.00
经开区 1	26.12	9.68	7.66	3.49	5.82	4.15	0.08
经开区 2	2.88	4.82	0.03	0.72	7.22	1.03	0.26
宽城区 1	7.56	0.97	2.83	7.64	5.82	0.36	0.22
宽城区 2	0.00	0.00	0.00	0.00	0.00	0.00	0.00
二道区 1	5.83	1.43	2.09	1.18	0.00	0.00	0.00
二道区 2	0.00	0.00	0.00	0.00	0.00	0.00	0.00
汽开区 1	0.88	1.38	0.01	1.30	0.74	0.00	0.00
汽开区 2	0.00	0.00	0.00	0.00	0.00	0.00	0.00
南关区 1	2.23	1.64	0.84	5.07	4.83	2.28	1.91
朝阳区 1	0.04	1.06	0.00	0.00	0.10	0.17	0.00
朝阳区 2	0.00	0.00	0.00	0.00	0.00	0.00	0.00
净月区 1	0.91	3.61	0.97	1.34	3.74	1.20	0.61
净月区 2	0.00	0.00	0.00	0.00	0.00	0.00	0.00
绿园区 1	4.18	6.20	2.63	2.52	8.27	3.45	0.40
绿园区 2	0.05	1.21	0.06	0.02	0.00	0.00	0.68
全区	4.57	3.08	1.38	1.24	3.92	1.34	0.83

3）不同片区间转变耦合系数差异分析

由于新城市空间各片区用地转变耦合系数本身处于较低的水平，除工业、居住之外的用地转变存在较大的偶然性因素，因此对于片区间差异性的研究只选取 IRCC、ISCC 和 RSCC 三个指标进行分析（图 4.13）。可以得出以下结论。

一是 IRCC、ISCC 和 RSCC 空间分布特征呈现出较高的一致性特征，中心城区以内各片区用地转变耦合系数整体较高，外围各片区用地相对稳定，说明外围乡镇组团较少发生用地的转变，其快速扩张主要来源于对非建设用地的侵占；二是“经开区 1”工业用地与居住、服务用地转换较为频繁，用地耦合系数分别达到 26.12%和 9.68%，主要原因在开发区设立较早，早期以工业生产为主，工业用

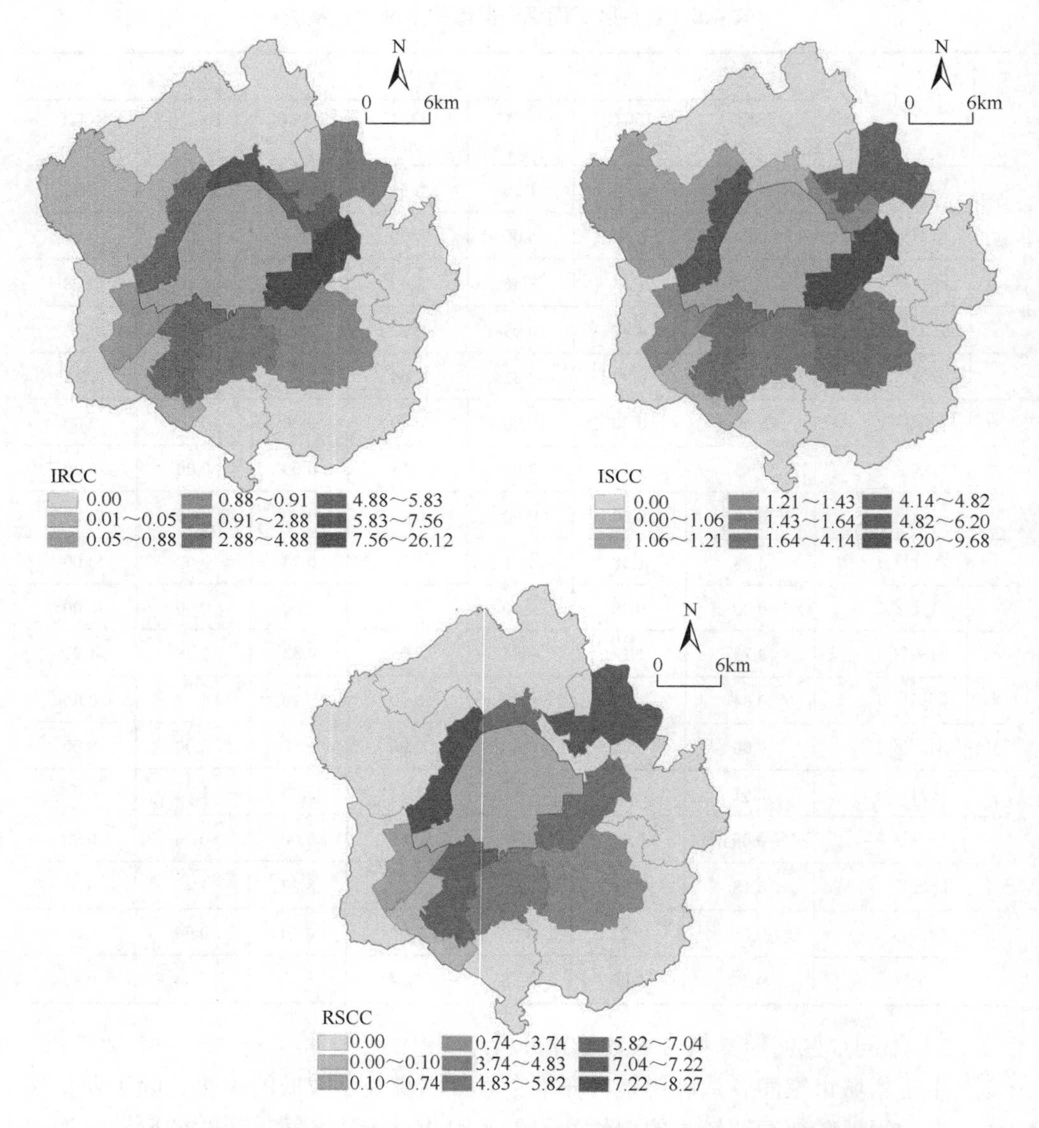

图 4.13　新城市空间范围内各片区 2003～2014 年主要类型用地转变耦合系数

地占绝对主导地位，但随着城市功能的逐渐多元化，在市场地租机制驱动与政府引导双重作用下，一些紧邻主干道的工业用地开始向居住与商服用地转变，导致了较高的用地转变耦合系数，“经开区 1”也是新城市空间范围内用地转变最为频繁的区域；三是“高新区 1”“南关区 1”“净月区 1”用地转变耦合系数水平较为一致，均属于以新区建设为主的城市空间扩展新区，仅存在较少的用地性质转变，这种转变多为用地扩张中用地的重新整理与规划建设，多存在于靠近城市核心区的一侧；四是“绿园区 1”属于城市核心老城区的拓展空间，经历了较长的郊区用地性质，原有大量的建设用地未经过城市统一规划，建设用地的分布、景观面貌等较为混乱，城市向外扩展过程中必然伴随着大量的用地的整理与重新规划建设，导致了用地性质的转变相对较为频繁。

4.3.3 新城市空间用地组合特性

不同类型用地的组合特征可以在一定程度上揭示各类城市功能空间的混合与分异特征，而城市用地空间混合与分异是其功能空间融合与分化内在规律的外在表现。特别对新城市空间而言，其内部不同地域之间存在功能类型、形成路径、发展时序等的巨大差异，探索其用地组合特征及其差异性规律，可为有针对性地制定城市功能空间调控政策提供重要的依据（申庆喜等，2015a）。

Shannon-Wiener 多样性指数主要用于研究景观在空间、时间和功能上的异质性特征，这里用于研究城市内部空间土地利用形态的多样性特征和城市功能空间的混合使用程度及用地空间形态的组合特征，多样性指数越高，表明不同职能用地类型数越多，各职能类型用地面积差别越小（龙花楼等，2012）。计算公式为

$$H=-\sum_{i=1}^{m}\left(\frac{X_i}{\sum_{i=1}^{m}X_i}\right)\ln\left(\frac{X_i}{\sum_{i=1}^{m}X_i}\right) \tag{4.3}$$

式中，H 为 Shannon-Wiener 多样性指数；m 为土地利用空间类型数；X_i 为第 i 类用地类型的面积。参考《城市用地分类与规划建设用地标准》(GB 50137—2011)，本书将建设用地分为居住用地、工业用地（含仓储物流用地）、公共管理与公共服务用地（不含教育科研用地）、教育科研用地、商业服务设施用地、绿地、水域、军事用地、公用设施用地和其他建设用地共 10 类，计算各片区用地的多样性指数。由于研究划定的新城市空间范围较大，整体用地类型较为多样，2003～2014 年全区整体的 Shannon-Wiener 多样性指数处于 1.84～1.89，即就全区而言多样性变化并不明显，因此本书主要分析片区之间的差异（图 4.14）。

第一，从不同年份各片区的 Shannon-Wiener 多样性指数分布来看，整体呈明显的上升趋势，2003 年各片区用地多样性指数的平均值仅为 0.97，而到 2014 年则达到 1.37。新城市空间用地多样性提高主要得益于随着新区建设各类城市功能日趋完善，随着服务空间、生态空间、休闲娱乐空间等的跟进，逐步改变了最初单一工业或居住用地为主的空间结构，用地多样性的提升也促进了新城市空间功能的升级，促进了其由“新区”向“城区”的过渡。

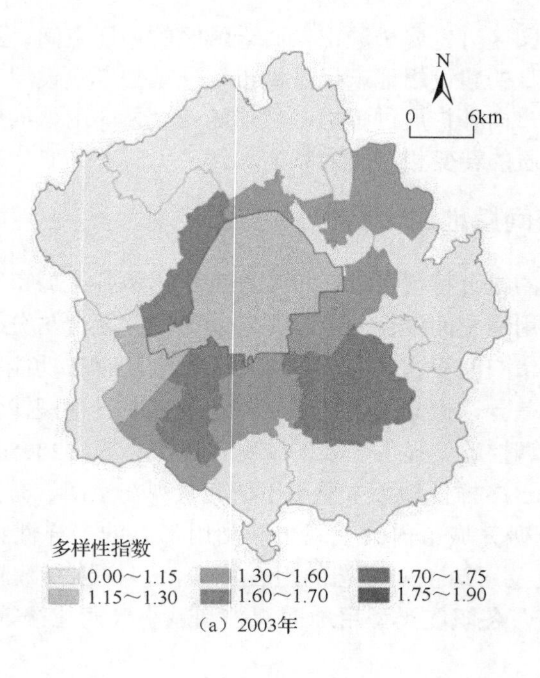

（a）2003年

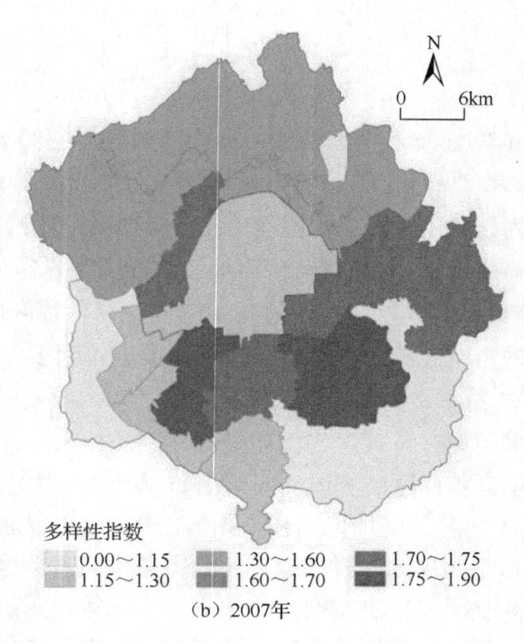

（b）2007年

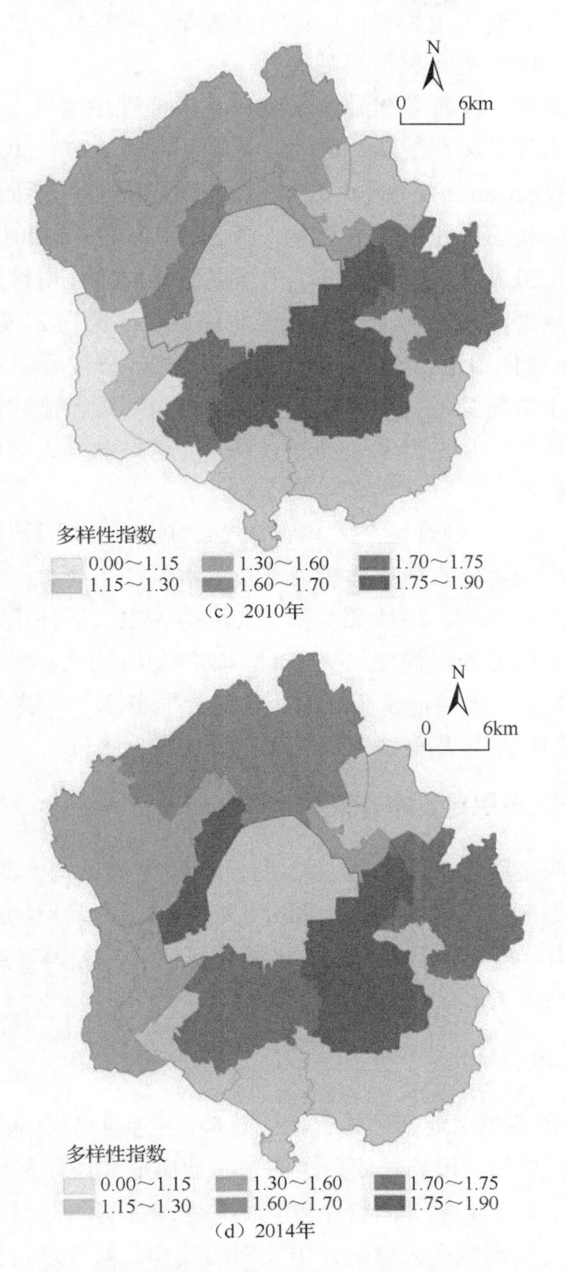

图 4.14　新城市空间范围内各年份不同片区 Shannon-Wiener 指数分布

第二，各片区之间存在显著差异，整体表现为开发较早的核心区片区高于外围片区的特征，中心城区以内各片区用地的多样性水平整体较高。差异产生的原因在于城市核心区开发历史较长，用地功能齐全，多样性水平较高，而外围各片区开发时序较晚，用地空间类型相对单一。

第三，虽然就各片区而言 Shannon-Wiener 多样性指数呈上升趋势，但个别片区在不同阶段也出现了起伏波动，如“经开区 2”于 2007～2014 年、“高新区 1”于 2007～2010 年 Shannon-Wiener 多样性指数均出现了一定程度的下降，主要原因在于居住用地面积的快速增长，其中“经开区 2”2007～2014 年居住用地比例由 17.89%增长到 30.29%，甚至超过了主城区整体的居住用地比例（据长春市规划设计研究提供数据，2014 年长春主城区居住用地比例为 27.92%），而“高新区 1”2007～2010 年居住用地比例由 18.65%增长到 23.65%。单一类型用地比例的提升导致其多样性指数的降低，这也在某种程度上说明近年来我国大城市新区的房地产业化趋势明显，特别是设立较早的开发区随着产业与人气的集聚，引起了居住空间的大规模扩展。

第四，“高新区 2”“经开区 2”“汽开区 2”“朝阳区 2”等片区 2003 年以来用地的多样性虽然增长明显，但整体仍处于较低水平，主要原因在于这些地区仍属于城市边缘区的工业地带，用地类型以工业用地为主，居住用地特别是服务设施类用地严重不足，用地的多样性水平较低，成为制约这些新区发展的功能结构性障碍。提高用地类型的多样性水平和城市的综合服务水平，进而实现“工业组团”向“城市组团”的转变，是这些区域未来重要的发展方向。

4.3.4 新城市空间用地结构特征

城市用地结构是城市内部各种功能用地比例、空间结构及其相互作用的关系，城市空间结构离不开对土地的依托，同时也是城市土地利用物质与精神的具体体现。城市用地结构分析是对于城市空间结构特征研究的最为直接的途径（袁丽丽，2005；宋启林，1998）。

1. 各类用地增长特征

2003～2014 年各类用地整体处于增长趋势，主要类型用地规模均取得了显著的增加（表 4.6）。首先，增长规模最大的是工业用地和居住用地，2003～2014 年用地分别增长了 46.88km^2 和 42.08km^2，二者增加用地面积占总用地增加的 64.44%；其次，增长幅度最大的是公用设施用地和公共管理与公共服务用地，分别增长了 650.51%和 392.79%，2003 年以来长春市新区建设开始关注服务设施的配套，各类服务设施用地增长迅速，增强了新城市空间综合服务与配套能力，同时由于城市外围用地较为充足，成为市政类设施建设的主要集聚地；最后，虽然新城市空间范围内居住、服务设施用地增长迅速，在一定程度上优化了城市空间结构，对于城市核心区人口、产业的疏散起到重要的引导作用，但也可以看出，其他类型用地增长较为缓慢，导致用地的不平衡问题也在不断增强。

表 4.6　2003～2014 年新城市空间地域范围内各类用地增长　单位：km^2

年份	类型									
	居住用地	工业用地	公共管理与公共服务设施用地	商业金融用地	教育科研用地	市政设施用地	特殊用地	绿地	水域	其他用地
2003	19.23	39.12	1.66	3.28	9.90	1.05	4.03	19.20	10.56	4.90
2005	22.50	45.93	5.91	3.64	10.31	4.10	8.09	22.19	11.35	5.53
2008	28.51	57.73	6.24	4.10	11.07	4.51	5.76	25.88	10.23	6.10
2010	40.01	72.66	7.52	5.33	12.10	6.23	6.38	29.02	8.03	6.24
2012	49.64	78.47	8.07	5.94	13.27	7.45	5.40	35.21	15.93	8.05
2014	61.31	86.00	8.19	7.85	14.54	7.86	5.69	35.45	15.95	8.15

2. 用地结构及变化特征

2003 年以来各类用地均增长明显，由于用地性质差异，增长的幅度与比例变化也存在明显不同，其中居住用地比例上升最为明显，由 2003 年的 17.03%增加到 2014 年的 24.43%（表 4.7）；工业用地与公共设施用地虽然用地面积增长规模较大，但比例变化并不明显，呈现出先增后降的变化趋势；其他类型用地如公用设施用地、特殊用地、绿地等虽然用地总面积均增长明显，但所占比例均出现了一定程度的下降，其中 2008～2014 年下降较为明显，说明居住用地快速扩张对其他用地类型产生了“挤压”效应，并且这种“挤压”效应在近几年尤为明显。

表 4.7　2003 年、2008 年、2014 年新城市空间范围内主要类型用地面积及比例

用地类型	面积/km^2			比例/%		
	2003 年	2008 年	2014 年	2003 年	2008 年	2014 年
居住用地	19.23	28.51	61.31	17.03	17.81	24.43
工业用地	39.12	57.73	86.00	34.64	36.06	34.27
公共设施用地	14.84	21.41	30.58	13.13	13.37	12.18
公共管理与公共服务设施用地	1.66	6.24	8.19	1.47	3.90	3.26
商业金融用地	3.28	4.10	7.85	2.90	2.56	3.13

续表

用地类型	面积/km²			比例/%		
	2003 年	2008 年	2014 年	2003 年	2008 年	2014 年
教育科研用地	9.90	11.07	14.54	8.76	6.91	5.79
公用设施用地	1.05	4.51	7.86	0.93	2.82	3.13
特殊用地	4.03	5.76	5.69	3.57	3.60	2.27
绿地	19.20	25.88	35.45	17.00	16.16	14.12
水域	10.56	10.23	15.95	9.36	6.39	6.35
其他用地	4.90	6.10	8.15	4.34	3.81	3.25

为了更为直观地认识新城市空间用地结构，将新城市空间用地比例分别与长春市中心城区整体用地比例（表 4.8）和国家用地结构标准《城市用地分类与规划建设用地标准》（GB 50137—2011）进行比较，可以得出以下结论。

表 4.8　2008 年与 2014 年长春市中心城区各类用地面积与比例

<table>
<tr><th rowspan="2">代号</th><th rowspan="2">用地名称</th><th colspan="2">面积/km²</th><th colspan="2">比例/%</th></tr>
<tr><th>2008 年</th><th>2014 年</th><th>2008 年</th><th>2014 年</th></tr>
<tr><td>R</td><td>居住用地</td><td>82.99</td><td>111.76</td><td>28.97</td><td>32.21</td></tr>
<tr><td>C</td><td>公共设施用地</td><td>43.19</td><td>49.60</td><td>15.08</td><td>14.46</td></tr>
<tr><td>M</td><td>工业用地</td><td>66.32</td><td>74.11</td><td>23.16</td><td>21.50</td></tr>
<tr><td>W</td><td>仓储用地</td><td>8.74</td><td>8.30</td><td>3.05</td><td>2.41</td></tr>
<tr><td>T</td><td>对外交通用地</td><td>6.27</td><td rowspan="2">51.11</td><td>2.19</td><td rowspan="2">14.83</td></tr>
<tr><td>S</td><td>道路广场用地</td><td>39.02</td><td>13.62</td></tr>
<tr><td>U</td><td>市政设施用地</td><td>8.58</td><td>15.68</td><td>3</td><td>4.55</td></tr>
<tr><td>G</td><td>绿地</td><td>23.08</td><td>26.57</td><td>8.06</td><td>7.71</td></tr>
<tr><td>D</td><td>特殊用地</td><td>8.22</td><td>8.05</td><td>2.87</td><td>2.34</td></tr>
</table>

第一，虽然近年来新城市空间建设用地中的居住与公共设施用地增长显著，但其比例仍显著低于中心城区整体和国家相应标准，2014 年新城市空间居住比例为 24.43%，但在中心城区的比例为 32.21%，同时也低于国家相关规定中居住用地比例为 25.0%～40.0%的标准。公共设施用地同样存在类似的问题，即新城市空间居住与公共设施用地比例相对较低，这主要与外围开发区内产业用地集中分布有关。第二，新城市空间工业用地 2014 年比例为 34.27%，明显高于中心城区的 23.91%（工业用地与仓储用地之和），也高于国标规定的 15.0%～30.0%。工业用地无疑是

新城市空间地域内最为重要的用地类型，工业空间向外快速转移，但居住与服务空间的郊区化严重滞后于工业空间，形成了大尺度的城市功能分区格局，带来了严重的城市交通拥挤问题（申庆喜等，2015b）。第三，绿地比例相对较高，虽然长春市中心城区整体的绿地比例不及国标的 10.0%～15.0%，但新城市空间地域范围内绿地比例 2014 年达到 14.12%，这主要得益于外围用地相对充足，保证了规划建设过程中对绿地建设的实施，同时也与外围公园等开敞空间比例较大、绕城高速两侧绿地较多等原因有关。第四，其他各类型用地虽然增长明显，但比例普遍低于城市整体水平，主要受到工业用地比例过高的影响。

整体而言，新城市空间用地结构的"新区特性"明显，工业用地占主导地位，虽然居住与服务设施用地增长明显，但仍低于全市整体水平，也未能达到国家相应标准。工业用地比例过高、居住用地增长过快、服务设施与其他用地相对不足是新城市空间用地结构主要特征，这种用地结构的"新区特性"固然与区域发展阶段以及所承担城市功能有关，但也反映出其用地结构存在的不足。

4.3.5　新城市空间用地空间类型

城市是人口与产业集聚的空间载体，伴随着城市规模的扩大与产业、社会结构的多样化，内部功能趋于分化，城市用地空间分异是功能空间分化内在规律的外在表现，探讨城市功能空间的地域差异特征可为有针对性地制定城市功能空间调控政策提供依据（娄晓黎等，2004）。虽然相对整个城市功能空间而言，新城市空间内部的人口、产业、用地等结构类型具有较高的同质性，但各片区之间仍存在形成路径、空间结构、功能职能等方面的差异。

本书主要从用地空间结构特征视角对长春市新城市空间所研究的 17 个片区进行类型的划分，划分方式综合主观经验和聚类分析法，聚类分析选取 2003～2014 年用地扩张强度指数、2003～2014 年综合用地转变耦合系数（选取 IRCC、ISCC、RSCC 之和）和 2014 年 Shannon-Wiener 多样性指数指标，借助 SPSS 21.0 软件平台，运用系统聚类分析（hierarchical cluster analysis）方法，距离测度选用欧氏距离（Euclidean distance），采用组间平均距离连接法（between-groups linkage），对 17 个片区进行聚类分析（图 4.15），作为对新城空间各片区类型划分的基本依据。

参考聚类分析的结果，同时根据各片区用地形态结构与形成机制、路径等特征，将 17 个片区划分为"综合型新城市空间""过渡型新城市空间""扩展型新城市空间""起步型新城市空间""成熟型新城市空间"5 种类型，并试图揭示各类型新城市空间特征、问题，进而提出优化的路径。

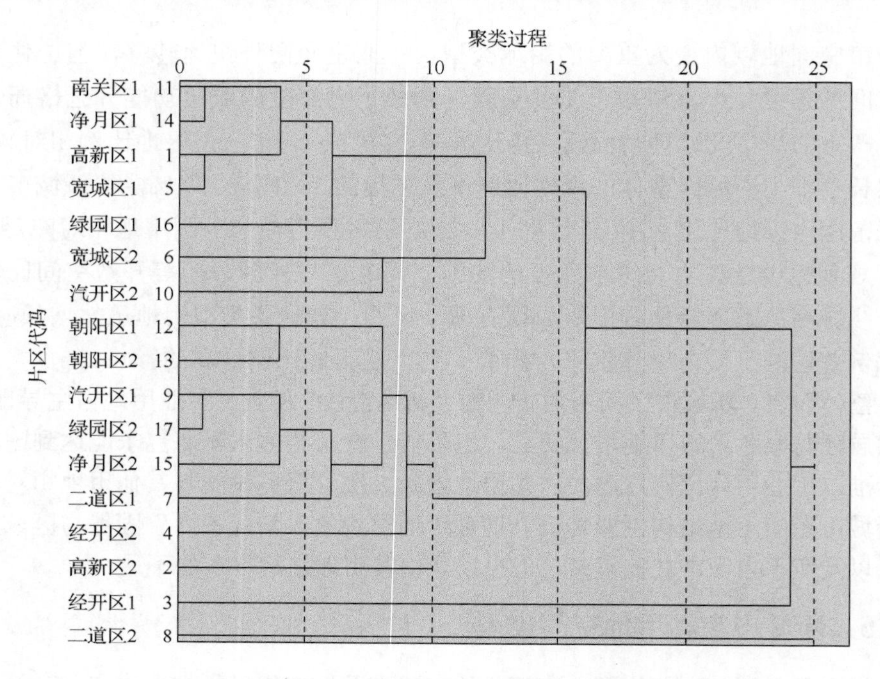

图 4.15　新城市空间范围内各片区用地特征聚类分析谱系图

（1）“综合型新城市空间”。“南关区 1”“净月区 1”“高新区 1”三个片区为一类，具有较高的扩张强度，同时用地多样性也处于较高的水平，用地扩展过程中出现一定的用地转变，均处于城市南部新城区扩展区域、中心城区以内，新区建设过程中受到各级政府政策性因素的显著影响，用地类型较为齐全，属于“综合型新城市空间”。对这一类型新城市空间而言，目前存在的主要问题在于产业与人气的不足。一方面由于区域内居住空间扩张显著，各类居住楼盘、新型小区大量涌现，但入住率极低，区域内所能提供的就业机会较为有限，住房需求中投资、投机成分较大，造成严重的“资金沉淀”与资源浪费；另一方面新区的城区化不足，极度缺乏产业、人口的支撑，与居民生活密切相关的公共服务、餐饮住宿、生活娱乐等设施并不充足，难以满足居民生活需求。因此，促进区域内人气与产业（以第三产业为主）的集聚，进一步完善区域发展的软环境，构建能够承担一定功能职能的城市组团（功能副中心），是该区域未来发展的重要方向。

（2）“过渡型新城市空间”。“汽开区 1”“宽城区 1”“绿园区 1”“二道区 1”为一类，该类新区工业用地比例较高，城市扩展过程中用地转换较为频繁，地域上处于中心城区以内传统老工业区的边缘区，属于传统城区的扩展地带，为“过渡型新城市空间”。该类型区存在的问题主要在于地处传统工业区的外围，工业用地比例较高，多为核心区的产业配套区，功能空间配置整体较为混乱，城市功能仍然较为单一，许多服务需求仍然依赖于城市核心区。城市功能的多样化、产业结构的体系化以及功能的集聚化是该区域未来发展的重要方向，未来应注重引导核心区公共服务设施与商业性服务设施向该区域的转移，促进区域内居民工作与生活需求的平衡。

（3）“扩展型新城市空间”。“宽城区 2”“汽开区 2”“朝阳区 1”“朝阳区 2”“绿园区 2”“净月区 2”“二道区 2”为一类，这几类用地在聚类分析谱系中较近（其中“二道区 2”在聚类分析中为单独一类），主要在于其极高的扩张强度，属于传统工业区扩展的外围区域，用地扩张强度较高，工业用地占了较大比例，多以外围乡镇组团为基础发展而来，属于“扩展型新城市空间”。该类型区域均属于外围工业扩展组团，城市建设多基于外围乡镇（工业）组团，存在主要问题在于城市建设整体较为落后，产业构成、人口组成、景观面貌等均与珠三角、长三角等发达地区大城市周围乡镇组团存在显著差距，区域内居住生活条件、公共服务设施供给水平与城市核心区有着天壤之别。促进该类型新城市空间设施水平的提高和城市功能的多样化，实现其工业组团向城区组团的转变，是实现都市区范围内功能疏散与协调、提高区域城镇化水平的重要方面，因此积极引导乡镇中心地向“城区”的转型是该区域未来重要的发展路径。

（4）“起步型新城市空间”。“经开区 2”与“高新区 2”为一类，在聚类分析中“高新区 2”为单独一类，考虑其区位和形成路径的相似性，以及二者与其他片区相比具有显著的特殊性，故将二者单独归为一类。该类型区属于开发时序较晚的城市外围片区，地处“长东北”长春新区核心地域，近年来用地呈现快速扩张态势，但用地类型较为单一，2014 年多样性指数分别仅为 1.25 和 1.28，“经开区 2”用地结构以工业用地为主，2014 年工业用地比例分别达到 65.58%，高新北区用地结构以居住用地为主，2014 年居住用地比例达到 46.08%，属于“起步型新城市空间”。该类型区是未来长春市城市功能扩展的重要方向，现状多以居住或工业空间为主，商业服务业集聚水平仍然较低，城市功能类型较为单一，仍处于新区建设的初级阶段，未能有效承担疏散缓解核心区人口、环境等压力的职能。加快服务与生态空间的建设，注重城市氛围与人居环境的营造，促进功能齐全城市组团的形成是该类型区的重要任务。

（5）“成熟型新城市空间”。“经开区 1”用地结构与演变特征较为独特，扩张强度较低，同时用地转变耦合系数较高，多样性指数更是达到较高水平。该区 20 世纪 90 年代初期开始建设，随着城市功能的逐步多元化，近年来出现了频繁的用地更替，用地结构特征的“城区化”特征明显，为“成熟型新城市空间”。“经开区 1”属于长春市“城区转向”发展水平较高的新区，但存在的问题在于目前工业用地比例仍然较高，存在工业空间置换缓慢、“退二进三”不足。降低工业用地比例，构建多元的城市功能空间结构仍然是该类型区未来调控的重要方向。

4.3.6 小结

本节主要基于用地数据从多个角度系统地讨论了长春市新城市空间用地空间演变特征（用地扩展与用地更替）、组合特征（空间多样性）、结构特征（结构变化与结构评价），揭示了长春市新城市空间用地基本特征与演变规律。研究发现，2003 年以来长春市新城市空间的外围各片区用地扩展明显，但多样性水平整体较低，内侧开发较早的片区出现了较为频繁的用地更替，多样性水平相对较高并有上升趋势，城市功能呈现多样化特征；新城市空间用地结构整体较为单一，尤其是工业用地和居住用地比例偏高，对服务等其他类型用地的“挤压”问题突出；选取用地扩张强度指数、综合用地转变耦合系数、多样性指数等指标将新城市空间划分为“综合型新城市空间”“过渡型新城市空间”“扩展型新城市空间”“起步型新城市空间”“成熟型新城市空间”5 种类型，并揭示了各类型新城市空间主要特征与基本问题，进而初步提出了其优化的路径。

4.4 长春市新城市空间的人口空间结构与演变特征

人口空间是城市内部空间结构重要的组成部分，在很大程度上主导了城市空间的演变，基于人口要素对城市空间演变问题的讨论历来是学者研究的重要方面，尤其是人口迁移与分布研究已经成为城市空间结构研究不可或缺的内容（冯健，2004）。人口的集聚是新城市空间成长的核心驱动要素，人口增长与空间分布、人口年龄与文化结构以及人口就业结构等也是社会空间结构研究的重要方面。因此，新城市空间人口空间分布与结构特征的研究对于揭示其社会空间结构特性，并进一步寻求优化方案尤为重要（申庆喜等，2018a）。本书试图分析老工业基地转型时期长春市新城市空间人口空间结构与演变特征，揭示新城市空间人口布局与结构方面存在的问题，从而为新城市空间发展路径选择提供参考。

4.4.1 研究数据说明

对于人口空间的研究，主要以长春市统计局提供的第五、六次人口普查数据为基础，分析长春市新城市空间人口分布与结构特征，并且着重基于经济技术开发区、高新技术产业开发区、净月高新技术产业开发区三个开发区的普查数据展开讨论，以三个主要开发区代表新城市空间展开研究。原因如下：一是经走访长春市各区统计部门并查阅相关资料发现，关于各类开发区详细的人口统计资料记录主要始于 2007 年，并且数据连贯性较差，因此难以基于各区（或街道）的统计资料展开研究；二是长春市第六次人口普查资料（《2010 年长春市人口普查资料》）将经开区、高新区、净月区等开发区数据进行了单独分类，统计资料较为翔实，为研究人口空间相关问题提供了可靠的数据支撑。

4.4.2　新城市空间人口增长特征

1. 人口整体增长特征

2000～2010 年 10 年间长春市总人口增长 7.59%，年均增长 0.73%，增长缓慢。但由于外围新区提供更多的就业岗位与住房，在全市人口低增长率背景下仍保持了一定的增长，据《长春年鉴》数据，经济技术开发区 2007～2014 年人口由 22.0 万人增长到 25.57 万人，年均增长 2.17%；净月区 2004～2014 年人口由 13.3 万人增长到 40.0 万人，年均增长 11.64%。新城市空间人口增加速率远远高于城市整体，根据长春市第六次人口普查主要数据公报显示，从 2000 年到 2010 年长春经济技术开发区、高新技术开发区、净月开发区人口占全市（城区）人口比例分别由 1.31%、0.70%、0.97%增长到 3.15%、2.23%、3.08%，新城市空间人口比例显著上升，说明就主城区整体而言人口出现了由核心区向外围新区“外流”的现象。

2. 空间分布与变化特征

人口是城市存在与发展的核心支撑要素，人口空间布局是反映城市要素布局、社会经济水平的重要指标，分析人口空间格局特征也是理解城市空间结构的重要方面，本书主要通过 2000 年与 2010 年长春市各街道人口分布密度来探索新城市空间人口演化特征（图 4.16）。

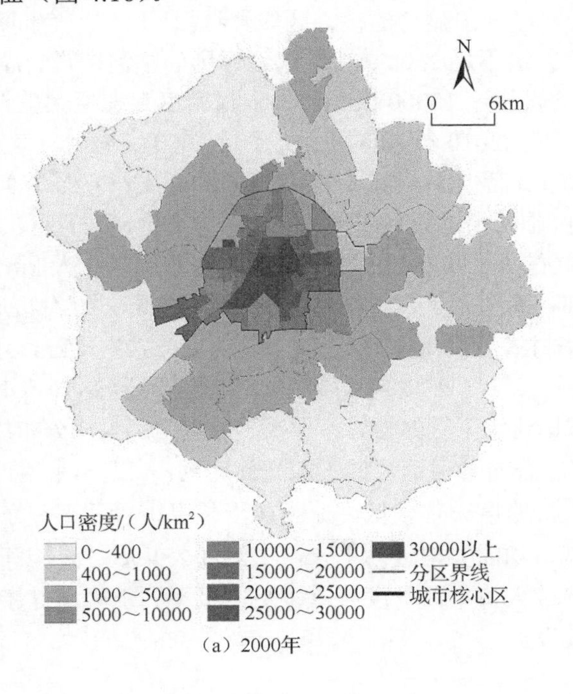

（a）2000年

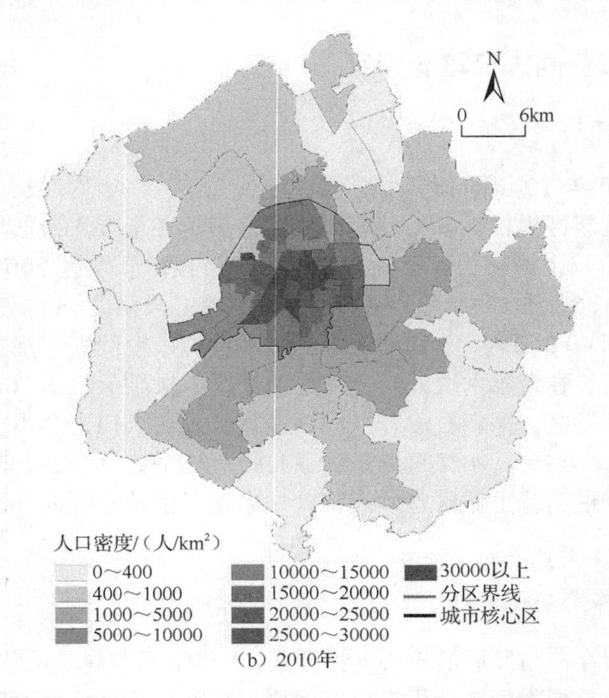

（b）2010年

图 4.16　2000 年与 2010 年长春市主城区各街道人口密度分布

资料来源：2000 年、2010 年长春市人口普查资料

第一，人口分布呈现出显著的核心区集聚特征，新城市空间范围内 2010 年人口密度整体偏低，普遍不足 2500 人/km^2（经开区的临河街道、净月区的净月街道除外），与核心区动辄超过 10000 人/km^2 的人口密度存在巨大差异，尤其是“经开区 2”与“高新区 2”，2010 年人口密度仍不足 1000 人/km^2。

第二，新城市空间范围内部人口密度差异显著，一方面中心城区内外差异显著，2010 年经开区临河街道人口密度为 8080 人/km^2，净月区的净月街道也达到 4632 人/km^2，但中心城区以外各片区人口密度均低于 700 人/km^2；另一方面，即便是中心城区内部各片区之间人口密度也存在巨大差异，如“高新区 1”的双德乡、“高新区 2”的兴华村（高新代管）人口密度分别为 2727 人/km^2、148 人/km^2，“经开区 1”东方街道、“经开区 2”兴隆山镇人口密度分别为 2454 人/km^2、698 人/km^2，可见经济发展和城镇化水平等的差异，导致了区域内部人口分布极为不平衡。

第三，人口密度分布与用地扩展不匹配问题突出，近年来用地增长迅速的“西南～东北”两翼人口密度总体较低，原因在于长春市“西南～东北”两翼主要以工业生产为主，城市功能类型较为单一，生活性公共服务设施和居住环境水平仍处于较低水平，导致人口集聚程度严重不足，极不利于区域健康城镇化的推进与社会经济的可持续发展。

第四，从2000年与2010年两次人口普查数据来看，长春市新城市空间人口密度有了一定的增长，但显著增加的街道主要分布于中心城区以内，如高新区的双德乡人口由2000年的4.99万人增加到2010年的13.55万人，而净月区的永兴街道人口由2000年的2.83万人增加到2010年的5.95万人；外围乡镇人口整体增长不明显，甚至有些乡镇人口出现下降，如二道区英俊镇人口总数由2000年的5.47万人降低为2010年的5.34万人、绿园区城西镇人口数由2000年的7.13万人降低为2010年的4.36万人，说明外围乡镇存在一定程度的人口流失问题。此外，城市核心区老城区部分街道的人口密度也出现了降低，人口呈现出“疏散”的迁移态势，说明长春市人口整体呈现出“中间地带”流向特征。

4.4.3　新城市空间人口结构特征

1. 年龄结构特征

限于统计、普查数据对于人口年龄段调查以区为单位的局限性，本书以经开区、高新区和净月区代表新城市空间讨论人口结构特征。将人口年龄段划分为1～14岁、15～29岁、30～44岁、45～59岁、60岁及以上5个年龄阶段，分析新城市空间的人口年龄结构特征（表4.9）。

表4.9　2010年长春市各区不同年龄段所占比例

分区名称	年龄段比例/%				
	0～14岁	15～29岁	30～44岁	45～59岁	60岁及以上
南关区	9.39	27.04	25.34	24.73	13.49
宽城区	10.08	23.79	28.77	25.03	12.33
朝阳区	7.95	30.01	25.25	22.34	14.44
二道区	10.44	24.23	29.00	24.05	12.28
绿园区	10.88	24.85	29.07	22.65	12.56
经开区	11.10	32.63	26.33	20.45	9.50
高新区	6.64	56.88	19.08	11.91	5.49
净月区	6.55	56.41	17.28	13.01	6.75
汽开区	9.25	25.05	24.50	24.20	16.99
总计	9.74	28.48	26.69	22.53	12.56

数据来源：2010年长春市人口普查资料

经开区0～14岁年龄段的未成年人口比例达到11.10%，为各分区最高水平，15～29岁年龄段的人口比例为32.63%，略高于全市平均水平（28.48%），45岁及以上各年龄段人口比例均略低于全市平均水平。整体来看，经开区未成年人口比例较高，15～44岁年龄段的中青年人口比例亦相对较高，主要得益于作为产业新区能够提供较多的工作岗位，对年轻人口的吸引作用较强，经开区（主要指经开南区）属于成熟的新城市空间类型，区位上邻近二道区、南关区等传统老城区，社会职能与服务设施较为完善。

高新区、净月区 0～14 岁年龄段人口比例分别为 6.64%和 6.55%，明显低于全市平均水平，更显著低于宽城区、二道区等传统老城区，但 15～29 岁年龄段人口比例分别达到 56.88%和 56.41%，为全市最高，青年人口比例显著高于全市平均水平及传统老城区，30 岁及以上年龄段人口比例开始低于全市平均水平，尤其是 45 岁及以上年龄段人口比例远远低于全市及传统老城区。高新区与净月区人口年龄结构整体上呈现出年轻化的特征，青壮年人口比例较高，老年人口和未成年人口比例较低，呈现出两头低、中间高的“纺锤体”式人口年龄结构。

整体来看，经开区人口年龄结构与城区平均水平差别较小，而高新区、净月区与城区整体差别较大。新城市空间人口年龄结构以青壮年人口为主，老年人口与未成年人口总体处于较低水平，造成这种人口年龄结构的主要原因在于：一是新城市空间当前仍以工业生产等职能为主，对以青壮年为主的劳动力具有较高的吸引作用，区内产业发展、城市建设为青壮年劳动力提供了较多的就业岗位；二是区域发展时间较短，区内常住人口整体上未进入老年阶段，同时新城市空间公共服务资源等的不足，难以满足老年人养老和未成年人接受优质教育的需求，导致老年人口和未成年人口的比例较低。

2. 文化结构特征

从人口受教育程度的结构来看，新城市空间人口受教育程度整体较高，其中经开区与传统老城区差别相对较小，但专业技术人员比例较为突出，而高新区与净月区则明显表现出以高学历人员为主的人口结构特征（表 4.10）。

表 4.10 长春市 2010 年各区 6 岁以上人口受教育程度比例

分区名称	比例/%						
	未上过学	小学	初中	高中	大学专科	大学本科	研究生
南关区	0.91	9.15	27.83	28.67	14.13	16.27	3.03
宽城区	1.13	11.39	37.66	31.08	9.95	8.48	0.31
朝阳区	0.47	7.69	20.27	27.86	16.80	24.29	2.62
二道区	1.46	12.15	37.63	26.27	10.76	11.13	0.59
绿园区	0.79	10.63	29.70	28.90	14.98	14.11	0.89
经开区	0.63	9.76	33.05	21.43	16.32	17.18	1.63
高新区	0.51	5.66	14.64	11.05	14.22	46.09	7.84
净月区	0.67	6.03	14.48	11.13	10.77	53.10	3.83

续表

分区名称	比例/%						
	未上过学	小学	初中	高中	大学专科	大学本科	研究生
汽开区	0.86	9.67	33.35	27.71	13.14	14.34	0.92
总计	0.91	10.42	30.79	26.22	12.84	17.08	1.75

数据来源：2010 年长春市人口普查资料

首先，新城市空间小学与未上过学人口比例均相对较低，低于城市整体水平与宽城区等传统工业老城区；其次，经开区较为突出的是初中和大学专科学历，人口比例分别达到 33.05%和 16.32%，明显高于全市平均水平（30.79%和 12.84%），大学本科及以上学历人口比例与全市平均水平差别不大，但明显低于高新区与净月区，这与经开区以加工型产业为重点的发展策略有关；最后，高新区与净月区高学历人员构成比例较高，其中大学本科学历分别占到 46.09%和 53.10%，远远高于全市平均水平（17.08%），高新区研究生学历人口达到 7.84%，为各区最高（全市平均水平仅为 1.75%）。造成这种文化结构特征的主要原因在于，经济技术开发区以加工业、制造业和出口加工业为主，高新技术产业比例较低，对具有一定技能的专科学历人员（专业技术人员）需求量较大，但高学历人才比例仍然较低；高新区、净月区均属于高新技术产业开发区，高新技术产业、研发机构数量较多，工作、生活环境较为优越，居民受教育程度水平整体较高。

3. 非农人口比例特征

新城市空间非农业人口比例较城市整体而言略低，2010 年经开区、高新区以及净月区的非农业人口比例分比为 77.22%、81.50%和 79.13%（图 4.17），明显低

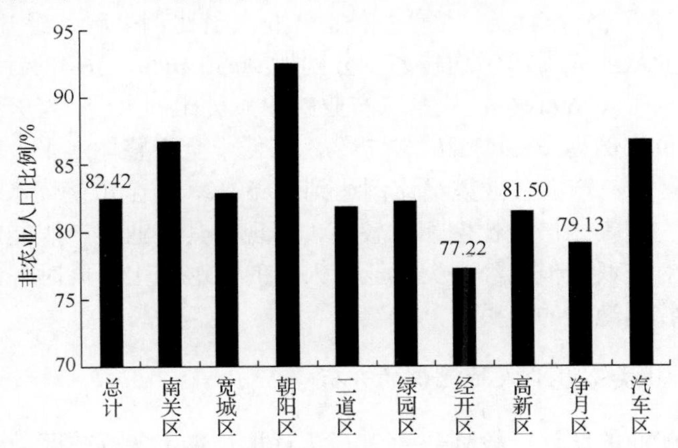

图 4.17 长春市 2010 年各市区非农业人口比例对比图

数据来源：2010 年长春市人口普查资料

于朝阳区、南关区等传统老城区，截至 2010 年 3 个开发区内仍存在 5.02 万的农业人口。新城市空间非农人口比例相对较低的原因主要在于：一是新城市空间主要由农村地域转换而来，开发年限较短，新区扩展过程中虽然将农村居民点改造为工厂或居住区等城市景观，但原有居民农民身份仍然存在，其生活方式、收入水平、思想观念等仍未彻底改变；二是统计方面的原因，外围开发区在人口统计方面包含了一些外围郊区的乡镇或者村屯，导致农业人口比例相对较高，同时受户籍"二元化"惯性影响，部分已经转变为城市居民的农村人口仍持有农业户口，造成统计上的误差。对新城市空间而言，及时将农业人口转化为城市人口，提高城市整体的人口素质与人口城镇化水平，是实现社会公平与社会经济持续发展的重要方面。

整体来看，新城市空间人口结构具有年轻化、高学历化的特征，人口抚养比相对较低，人口红利优势仍然较为突出，这种特征在净月区与高新区表现得尤为明显；经开区以低层次的专业技术人员最为突出，高学历人口略显不足，将会成为区域产业、技术升级，以及"第三次转型"的重要制约因素；由于地处城市核心区外围以及郊区地域，仍存在一定比例的农业人口，进一步将这部分农村人口真正融入城市，实现全面的城镇化是新城市空间未来一段时间重要的任务。

4.4.4 新城市空间就业结构特征

1. 基于三次产业就业比例的分析

从第一产业就业人员比例来看，经开区、高新区、净月区分别为 3.92%、0.81%和 2.84%，均低于全市总体（4.13%），但经开区、净月区明显高于南关区、朝阳区等传统老城区，说明区域内仍有一定数量的居民从事第一产业，主要分布于城市边缘与外围郊区农村地域；从第二产业就业人员比例来看，经开区、高新区、净月区第二产业从业人员比例均较高，分别达到 30.14%、36.40%和 27.59%，均高于全市整体水平（26.60%）；从第三产业就业人员比例来看，经开区、高新区第三产业从业人员比例为 65.94%和 62.78%，略低于全市整体水平、明显低于传统老城区，净月区第三产业从业人员比例达到 69.57%，与全市整体水平持平。整体来看，新城市空间第二产业比例相对较高，体现出其工业生产职能的重要性，第三产业比例相对较低，但已经占据就业总人数的 50%以上，同时外围仍有一定数量的从事农林牧副渔业的人员。

2. 基于行业类别就业人员比例的分析

我国对于就业的统计一般划分为 20 个类别，长春市各行政区 2010 年 20 个行业就业人员比例统计见表 4.11，主要通过 3 个开发区的行业就业结构数据来反映新城市空间就业结构特征。

表4.11 长春市2010年各行政区主要行业从业人员比例

单位：%

分区名称	农林牧副渔业	采矿业	制造业	电力、燃气及水的生产和供应业	建筑业	交通运输、仓储和邮政业	信息传输、计算机服务和软件业	批发和零售业	住宿和餐饮业	金融业	房地产业	租赁和商务服务业	科学研究、技术服务和地质勘探业	水利、环境和公共设施管理业	居民服务和其他服务业	教育	卫生、社会保障和社会福利业	文化体育和娱乐业	公共管理和社会组织	国际组织
南关区	1.89	0.14	11.04	3.97	3.98	6.98	1.90	24.62	5.79	3.72	2.12	2.72	2.02	1.01	5.05	8.29	3.48	2.23	9.04	0.00
宽城区	0.58	0.18	16.06	1.83	5.43	14.15	1.32	35.29	4.78	1.95	2.08	0.96	0.29	0.78	3.22	4.16	2.08	1.05	3.81	0.00
朝阳区	0.83	0.48	16.30	2.27	3.42	5.27	3.11	20.99	5.29	4.11	2.06	1.58	2.96	1.90	3.72	11.39	5.06	2.50	6.75	0.00
二道区	1.22	0.82	22.12	3.28	4.56	8.35	1.44	31.29	3.20	2.47	2.71	0.97	0.70	1.27	3.73	5.05	2.69	1.09	3.06	0.00
绿园区	1.82	0.75	26.49	1.46	5.59	7.54	1.42	22.37	4.13	2.63	1.81	1.30	1.54	1.31	3.37	7.30	3.90	1.19	4.07	0.00
经开区	3.92	0.53	20.91	4.10	4.60	8.72	1.70	21.54	3.48	3.05	1.52	1.57	1.39	0.85	3.85	6.33	2.89	1.77	7.27	0.00
高新区	0.81	0.18	31.49	2.22	2.51	4.37	3.35	14.59	3.28	2.62	1.79	1.43	1.02	0.81	1.99	17.67	3.94	1.40	4.52	0.00
净月区	2.84	1.36	19.97	1.58	4.68	4.44	2.51	12.78	2.20	3.80	2.29	0.91	3.51	1.79	2.22	17.75	2.79	4.56	8.02	0.00
汽开区	5.64	0.21	45.18	1.72	1.97	7.69	1.90	13.84	2.39	1.55	1.60	0.92	2.54	0.76	2.44	3.86	2.75	0.75	2.29	0.00
总 计	4.13	0.50	19.17	2.36	4.57	8.30	1.80	23.61	4.36	2.85	1.85	1.42	1.54	1.23	3.73	7.78	3.54	1.55	5.72	0.00

数据来源：2010年长春市人口普查资料

（1）经济技术开发区。各行业从业人员比例与城市整体较为一致，呈现出与传统老城区相近的就业结构，其中电力等供应人员、公共管理人员、金融业从业人员相对较高。电力、燃气及水的生产和供应业从业人员比例为 4.10%，明显高于全市平均水平（2.36%）；金融业从业人员比例达到 3.05%，略高于全市整体水平；公共管理和社会组织从业人员比例为 7.27%，明显高于全市整体水平（5.72%），亦高于传统老城区（南关区除外）。说明经济技术开发区在提供市政公用设施方面贡献较大，这与经济技术开发区“U 类”用地比例相对较高的特征较为符合（“经开区 1”的公用服务设施用地比例达到 2.65%），同时生产性服务行业较为成熟，社会管理与服务从业人员也相对充足。

（2）高新技术产业开发区。首先，制造业就业人员比例达到 31.49%，高出全市整体水平 12.32 个百分点，高新技术产业开发区作为高新技术产业发展为使命的开发区类型，现已形成了先进装备制造业、生物与医药、光电子、新材料与新能源、精优食品加工 5 大制造主导产业，尤其是高新北区以制造业为主导产业，区内形成多个特色制造业产业园区；截至 2014 年底区内有企业 4271 家，其中第二产业 1179 家，第三产业 3092 家，装备制造业产业实现产值 4214 亿元，占全区工业总产值的 95.97%。其次，信息传输、计算机服务和软件业从业人员比例达到 3.35%，为各区最高水平，高新区内的长春软件园是全国重要的软件基地，电子商务产业园区是商务部认定的 87 个国家级电子商务示范企业之一，拥有国家首批“汽车电子创新型产业试点集群”等，信息传输、计算机服务和软件业已经成为高新技术产业区的特色产业和重要的支柱产业。再次，高新区从事教育行业人员比例达到 17.67%，高出全市整体水平 9.89 个百分点，是高新区就业比例最为突出的行业，这主要得益于高新区集中了大批的高校与科研院所，基础教育设施也相对完善，区内集中了吉林大学、长春理工大学等十几所高校。最后，高新区从业人员明显偏低的行业主要有批发和零售业、住宿和餐饮业以及居民服务和其他服务业，与居民生活息息相关的生活服务业发展不足。

（3）净月高新技术产业开发区。净月区与其他城区的就业结构相比具有明显的特殊性，生产性服务业、高新技术产业、文化娱乐业、教育业等比较发达，但生活性服务业较为不足。具体地，信息传输、计算机服务和软件业，金融业，科学研究、技术服务和地质勘探业，文化体育和娱乐业，教育以及公共管理和社会组织几个方面（行业）的从业人员比例明显高于全市整体水平，其中科学研究、技术服务和地质勘探业，教育，文化体育和娱乐业等就业比例为各区之最，这主要得益于净月区是大学与科研院所集中区，区内集中了东北师范大学等众多大学，启明软件园等若干大型研究机构，拥有生态大街金融服务中心，同时净月区拥有丰富的旅游资源，净月潭国家风景名胜区、长影世纪城等位于区内，文化、体育、娱乐业发展较为成熟。但是，净月区的批发和零售业，住宿和餐饮业，居民服务和其他服务业，卫生、社会保障和社会福利业等几个行业明显低于全市整体水平，说明净月区从事生活服务业人员相对较少，整体上还未建立起完善的社会服务体系，是人气不足的重要原因。

4.4.5　人口空间存在的主要问题

第一，新城市空间的人口导入不足问题突出，人口是城市社会经济发展的核心要素，人口不足是造成很多新区企业生产劳动力成本高、住房空置、生活氛围缺失的主要原因，亦是产生“空城”“鬼城”“卧城”等的直接原因。新城市空间人口密度稀疏也导致了职住分离、服务设施供给与需求的分离等问题，造成潮汐交通压力加大、服务设施供给困难、低收入人口利益被剥夺等社会问题，难以真正起到疏散核心区人口的作用。

第二，人口分布空间格局差异显著，与用地空间的耦合性整体较低。人口与用地是城镇化过程中最为核心的要素，两者的协调问题一直是学术界讨论的热点。长春市新城市空间范围内人口与用地的不匹配问题突出，尤其是以工业发展为主的组团，虽经历多年建设，但人口增加极为有限，新区单一的工业生产功能未能实现转型。南部新城、净月新城等以综合性新区建设为使命的新城市空间虽然也经历了十多年的发展，在一定程度上建立起了较为完善的公共服务设施，但截至 2010 年人口密度仍整体处于较低的水平。

第三，人口结构方面仍存在一定的缺陷，在人口年龄结构方面，未成年人口比例偏低，说明城市未来人口的持续供给能力偏弱，同时年轻人口的缺失导致教育、医疗等服务设施的利用率较低，难以形成完善的服务资源配置；人口文化结构方面，经开区等以工业园区为主导的新区从业人员文化水平普遍不高，不利于区域产业结构、技术水平的升级，也不利于多元化社会空间结构的发育。

第四，新区内部仍存在大量的非城镇化人口，不仅仅包含拥有农业户口的原生居民，还包含进城务工的大量流动人口，常住人口比例相对较低，暂住人口、通勤人口大量存在，不利于区域的稳定发展与良好社会生活氛围的培育。开发区实际上存在大量的外来就业人口及其家庭在新区“安家立业”，即开发区的“非正规的人口城镇化”一直存在。开发区主要满足的是流动人口的就业需求，但对于其居住需求、服务需求以及家庭需求难以满足，就业者家庭衍生出的其他需求大多通过“市场化”的名义解决（忽视或转嫁），由此形成大量的城乡间“离散化、破碎化”的家庭，制约了人口城镇化的进程，并引致人口城镇化的质量普遍较低（陈宏胜等，2016）。

第五，第二产业人口比例仍然整体上高于全市平均水平，第三产业发展相对滞后，产业结构与就业结构的调整仍然是新城市空间未来发展的重要难题与核心任务，以工业生产为核心的城市功能并非是城市可以长久依赖的发展路径。作为标榜以发展高新技术产业为宗旨的新区来讲，理应具备较高的教育科研、生产服务、社会服务水平，但从长春市新城市空间就业结构来看其服务体系仍不完善，极不利于新城市空间社会经济的可持续发展与竞争力水平的整体提升。

4.5 长春市新城市空间的服务空间结构与演变特征

城市服务设施是满足于社会大众服务需求的各类设施，包括教育、医疗、休闲、商业、商务等众多类型，是城市服务业所依托的载体，其空间区位与配置事关使用效率和空间公平，是构建和谐社会、改善民生的重要方面（Hashem et al.，2016）。快速城镇化背景下如何满足愈来愈多城市人口的服务需求，成为当前摆在政府与规划部门面前的重要课题。转型时期中国的服务设施供给由政府主导转向市场驱动，服务设施过度集聚于核心区等某些特殊区域，出现了空间分异、配置失衡等问题（樊立惠等，2015；周春山等，2011）。

伴随着老工业基地转型与社会经济的飞速增长，20 世纪 90 年代以来长春市经历了高速扩张过程，城市用地规模与形态发生了深刻的变革，但也出现厂房空置、住房入住率低、服务设施严重缺失等问题，外围新建用地城市功能的严重不足导致了城市运行的低效率和资源的极大浪费。服务功能的完善是城市空间成熟的重要标志，服务设施齐全的城市地域才可称之为真正的城市空间（申庆喜等，2016），讨论新城市空间服务空间格局、演化以及与城市用地、产业、人口等要素空间协调性关系，对于揭示新城市空间结构特征与存在问题尤为重要。

4.5.1 研究数据说明

对于城市服务空间研究多基于调查数据与用地数据，数据多来源于统计部门，精确度受到限制，涉及的服务设施类型较为单一，难以全面地概括服务设施分布格局与演化特征（王士君等，2015）。本书提出基于服务设施用地数据和服务设施网点数据相结合的方法对城市服务空间展开研究（申庆喜等，2018b）。主要基于以下两点考虑：一是用地的历史数据相对翔实，可反映出服务设施空间的演变特征，但由于服务用地一般规模较小，并且存在较多的商住混合用地模式，所反映的服务空间格局往往与现实存在“偏差”；二是基于电子地图对地理事物准确定位与及时更新的优势，获取主要类型服务设施网点的空间数据可反映出服务空间真实的现状格局特征，基于点状数据的城市问题分析也是成熟的空间研究方法（郭洁等，2015；Leslie et al.，2011），但历史数据较为不足。因此，本书试图将两种数据相结合，讨论服务设施空间的演化与分布特征。

（1）用地数据。所用到的用地数据主要是 2003 年和 2014 年长春市用地现状图（1∶100000），提取服务设施用地并将其矢量化，分析其数量和格局演变特征。

（2）网点数据。网点数据来源主要以谷歌、腾讯、百度等电子地图为基础，对于不确定的网点进行现场调查，同时收集并参考相关资料（如小学数据参考了各区教育网站公布的学区划分方案等信息，社区医院数据参考了各区卫生局网站等信息），将数据统一更新至 2014 年。网点数据的提取遵循代表性和便利性原则，共获得长春市主城区基础教育、医疗（综合医院和社区医院）、商业、商务（星级酒店和快捷酒店）、金融、生活、休闲娱乐 7 类共 2777 个服务设施网点数据（表 4.12）。结合谷歌地图确定点的经纬度并导入 ArcGIS 软件，用于分析服务设施空间分布的基本特征。

表 4.12　各类服务设施网点数据及来源说明

序号	网点类别	代表网点	个数	主要包含内容
1	金融设施	银行	494	中国四大银行和中国邮政储蓄银行（参考各银行网站公布的长春市营业网点）
2	生活设施	洗浴设施	723	主要包括各类公共洗浴设施、温泉洗浴等，不包含足浴、养生馆等（参考大众点评网、美团网等）
3	商务设施	星级酒店	61	三星级及以上酒店（参考猫途网、缤客网和携程旅行网等网站信息）
		快捷宾馆	500	主要的快捷宾馆，不含三星级及以上酒店（参考猫途网、缤客网和携程旅行网等网站信息）
4	基础教育设施	小学	201	长春市公立小学与九年一贯制学校（参照长春市各区公布的学区划分方案资料）
5	医疗设施	社区医院	311	社区、乡镇的中心医院（参照各区卫生机构网站公布资料）
		综合医院	87	主要指二级及以上等级的综合医院
6	商业设施	大型商业网点	189	超过 5000m^2 的城市综合体、超市、书店、购物中心等（参照《长春市商业网点专项规划（2011—2020）》）
7	休闲娱乐设施	KTV	211	各类独立 KTV、以 KTV 经营为特色的娱乐会所等（参考大众点评网、美团网等）

4.5.2　新城市空间服务空间的扩展特征

对于服务设施扩展特征的研究，主要基于 2003 年、2014 年用地数据进行分析，通过提取公共管理与公共服务设施用地（A 类用地，但不包括 A3 类教育科研用地）和商业金融用地（B）两类主要服务设施用地图，对比分析 2003 年与 2014 年服务设施空间格局变化（图 4.18）。

从扩展的数量与比例来看，2003～2014 年新城市空间范围内服务空间用地面积增长迅速，同时比例明显提升。其中，公共管理与公共服务设施用地面积由 1.66km^2 增长到 8.19km^2，所占比例由 1.47%上升到 3.26%，而商业金融用地面积则由 3.28km^2 增长到 7.85km^2，比例由 2.90%上升到 3.13%。

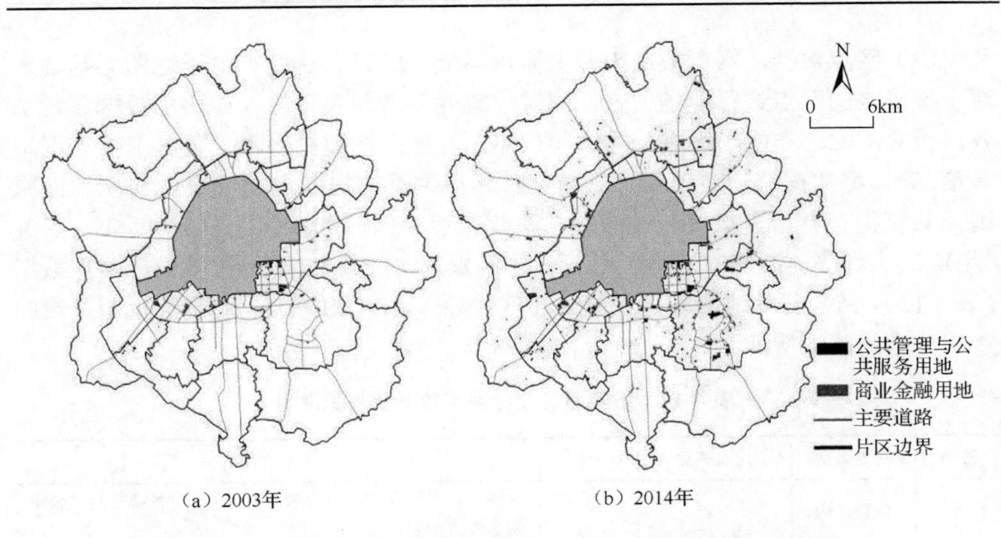

图 4.18 新城市空间范围内 2003 年与 2014 年服务用地对比图

从服务设施用地空间扩展格局来看，2003 年以来服务设施空间扩展特征显著，并且在新城市空间范围内形成多个服务用地集聚中心。2003 年新城市空间范围内主要的服务设施用地零碎的分布在传统老城区的外围，唯一的大规模商业用地为西南部的“欧亚卖场”。相比之下，2014 年服务设施用地分布的范围明显扩大，并且出现多个服务空间用地的集聚地，如中心城区以外的“北部新城”也出现了多个具备一定规模的商业金融用地（主要集中在北部的高新区），经开区内部则形成了围绕东方广场，世纪广场，赛德广场，会展中心，沿伊通河东岸、临河街两侧的商贸中心，形成了“南部新城”“北部新城”“西部新城”以及“净月新城”多个服务设施集聚区，同时服务设施也呈现出“轴向”扩展态势，如净月区沿生态大街两侧形成了服务用地的带状集聚地。总体来看，2003 年以来服务设施扩展特征明显，开始呈现出郊区化的特征，其中南部扩展多于北部，东部扩展多于西部，并呈现出沿交通干线扩展特征。

服务空间的这种扩展一方面是由于市场机制驱动下服务设施的空间扩展，随着城市核心区用地空间的不足和地价的提升，部分服务设施开始在新城区选取优势区位（如大型广场附近等）进行建设；另一个重要的原因在于政府的规划调控，2003 年以来长春市服务设施扩张与《长春市城市总体规划（2005—2020）》中确定的“东部商贸批发中心、东南部会展中心、南部行政中心及汽车商贸中心”的服务设施专项规划策略基本一致，表明政府主导的城市规划对服务设施的扩展起到重要的引导作用。

此外，服务设施空间的集聚形态与空间业态也开始出现新的转变。服务设施的发展受到传统与现代、市场与政府、地方化与全球化等多重因素驱动，其基本内涵与传统服务设施空间呈现出显著的差异。就商业性服务设施而言，近年来新城市空间范围内普遍兴起的大型商业综合体、仓储式卖场、物流集散中心等深刻改变着人们的消费理念与消费习惯，对人口密度相对较低、人口构成以中青年、高学历为主的新城市空间而言，大型商业综合体较为符合当地消费人群的理念。

4.5.3　新城市空间服务空间的格局特征

对于服务设施空间格局特征的研究，主要基于 ArcGIS 软件平台输出各类服务设施的空间核密度分布图（图 4.19），对比分析不同类型服务设施网点的空间分布特征。

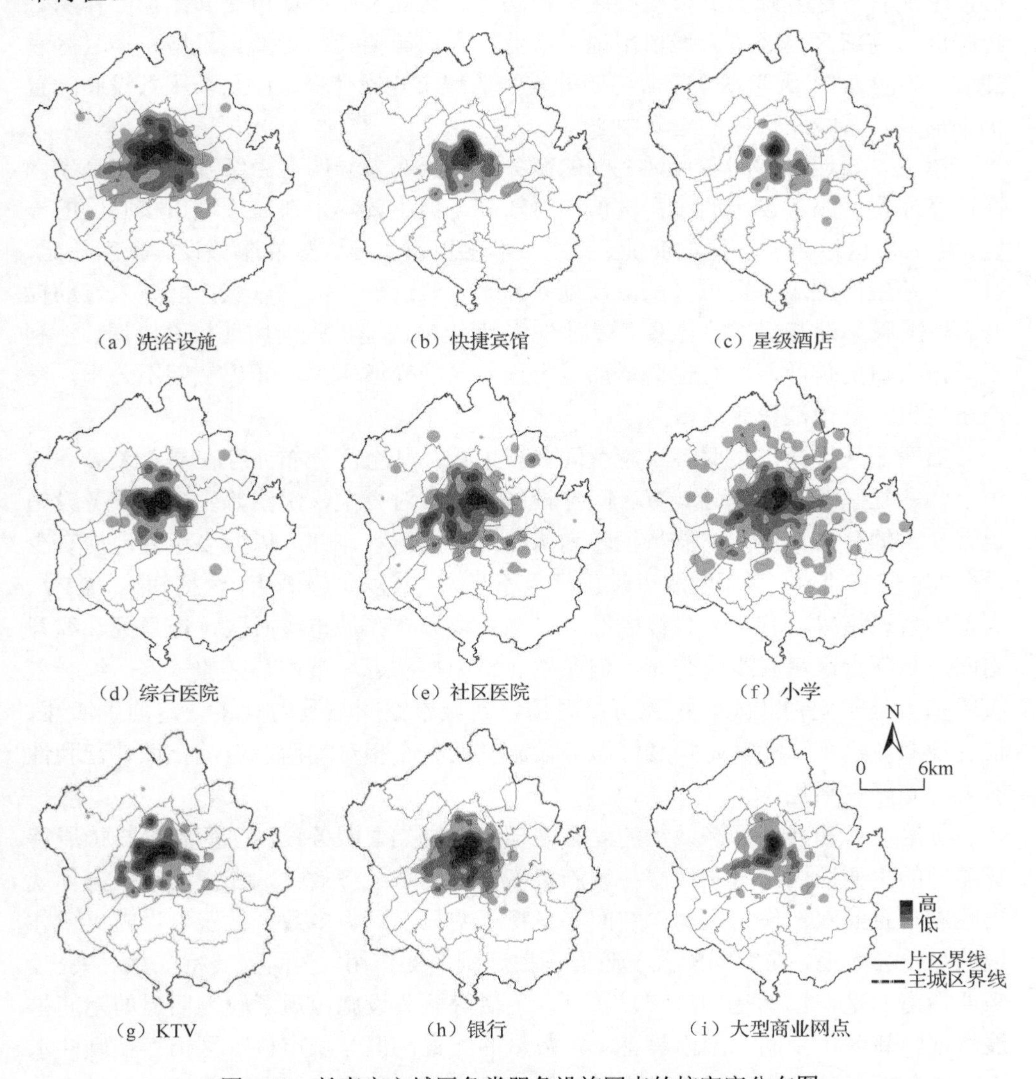

图 4.19　长春市主城区各类服务设施网点的核密度分布图

第一，整体来看长春市新城市空间范围内服务设施网点分布较为稀疏，主要服务设施仍集中于传统老城区，外围新区核密度整体较低，尤其是宽城区、绿园区、二道区等外围片区最为明显；核密度值由城市核心区向外逐渐降低，呈现出显著的核心区集聚特征，服务设施空间扩展“滞后性”特征明显。说明新城市空间仍然整体上处于服务设施供给不足的状态，服务设施网点的配置与建设用地的快速扩张明显不相适应。

第二，新城市空间范围内整体上仍未形成具备重要影响力的服务设施集聚中心，未能有效起到疏散城市核心区城市功能、构建多中心城市空间结构的作用。经开区、高新区已经成为城市用地、产业、人口等要素的重要集聚地，净月区承载着“旅游城”“大学城”等服务职能较强的城市建设使命，但至今服务设施配置仍未形成具备较大规模的集聚中心。

第三，新城市空间各片区之间的服务设施分布差异明显。经开南区、高新南区以及净月区服务设施的核密度值相对较高，但主要集中在靠近城市核心区的一侧，中心城区以外各片区的商业、商务、金融以及生活娱乐性服务设施极度缺乏，甚至一些生活型服务需求（洗浴设施）都难以就近解决，难以支撑区域人气的提升。外围服务设施配置的普遍“滞后”，与近年来快速扩张的用地极不协调，不利于城市人口的疏散，同时也会增加城市核心区的交通压力，导致空间不公平、交通压力大、资源浪费等众多问题。

第四，从不同类型服务设施空间分布来看，其空间分布亦存在显著差异。其中小学、社区医院等基础教育、医疗设施配套相对齐全，洗浴等生活性服务设施也有一定的分布，空间扩展特征较为明显，外围新区、郊区以及乡镇驻地均有少量分布；但商业性、娱乐性服务设施严重不足，尤其以星级酒店、快捷宾馆、KTV、大型零售设施等以营利为目标的服务设施主要分布在城市核心区，净月区、经开南区、高新南区虽有少量分布，但亦主要集中在靠近城市核心区的一侧，综合型医院基本处于空白状态。由此可以看出，新城市空间范围内具备一定的生活性、福利性服务设施，尤其是福利性服务设施空间分布相对均衡，但综合性、营利性服务设施严重不足。

供给主体和社会经济效益的差异是导致不同类型服务设施空间集聚与扩展特征差异的主要原因，营利性服务设施更多体现的是经济效益，在空间布局上体现出政府与企业双重作用机制，空间集聚特征明显，而大多数公共服务设施更多体现的是社会效益，在空间配置上政府调控起到关键作用，空间扩展特征相对突出。需要指出的是，虽然基础医疗、教育、生活等服务设施出现了较为明显的空间扩展特征，新城市空间范围内具备一定数量的配置，但与城市核心区仍存在硬件水平、服务质量的巨大差异，以小学为例，虽然在外围郊区、乡镇驻地等居民点分布相对均衡，但其从业人员素质、硬件水平以及享受其他教育资源的质量与城区仍存在显著差异。

4.5.4　新城市空间服务空间存在的问题

1. 服务设施配置整体较为滞后

20世纪90年代初期以来，长春市相继设立高新区、经开区、净月区等多个开发区，城市建设进入快车道，经过20多年的发展，新区人口、用地、产业规模均大幅度增加，近些年关于南部新城与长东北的建设继而成为城市开发建设的热点区域，城市景观建设日新月异。但是，当前新区服务设施网点分布普遍较为稀疏，如南部高新区“4环”以外和北部高新区的快捷酒店、大型零售、银行设施网点极为稀疏，仅有零星分布的社区医院和小学；经开（南）区与净月区虽然开发建设较早，已基本实现了“新区”向“城区”的转型，但服务设施网点配置密度较城市核心区仍差距明显。总之，服务设施网点与城市用地扩张存在明显的不相适应性，极不利于新区人口的集聚与城市功能的转型升级。

2. 服务设施空间极化特征明显

新城市空间范围内服务设施空间分布极不均匀，服务设施网点相对密集的区域主要集中在经开区、高新区以及净月区靠近传统城市核心区的一侧，外围其他片区商业、商务设施严重不足，由于人口支撑不足未能配套相应的综合性服务设施（如大型零售商场），同时外围仅有的服务设施用地（网点）也主要集中于特定区域（如大型广场附近）。仅从服务设施网点分布来看，长春市新城市空间仍处于以特定产业支撑下的单一城市功能发育阶段，“城区化”水平与城市功能的多样化水平整体仍需提高，这也是近年来新老城区通勤压力逐渐增大、新城区人气不足、旧城区人口压力有增无减、新旧城区难以实现联动发展的重要原因。

3. 营利性服务设施与用地空间极不协调

大型零售设施、KTV、酒店等营利性服务设施主要分布于城市核心区，与建设用地分布的耦合性较低，尤其是中心城区以外的新城市空间地域成为这类服务设施网点分布的“真空地带”。商业性服务设施更能体现区域的综合服务能力与经济发展水平，而服务业增长是主城区就业次中心形成的重要机制（孙铁山等，2013）。长春市新城市空间营利性服务设施极度缺乏，说明近年来快速扩展的建设用地极度缺乏商业性服务设施的支撑，造成了外围新区居民生活的不便与商业氛围的稀薄，外围居民（或企业）的商业需求严重依赖于城市核心区，导致了交通压力的增大进而影响城市运行的效率。基于营利性服务设施的空间分布来评价城市用地结构的合理性是未来城市空间调控的重要思路，适度引导商业服务设施的疏散与再集聚是推进新城市空间健康发展与城市多中心化建设的重要途径。

4. 服务空间与用地空间“偏差”问题突出

服务设施空间与城市整体的扩张相比仍然较为滞后，尤其与居住、工业用地空间产生了大尺度的分离，与用地、人口等要素的扩张不相适应。我国许多新区建设之初多以工业生产为主，生活性公共服务设施缺失问题突出，并且园区的传统定位和发展模式也不利于“城区一体”的共生发展，导致新城区内人文内涵和发展活力的不足，这种发展模式很容易陷入恶性循环，最终导致园区发展和城区化发展的“二次背离”（李佐军等，2014）。对长春市新城市空间而言，城市与服务空间整体的偏离问题始终存在，城市建设过程中各功能空间失衡问题突出，尤其是居住、工业空间的服务配套严重不足；服务空间表现出极强的中心集聚特征，外围仅有的服务空间用地布局较为分散，服务空间的郊区化严重滞后于居住、工业空间，与城市功能空间的快速扩张不相适应，带来交通的不便与城市功能空间结构性缺陷。

5. 服务设施空间演进与城市规划出现“背离”

新城区用地规划中由于国家相关标准的硬性规定，建设用地中服务设施用地比例一般并不低，但经过多年建设主要的服务设施网点并未实现建设运营，这固然有市场机制的影响，但也反映出建设过程中地方政府对规划执行的偏差。新区建设之初受政绩指标、土地财政、资金运转等因素影响往往只重视企业的落地和用地的出让，为招商引资而不惜更改规划的现象屡有发生，新区开发过程中并未对短期难以产生经济利益的服务设施进行重点考虑，导致了新城市空间服务功能的严重缺失。

4.6 长春市新城市空间的产业空间结构与演变特征

4.6.1 新产业空间研究内容的辨析

产业空间是城市空间的重要组成部分，亦是城市经济空间研究的核心内容，其空间演变、形成机制以及与其他社会经济空间的互动耦合关系成为学者关注的重要议题（王慧，2006），新城市空间的形成与发展离不开产业的支撑。中国的新城市空间正面临着初级城市化向高级城市化、初级工业化向高级工业化转变的发展趋势，在此背景下研究新城市空间范围内新产业空间的成长机理与调控路径具有重要的理论与实践意义。

20 世纪 90 年代以来，随着中国各类高新技术产业园区的发展，出现了新产业空间的一些特征，开始引起国内学者的广泛关注（王兴平，2005）。本书所讨论的新城市空间产业空间与新产业空间研究内容较为接近，对长春市而言，新产业空间主要分布于新城市空间范围内，构成了新城市空间的主要内涵，而新城市空间的产业空间与泛指的新产业空间又极为相似。为充分借鉴新产业空间研究的理论讨论长春市新城市空间范围内的产业结构与演变特征，本书作以下界定：广义的新产业空间泛指新城市空间范围，因为本书所讨论的新城市空间正是 20 世纪 90 年代初期以来城市的扩展区域，与新产业空间在地域范围上较为接近；狭义的新产业空间主要指在产业类型、组织形式等方面具有典型特性的空间形式，如国外早期对于新产业空间的研究以对硅谷、波士顿 128 产业走廊等的讨论较具代表性，对长春市而言，长春软件园、国际汽车电子基地等新兴产业集聚地均可看做是新产业空间的典型代表。本书主要分析长春市新城市空间内部产业空间的演变特征，并对长春市新产业空间的类型、布局与成长效应展开讨论，将新城市空间研究与新产业空间研究相结合，以期总结出新城市空间产业空间成长的基本规律，为新城市空间调控路径选择提供参考依据。

4.6.2　新城市空间产业空间演变特征

我国整体上仍处于工业化中期阶段，普通大城市还没有进入“去工业化”发展阶段，产业空间仍是大城市的主要功能空间，城市空间的重构升级与城市竞争力的提升依然依赖于现代产业空间的建设与完善。城市产业空间一般指工业空间和服务业空间，其中又以工业空间为重点，本书将工业用地（含仓储用地）代表工业空间、将商业服务设施用地代表服务业空间，分析长春市 2003 年以来新城市空间范围内产业空间格局与演变特征。

1. 工业空间演变特征

工业用地是外围各类新区、园区建设用地的主体，是新区扩展的主要表现形式，2014 年长春市的新城市空间范围内工业用地占建设用地比例达到 34.27%，除南部新城和净月新城工业用地分布相对稀疏外，城市“西南—东北”两翼、东部经开区、北部宽城区等均为工业空间集中分布地域。西部和北部城市外围工业用地沿交通干线“放射状”扩展特征显著，尤其沿皓月大路、长白公路、长农公路等出现了工业用地的集聚地带，工业空间的“郊区化”特征显著（图 4.20）。从工业用地演变特征来看，2003 年以来增加用地较多的片区主要分布在西南部的汽开区、南部高新区、长东北地区，以及外围主要对外交通干线的两侧。经开南区虽然也出现了工业用地的扩展，但靠近城市核心区地域的工业用地向其他用地性质转变频繁，中心城区以内的宽城区、二道区、绿园区也出现了类似的特征。

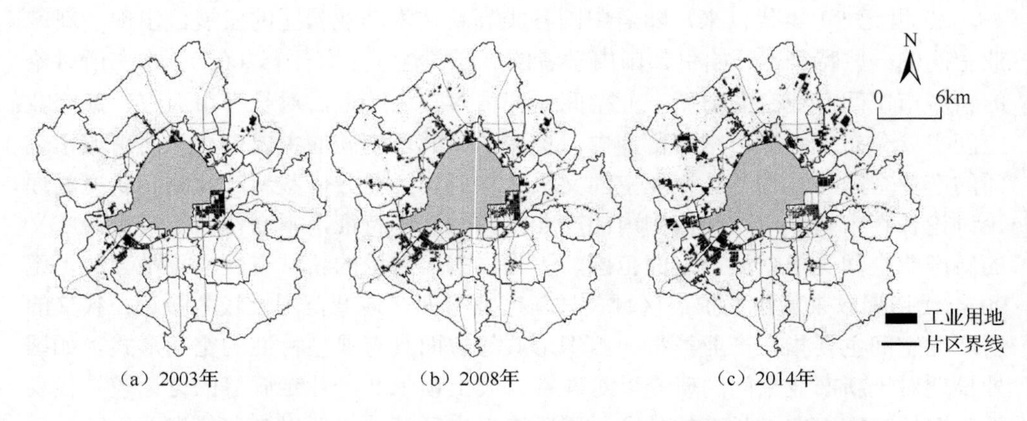

图 4.20　2003 年、2008 年与 2014 年长春市新城市空间工业用地对比

老工业基地振兴政策实施以来，产业的升级与振兴成为长春市发展的重点，加大了光电信息、新材料等高新技术产业、汽车配套产业、农产品深加工产业以及生物医药产业的培育与发展，在各类开发区内相继设立新的产业园区鼓励新兴产业的发展，如高新区设立的“长春中俄暨独联体国家科技合作基地”、经开区设立的长春玉米工业园区（空港经济区），以及国家级汽车电子产业园区、世界级汽车产业基地、轨道客车装备交通产业园、高新北区新能源产业园区等都有效地促进了外围产业的集聚与工业空间的扩展，为工业空间的扩展提供了空间与政策方面的支撑。而随着产业区社会功能的发育开始注重满足区内居住、服务等的需求，交通、区位条件优越或者因经营不善倒闭的工业区开始向居住、服务、绿地等空间转变，出现了工业用地向其他类型用地的频繁更替。

2. 服务业空间演变特征

2003 年以来，长春市新城市空间服务业的扩展特征明显。2003 年新城市空间范围内商业服务用地较为稀疏，主要集中在“高新区 1”与“经开区 1”靠近城市核心区一侧，净月区也有少量分布，但到了 2014 年金融服务设施用地出现了明显的扩展，各片区均出现了金融服务设施用地的“碎片”，尤其在东南部净月区和北部高新区最为显著（图 4.21）。

2003 年以来是各类新区步入“后开发区时代”的重要阶段，在政策宏观调控与新区发展内在规律双重因素驱动下，新城市空间的城市功能开始呈现出多样化的特征，商业服务业成为继工业之后的重要增长要素（郑可佳，2014）。政府为提高新城市空间的综合服务能力，满足区域人口与产业等的发展需求，鼓励新兴的商业服务设施在新城市空间建设，促使各种类型的大型商场、商业综合体、金融中心等服务设施的崛起，深刻改变着现代城市商业业态构成和居民的消费习惯。

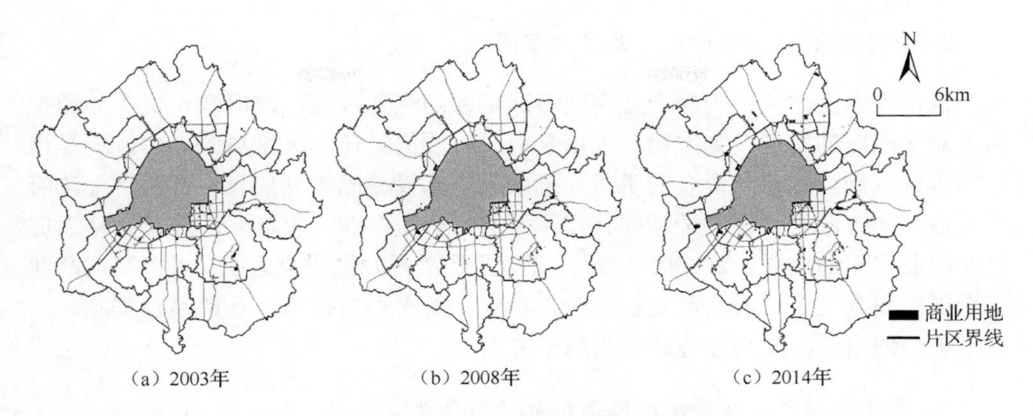

图 4.21　2003 年、2008 年与 2014 年长春市新城市空间商业服务用地对比

2003 年以来，长春市新城市空间的商业服务设施发展取得了显著的成效，深刻改变了新城市空间商业服务设施的等级、规模与类型，对于新区的“城区化”转型起到重要的支撑作用。如净月高新技术产业开发区注重旅游经济、金融经济、总部经济的发展，相继建设了影响力较大的喜来登酒店、烟草总部、伟峰总部、瓦萨博物馆等服务设施，同时生态大街的金融集聚中心建设也取得了显著的成效，对于净月区城市职能的多样化发展和社会经济水平的提高起到重要的推动作用。

4.6.3　新产业空间主要类型与分布

1. 基于大学和科研机构集中区形成的新产业空间

地方化产业集群与区域创新网络的形成是新产业区形成的重要标志，大学与科研机构集中区在人才储备、知识创新与孵化等方面有着得天独厚的优势，长春市的高新区、净月区均属于依托科研院所与高校而兴起的新产业空间。长春市高新南区依托中国科学院长春光学精密机械与物理研究所等院所、吉林大学等高校优质科技资源，创建了以科研院所为主体的产学研合作机制，先后设立了长春软件园、长春海外学人创业园、吉大科技园、中俄科技园、吉林动漫游戏原创产业园区、修正生物医药产业园区等多个不同类型的促进新兴产业集群发展政策区；截至 2013 年，长春市高新区在建孵化基地达到 19 个，总面积达到 300hm^2，高新区生产力促进中心被国家科技部认定为“国家示范生产力促进中心”，该平台等被列入国家科技攻关计划“振兴东北老工业基地科技专项”。净月区依托东北师范大学等科研机构设立了东北师范大学生物制药产业基地、一汽启明软件园、国家干细胞工程技术中心（国家 863 计划）等新兴产业孵化基地，为推进新产业空间的建设与成长提供人才、设备、政策等的支撑。

2. 基于政策性园区形成的新产业空间

政策性园区往往成为新产业空间迅速崛起的重要区域。政府政策优惠与调控力度对于园区的发展尤为关键，无论是科研院所的搬迁、大学城的创建，还是用地的审批规划、项目与资金的引进，抑或是基础设施的规划建设，都离不开政府的支撑，地方政府往往对于某些特定区域进行特定产业（集群）的培植，从而促进新产业空间的发展。如 2005 年长春市净月经济开发区设立之初就将“高端产业集聚区”作为三个核心功能定位之一，奠定了发展高新技术产业的路径基础，为后期项目的引进与配套设施建设指明了方向。

3. 基于大型产业集群功能辐射形成的新产业空间

传统大型产业集群功能辐射区也是新产业空间的重要分布区域。传统的大型企业或产业区随着规模的扩大、功能的升级，抑或是重组改造与功能置换（升级），带来技术、资金、设备、劳动力等要素的外溢，有效促进其外围产业集群的形成。对长春市而言，汽车经济开发区“汽车配套产业集群”就是这类新产业空间形式，汽车产业开发区设立的核心功能定位就是形成汽车产业配套集群，形成世界级汽车产业集群区。

4. 基于传统老工业区改造形成的新产业空间

老工业基地振兴的一个重要任务就是对于传统工业区的改造升级，塑造新的城市空间形象与产业体系。如长春宽城区 20 世纪五六十年代投资兴建一批大中型企业，如长春电机厂、长春机车厂、长春锅炉厂等，对促进城市发展做出过重要的贡献，但随着 20 世纪 90 年代老工业基地的“衰退”一度出现经济发展迟缓、企业大面积亏损、社会矛盾增多等问题，北部老工业区多数企业处于停产或半停产状态，社会矛盾激增。随着老工业基地振兴政策的实施，宽城区进行了新一轮的规划，提出“建设长春北部新城”的战略目标和“以人为本，经济与环境协调、可持续发展”的思路，规划建设了老工业基地示范园区、环铁商贸园区和铁北物流园区，促成了新产业空间的形成，同时其核心区产业与功能的扩展对外围兰家镇、奋进乡、米沙子镇等发展产生了积极的带动作用，有效促进了外围新兴产业组团的发育（图 4.22）。

5. 基于新商业空间形成的新产业空间

新产业空间还包括新商业空间，我国商业业态的多样化始于 20 世纪 90 年代，超级市场、大型综合超市、专卖店、大型仓储商店、折扣店等商业业态广泛出现，

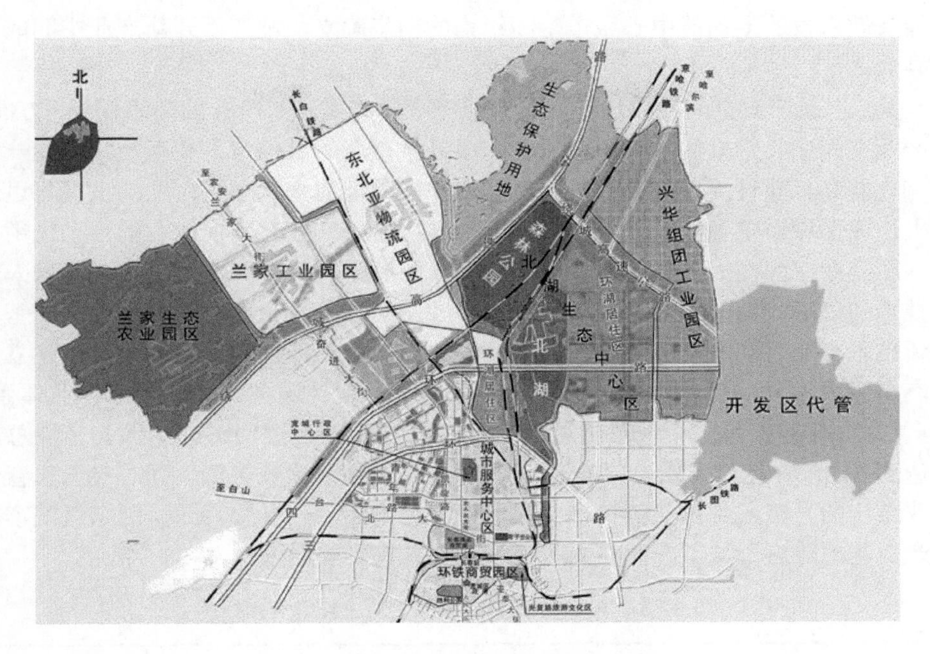

图 4.22 长春市宽城区城市功能分区图

这些新的商业业态并不局限于传统商业中心，其空间选址明显趋向于城市外围地域或城市边缘的大型住宅区域。快速交通与轨道交通的普及、人口与住宅的郊区化、产业空间的外溢等是新商业业态扩展的重要驱动力。对长春市而言，高新南区、净月区以及经开南区也涌现出了一批大型的商业综合体（迅驰广场、欢乐城、赛德广场等）、大型卖场（欧亚卖场、中东大市场、麦德龙超市等），其影响力已经超出新区范围，功能辐射甚至覆盖城市核心区。

4.6.4 新产业空间的成长效应分析

1. 新产业空间成长的积极效应

第一，新产业空间成长促进城市形态与空间结构的改变。各类开发区本身就是在一定的空间范围内进行全新的产业开发和城市建设的特殊区域（冯坚，2006），新产业空间成长带动“新城”“新区”等新城市空间的发展，不仅促使城市形态结构发生改变，同时也深刻影响着城市经济结构与社会结构的变迁。新产业空间一般位于原有城市外围，虽然建立之初多呈“孤岛”“飞地”形式存在，但经过多年发展，新产业空间已经演变为城市空间重要的组成部分，成为中国卓有成效而又极具特色的城市化模式之一，也是中国城市空间结构演化的重要动力和主要内容（郑国等，2005a）。可以说长春“三城两区”新城市空间格局的形成以及城市功能疏散引发的多功能中心城市空间结构的初步确立，都离不开新产业空间成长的推动。

第二，新产业空间的成长促进城市经济规模的提升与产业的高级化。一方面，新产业空间成长带来的新兴产业的崛起成为城市新的增长点，高新技术产业一般具有收益高、建设周期短等优势，新产业空间内部的大量新兴产业的出现与迅速壮大，成为城市重要的收入来源；另一方面，新兴产业对其他产业的带动作用明显，新产业空间在人才、资金、基础设施、配套政策等方面优势显著，尤其人才与技术的外溢成为区域产业结构升级重要的驱动因素。长春高新区是典型的基于高新技术产业兴起的新区，设区以来始终注重推进高新技术产业的发展，建立起了汽车及零部件、生物医药、新材料、光电子、软件服务等高新技术产业体系，截至 2014 年高新技术企业已经达到 97 家，从业人员达到 16.43 万人，工业总产值达到 5131.76 亿元（表 4.13），成为长春市重要经济增长来源，同时对于长春市产业结构的升级起到重要的推动作用，尤其是高新区长春软件园、国家级汽车电子产业基地等对于城市产业整体的高级化具有重要的促进意义。

表 4.13　2014 年长春高新区企业主要经济指标

地区	高新技术企业/个	年末从业人员/万人	营业收入/亿元	工业总产值/亿元
长春高技术产业开发区	97	16.43	5351.80	5131.76
长春净月高新技术产业区	10	12.72	971.88	643.26

资料来源：《中国火炬统计年鉴》（2015 年）

第三，新产业空间成长促进城市环境的改善与品质的提升。新产业空间一般也是科研院所、高校集中的区域，本身具备较为浓厚的文化底蕴，加之政府为推动新产业区的形成，较为注重对区域基础设施建设、城市品质的提升及城市形象的塑造，新产业区往往作为城市未来空间发展重要的部署，而获得融资、税收、项目审批、土地管理等方面的优惠政策，城市软环境建设往往较为优越，同时新产业空间主体多为环境友好型企业，空间弹性大、布局灵活，与居住空间、服务空间的融合度较高。对长春而言，净月大学城表现尤为明显，随着其生活环境、服务环境、产业环境等的逐步优化，已经成为追求高品质生活和高学历人才选择职业的最佳选择之一。

第四，新产业空间成长促进城市功能空间结构的重组与空间效率的提高。一方面，新产业空间的成长分担了部分生产功能，为疏散核心区过度拥挤的产业、人口、功能起到重要的促进作用，从而缓解了城市中心交通、用地、环境等方面的压力，促进城市整体范围内的功能空间重组；另一方面，新产业空间的成长促进城市核心区外围组团的集约式发展与空间效益的提高，使具有相同性质、互为补偿、互相服务、互无干扰的经济活动在一定的空间地域集聚，从而促进特定地域内产业、人口和各种基础设施的集聚，提高城市社会经济运行的综合效率。

2. 新产业空间面临的主要问题

第一，新产业空间的产业层次普遍不高，高新技术产业比例较低、科技研发与机制体制创新滞后。2015年长春市先进装备制造、光电信息、生物制造、医药健康、新能源及新能源汽车、新材料产业等新兴产业产值仅占规模以上工业产值的17.1%，2014年长春高新区和净月区的高新技术企业个数仅占全区入统企业个数的12.26%和1.30%，绝大部分企业仍属于传统产业。产业结构、创新能力、高新技术产业规模等仍然存在巨大的提升空间，效益低下、污染严重、产能过剩的企业仍在兴建或运营，存在大面积低水平、低效率生产的产业园区。

究其原因，一是产业园区受短期利益驱动和彰显政绩（引进项目数量、提升GDP规模、促进新区形象建设等）等因素驱动，对入园企业设置门槛过低，缺乏对产业链与企业网络的长远规划，导致大量普通企业入驻高新技术产业园区，破坏了园区整体的生产与组织环境；二是产业选择的路径依赖问题严重，长春新产业区仍以装备制造业、粮食加工业、生物医药、光电子等传统强势产业作为主导产业，现代化的软件开发、通信技术、生物技术等为依托的高新技术产业比例较低，高新技术产业的多元化发展不足，难以快速推进区域产业结构的升级与规模壮大；三是未能及时转移传统产业，中心城区与外围县市、乡镇的协作关系薄弱，未能及时将落后的生产工艺、产业类型向外围功能组团疏散与转移。

第二，大学城等科学园区文化内涵不足与功能“背离”问题突出。大学城本应是由大学或高教校区集聚而形成的以高新技术产业、知识经济为典型特征的城市综合社区，其主要目的是促进大学校区、科研机构与创新企业的空间联系，引导城市创新空间的形成与发展（张京祥等，2007）。但是中国的大学城普遍存在文化底蕴不足与园区功能“背离”等的问题，一方面，大学城等科学园区主要兴建于20世纪90年代后期，发展历史较短，与西方动辄上百年的大学城相比文化底蕴差距明显，加之我国大学城建设过程中对于社会功能培育等重视不够，导致大学园区普遍存在城市功能的缺失问题；另一方面，在土地市场化背景下，中国大学城普遍存在用地违规审批、过度出让、房地产化倾向明显问题，出现了园区的人为“造城运动”、大学城规划与管理缺失、负债经营等问题，同时大学园区和高新技术园区普遍存在房地产化倾向，大学城建设促进了周边地价的升值，房地产市场随之介入并引发大规模的居住用地开发，大学城建设变相为地方政府和开发商带动土地出让和房地产发展的捷径，“公共物品属性”淡化，背离了促进高新技术产业开发的初衷。

第三，产业空间分工不合理，地区间产业趋同化问题严重，专业的产业集群仍存在规模、集聚程度、品牌效应等方面的不足，产业园区普遍存在功能的定位缺乏特色、产业选择趋同等问题，不同园区（行政区）之间在产业选择上往往缺乏统一协调与互补，长春市的汽车产业、生物医药行业、装备制造业等优势产业均存在较为严重的重复建设问题。不但造成了各产业园区产业类型的繁杂与集聚水平的低下，同时也引发各园区间的恶性竞争，引发土地的低价出让、产业的同质化等问题，难以形成集聚规模与品牌效应。

第四，新产业空间城市社会功能严重不足，城市的“宜居性”有待提升。中国的新产业空间多以生产功能为主，社会服务与文化功能缺失严重，纵观中国众多的产业新区、科学园区等均存在这类问题（王成超等，2006）。发展历史较短、社会功能培育环节薄弱等导致国内的新产业区社会服务功能严重缺失，新城市空间建设之初多呈现出工业园区的性质，过度强调生产功能而导致社会功能被忽视，社会功能未能与产业功能迅速发展而得到同步提升与完善，城市的“宜居性”有待提升。

4.7 长春市新城市空间主要功能空间耦合特征

4.7.1 城市功能空间耦合基本内涵

耦合（coupling）本是物理学的概念，是指两个或多个系统通过相互作用而联合的现象，广义上更多地强调事物之间的关联性，近年来被广泛应用于社会学研究，尤其在城市地理与土地利用等方面的应用研究取得了丰富的研究成果（申庆喜等，2017a）。本书所指城市功能空间耦合是指在新城市空间整体范围内，城市主要功能空间相互作用、融合、支撑的状态与过程，这种耦合关系集中反映为城市各功能空间的地域空间组合关系和内在功能关联，耦合关系研究的目的在于揭示城市各功能空间格局差异与协调性关系。

老工业基地振兴战略驱动下，长春市城市事业取得了巨大进步，城市功能空间发生了深刻的转变，这种变化在全国大城市中具有较强的代表性。长春市同样面临着“圈层式”快速扩张、功能空间紊乱、交通拥挤等大城市普遍存在的问题，存在由各类新区组成的新城市空间功能单一、社会问题频发等诸多挑战，归根结底在于城市功能空间的低耦合甚至不耦合，城市功能空间的融合与多元化成为新区转型的重要路径。在此背景下，讨论城市各功能空间的耦合特征，进而提出促进新城市空间功能耦合的路径，对于促进各类新区的“城区化”转型具有重要的指导意义。

4.7.2　耦合指标的选取与模型构建

1. 指标选取

早在 1933 年的《雅典宪章》就指出城市规划的目的是解决居住、工作、游憩与交通四大功能活动的正常进行。对于城市功能空间结构的研究，城市地理学主要强调城市土地利用结构及人的行为、经济和社会活动在空间上的表现（周春山等，2013），居住、就业与公共服务被普遍认为是城市生活的基本构成，但不同学者研究侧重点有所差异，如冯健将城市人口空间、经济空间（主要指工业空间）、社会空间及郊区化作为城市内部空间重构的主要研究内容（冯健，2004），宋金平对北京城市边缘区空间结构研究中主要侧重于对用地空间扩展、产业空间结构、社会空间结构三个方面展开讨论（宋金平等，2012）。本书认为用地空间、经济空间、社会空间是城市功能空间的主要组成，其中用地空间结构在一定程度上涵括了居住、工业、服务用地的空间关系，经济空间主要包含产业空间，社会空间则包含人口分布、服务设施配置、职住关系等内容。

前面已经对新城市空间的用地空间、人口空间、服务空间以及产业空间的空间格局与演变特征进行了深入的分析，除此之外，居住空间也是城市最基本的功能空间，居住空间的大规模扩展与调整成为城市功能空间重构的重要驱动力，与其他城市功能空间的耦合程度决定了城市功能空间的协调性，影响居民活动和城市运行的效率，因此居住空间与其他功能空间的耦合也是本书的重要内容。新城市空间建设具有较强的交通导向特征，在现代规划理念指引和地方政府招商引资中“交通设施先行”策略的影响下，各类开发区多在设立之初就规划建设了完善的路网等交通设施，新城市空间范围内交通空间的外延与用地空间的扩展具有较高的协调性（申庆喜等，2017b），故本书不对交通空间做单独研究，同时限于篇幅限制亦未能涉及生态空间等功能空间类型的研究。

基于以上分析，主要选取用地空间、人口空间、服务空间、产业空间、居住空间展开讨论，其中用地空间、产业空间和居住空间数据为 2014 年主城区的建设用地、工业用地和居住用地数据，人口空间数据为 2010 年的人口普查数据，服务空间数据为 2014 年的服务设施网点（前面 9 类网点汇集所得）分布数据。

2. 模型构建

城市功能空间的耦合包含相关性、联动性、互补性等诸多方面，较难通过建立模型测度。虽然已有研究对社会功能、用地转变的耦合通过建立数量模型取得一定的成果，但未能对城市功能空间之间的耦合关系建立全面的评价体系（黄晓军等，2012），对于城市功能空间耦合研究多基于用地空间对比、空间临近性、用地转变特征展开分析，但基本上反映的都是耦合的某一方面（龙花楼等，2012）。基于这种现状，本书试图建立测度城市功能空间耦合直接的评价方式，为城市功能空间相互关系研究提供新的思路。

核密度估计（kernel density estimation，KDE）法是当前研究地理事物空间分布特征的成熟方法，可以较为直观地分析不同地理事物空间分布差异，但较少有学者进一步对核密度的栅格值提取展开进一步的研究。相关分析是统计学中最为基础的研究方法之一，在分析不同组别数据的相关性分析方面运用极为普遍。为了定量研究城市主要功能空间的空间耦合程度，本书试图将上述两种研究方法进行结合，即首先基于 ArcGIS 提取各功能空间的 KDE 栅格值，然后导入 SPSS 软件进行相关分析与显著性检验，得出各功能空间分布的统计学特征（陈晨等，2013）。虽然提取的 KDE 数据受到核密度空间分布平滑化的误差因素干扰，但仍可反映出各功能空间要素的整体分布特征，仍不失为定量分析空间要素分布耦合关系的有效方法。具体的实施步骤如图 4.23 所示。

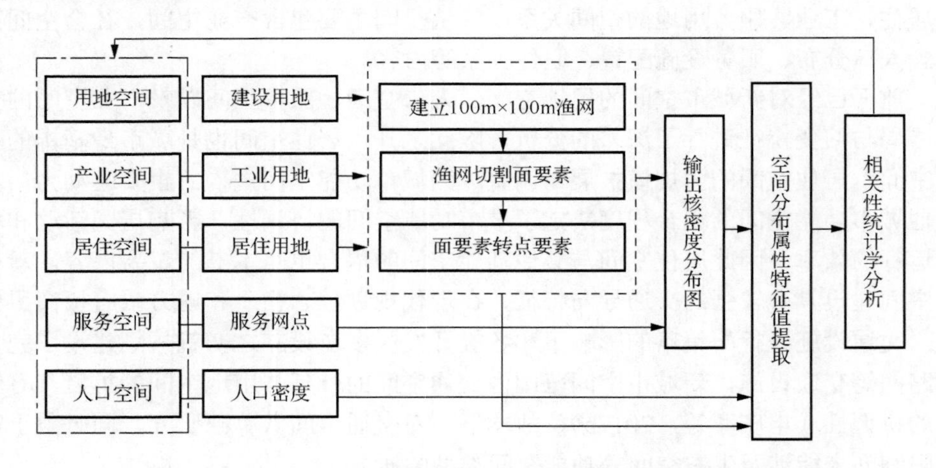

图 4.23　城市功能空间耦合测度模型构建的技术流程图

（1）为去除面积较大地块干扰，将大地块切割成小地块，建立“100m×100m”渔网（fishnet）进行用地分割，降低地块面积与形状对分析结果的影响；

（2）输出各功能空间要素（人口空间除外）的核密度（KDE）分布图，核密度等级分布采用自然间断点分级（jenks）；

（3）为排除外围空地、水域等的干扰，将各功能空间（人口除外）密度值均为 0 值的点剔除；

（4）由于人口统计数据以街道（乡镇）为基本单元，因此人口空间分布数据的提取主要基于图 4.16 的人口密度分布图；

（5）基于 ArcGIS“Extract Multi Values To Points”功能模块提取各类要素空间

分布属性的核密度值（或人口密度值），导入 SPSS 软件进行相关分析与显著性检验。

4.7.3　城市功能空间耦合特征分析

1. 整体布局分析

从长春市主城区各街道人口密度（图 4.16）和主要功能空间的核密度分布（图 4.24）可以看出，长春市新城市空间范围内各功能空间格局整体存在明显差异，其中用地空间与服务空间、用地空间与人口空间的差异最为显著，说明用地的快

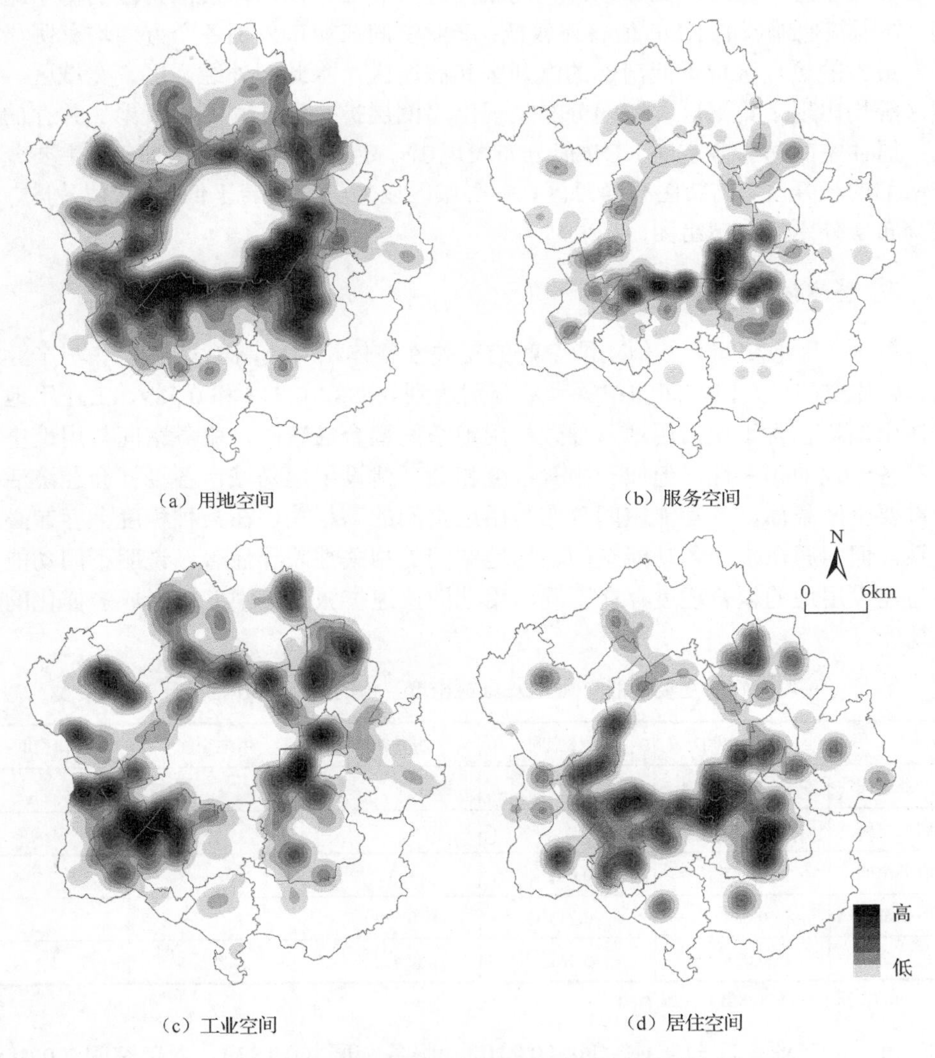

图 4.24　新城市空间主要功能空间的 KDE 值分布图

速扩展背景下人口、服务设施等社会空间要素出现了滞后。但是，各功能空间分布也存在一定的相似性特征，KDE 值整体上表现为南部高于北部、中心城区以内高于外围。如经开南区绕城高速以内各功能空间 KDE 值均较高，而人口密度也达到了较高水平（其中临河街道为 8079 人/km^2、东方街道为 2450 人/km^2），但外围二道区、净月区、朝阳区的 KDE 值均处于较低水平。

具体地，用地空间扩展最为显著，中心城区以内、市直四个开发区内部均为高 KDE 值所覆盖，外围出现了多个核密度分布的热点区域；服务空间高 KDE 值主要分布于经开区绕城高速以内、高新南区“3 环”以内以及净月区的博学路两侧，外围其他地域的 KDE 值普遍较低；产业空间在城市外围各个方向均有明显扩展，最大的热点区位于西南部的汽开区和高新区，除此之外经开区、宽城区、绿园区等均出现了集聚区，空间分布呈现出“圈层扩张”与“多极集聚”并存的特征；居住空间与服务空间 KDE 值分布表现出一定的相似性，高 KDE 值主要分布于南部的经开区、高新区和净月区，中心城区以外仅存在若干低 KDE 值片区，主要分布于外围的乡镇组团。

2. 整体耦合特征

第一，用地空间与其他功能空间的相关性整体相对较高（表 4.14），与产业空间、居住空间、人口空间的相关系数分别达到 0.688、0.713 和 0.589，工业用地与居住用地均包含于城市用地，导致与用地空间耦合性较高，服务空间与用地空间也具备一定的相关性，但属于中等程度相关。建设用地是城市各种社会经济活动的重要空间载体，各功能空间分布与用地空间的高相关性在某种程度上存在必然关系，但问题在于，各功能空间与用地空间的相关性差异显著，说明不同功能空间与建设用地的耦合程度存在不同，用地的快速扩张过程中并未形成多样化的城市功能。

表 4.14 主要功能空间 KDE（或密度）值的 Pearson 相关系数

	产业空间	居住空间	服务空间	用地空间	人口空间
产业空间	1				
居住空间	0.210*	1			
服务空间	0.187*	0.662*	1		
用地空间	0.688*	0.713*	0.589*	1	
人口空间	0.088*	0.361*	0.453*	0.295*	1

* 指在 0.01 水平（双侧）上显著相关

第二，产业空间与居住空间（0.210）、服务空间（0.187）、人口空间（0.088）的相关性均较低，处于“极弱相关或无相关”状态，工业用地数据与居住用地数据存在“排他性”导致了较低的空间相关性，但产业空间与服务设施、人口空间的极低相关状态说明新城市空间范围内产业空间极度缺乏服务设施、人口等社会功能要素的支撑与配套。产业空间多依托于各类开发区和工业园区扩展，在招商引资规模、企业数量以及工业产值等行政考核指标体系驱动下，往往呈现出工业生产“一枝独秀”的局面，城市居住、服务等社会功能长期得不到重视，导致了产业区普遍存在缺乏居住、服务设施等的配套问题。

第三，服务空间与居住空间的相关系数达到 0.662，具有一定的相关性，这与基于核密度分布图分析结果较为一致，但二者耦合度仍具有较高的提升空间，尤其在长东北地区、高新区“3 环”以南等区域服务设施空间仍严重滞后于居住空间的扩展；服务空间与人口空间的相关系数仅为 0.453，说明人口分布与服务设施网点的分布整体上存在偏差，尤其是公共服务设施空间分布与人口空间的偏差造成了居民远距离通勤的增加，进而导致了服务设施运行效率低下、空间供给矛盾（公平性问题）增多、城市交通拥堵等问题。居住、就业、服务功能是构成居民生活最为重要的核心部分，促进各功能空间的耦合是提高城市运行效率、提升城市宜居水平的重要方面。

第四，人口空间与其他功能空间的相关系数整体低于 0.50，与服务空间的相关系数为 0.453，具备一定的相关性，但与居住空间、产业空间均没有明显的相关关系，这固然与基于人口普查数据分析忽视了进城务工人员、城市通勤人口等流动性人口因素的影响有关，但也反映出了人口空间与用地空间（0.295）、产业空间（0.088）、居住空间（0.361）严重偏离的事实。中国大城市人口城镇化落后于用地城镇化的事实始终存在，据调查资料显示，2004～2014 年中国的城镇化率增长约 15%，而土地城镇化率提高了将近 40%，远远高出了人口城镇化的速度（踪家峰，2016），因而协调用地的城镇化与人口的城镇化成为新城市空间亟须面对的课题。

3. 各片区耦合特征

总结各类型区功能空间的耦合关系，有利于认清新城市空间范围内不同片区内在的功能空间组合关系与存在问题，从而为进一步探索优化城市功能空间耦合提供参考。表 4.15～表 4.31 是长春市新城市空间 17 个片区内各功能空间 Pearson 相关系数及其显著性检验。可以看出，不同的片区各功能空间的耦合关系也是存在显著差异的。

第一，人口空间与其他功能空间的相关性整体较弱，与用地空间的偏差是新城市空间范围内最重要的特征之一。相对而言，人口空间与其他功能空间具备一定相关性的区域主要分布在“经开区 1”“南关区 1”“净月区 1”三个片区，如“南关区 1”人口空间与产业空间、居住空间、服务空间、用地空间的相关系数分别达到 0.265、0.579、0.513、0.725，这说明基于综合型新城（南部新城、净月新城）或开发时序较早的开发区（经开区）经过多年建设，常住人口开始增加，与其他城市功能空间开始呈现一定程度的耦合状态。

第二，中心城区以内各片区城市功能空间耦合程度相对较高。居住与服务是城市生活最为核心的功能构成，两者具有较强的相互依存关系，相关系数超过 0.80 的有“绿园区 1”（0.819）、“经开区 1”（0.806）、“宽城区 1”（0.829）、“汽开区 1”（0.850）四个片区，均处于中心城区以内，说明各功能空间的耦合程度整体上呈现出核心区大于外围区域的特征，中心城区以内各片区属于开发相对较早、发育相对成熟的新城市空间，服务设施的配套相对齐全。

第三，外围区域性组团各城市功能空间耦合性相对较高。“朝阳区 1”居住空间与服务空间等组合相关系数较高，主要得益于“富锋组团”的发展，该区处于城市核心区外围，高密度值主要集中于“富锋组团”所在的位置。早在 1996 版长春市总体规划就提出建设“富锋、兴隆、净月”三个外围城市组团的规划部署，经多年建设“富锋组团”已经具备了一定的人口与用地规模，由于其远离城市核心区的区位属性，促使自给性服务设施的建设与完善，如基础教育设施、医疗设施、商业服务设施等，实现了基础服务设施的自给和城市功能空间的耦合。

第四，“高新区 1”较为特殊，虽然各功能空间耦合度较低，但城市功能相对完善。“高新区 1”作为设立较早的新区其城市功能空间的耦合程度明显处于较低水平，用地空间与产业空间、居住空间、服务空间的相关系数处于 0.55～0.65，居住空间与服务空间相关系数也仅为 0.389，其他各功能空间之间均未出现明显的相关关系。“高新区 1”内部的服务设施网点主要集中于“3 环”以内的硅谷大街与飞跃路交汇处区域、前进大街与卫星路交汇处附近；居住空间核密度热点区主要分布于南北两个片区，北部是位于“3 环”以北、硅谷大街以西的片区，集中了怡众名城等众多居住小区，南部位于“天茂湖”附近，多为近年来随着房地产行业的快速发展而新建的居住楼盘，如恒大雅苑等居住小区；而工业用地主要位于两个居住片区的“中间地带”，主要分布于“3 环”与“4 环”之间的创新路两侧，以及“4 环”以南的超大大街、锦湖大路、超凡大街围合区域，集中了双德工业园、鸿达光电子产业园、吉林省高新创业孵化产业园等工业园区。即产业、居住、与服务功能存在较为严格的分区，这主要与其高新技术产业开发区性质有关，区内规划建设了多个产业园区，与之配套的居住区与产业园区分区明显。

第五，“宽城区 1”“二道区 1”“汽开区 1”均属于传统工业区的外延区域，其共同特征在于与其他片区相比用地空间与服务空间耦合水平均处于较低水平，“宽城区 1”的用地空间与服务空间相关系数仅为 0.279，为各区最低。究其原因在于，该区域以工业用地为绝对主导，得益于靠近城市核心区的区位优势，居住、服务功能需求主要依赖于城市核心区，虽然其居住空间与服务空间的相关系数较高，但这种“高相关性”主要由于居住与服务的空间 KDE 值均处于极低水平，表现为“低水平的强相关关系”。

表 4.15　“高新区 1”主要功能空间 KDE 值的 Pearson 相关系数

	产业空间	居住空间	服务空间	用地空间	人口空间
产业空间	1				−0.003
居住空间	0.109**	1			0.027
服务空间	0.072*	0.389**	1		0.020
用地空间	0.641**	0.556**	0.622**	1	0.015

*指在 0.05 水平（双侧）上显著相关；**指在 0.01 水平（双侧）上显著相关（下同）

表 4.16　“高新区 2”主要功能空间 KDE 值的 Pearson 相关系数

	产业空间	居住空间	服务空间	用地空间	人口空间
产业空间	1				0.418**
居住空间	0.000	1			−0.306**
服务空间	0.110	0.677**	1		−0.255**
用地空间	0.577**	0.740**	0.547**	1	−0.230

表 4.17　“经开区 1”主要功能空间 KDE 值的 Pearson 相关系数

	产业空间	居住空间	服务空间	用地空间	人口空间
产业空间	1				−0.092**
居住空间	−0.031	1			0.653**
服务空间	−0.022	0.806**	1		0.786**
用地空间	0.627**	0.604**	0.486**	1	0.421**

表 4.18　“经开区 2”主要功能空间 KDE 值的 Pearson 相关系数

	产业空间	居住空间	服务空间	用地空间	人口空间
产业空间	1				0.108**
居住空间	0.330**	1			−0.037
服务空间	0.213**	0.761**	1		−0.018
用地空间	0.894**	0.605**	0.501**	1	0.032

表 4.19　“宽城区 1”主要功能空间 KDE 值的 Pearson 相关系数

	产业空间	居住空间	服务空间	用地空间	人口空间
产业空间	1				0.083
居住空间	0.610**	1			0.350**
服务空间	0.467**	0.829**	1		0.347**
用地空间	0.899**	0.445**	0.279**	1	-0.059

表 4.20　“宽城区 2”主要功能空间 KDE 值的 Pearson 相关系数

	产业空间	居住空间	服务空间	用地空间	人口空间
产业空间	1				-0.032*
居住空间	0.145**	1			0.007
服务空间	0.153**	0.459**	1		0.192**
用地空间	0.732**	0.439**	0.345**	1	-0.229**

表 4.21　“二道区 1”主要功能空间 KDE 值的 Pearson 相关系数

	产业空间	居住空间	服务空间	用地空间	人口空间
产业空间	1				0.064
居住空间	0.603**	1			-0.124*
服务空间	0.348**	0.710**	1		-0.125*
用地空间	0.946**	0.620**	0.359**	1	0.027

表 4.22　“二道区 2”主要功能空间 KDE 值的 Pearson 相关系数

	产业空间	居住空间	服务空间	用地空间	人口空间
产业空间	1				0.086**
居住空间	0.027	1			0.028
服务空间	0.027	0.519**	1		0.008
用地空间	0.439**	0.720**	0.519**	1	0.108**

表 4.23　“汽开区 1”主要功能空间 KDE 值的 Pearson 相关系数

	产业空间	居住空间	服务空间	用地空间	人口空间
产业空间	1				-0.081*
居住空间	0.011	1			0.309**
服务空间	0.223**	0.850**	1		0.232**
用地空间	0.787**	0.467**	0.554**	1	0.074*

表 4.24　“汽开区 2”主要功能空间 KDE 值的 Pearson 相关系数

	产业空间	居住空间	服务空间	用地空间	人口空间
产业空间	1				−0.017
居住空间	0.302**	1			−0.019
服务空间	0.271**	0.529**	1		0.048
用地空间	0.939**	0.548**	0.416**	1	−0.019

表 4.25　“南关区 1”主要功能空间 KDE 值的 Pearson 相关系数

	产业空间	居住空间	服务空间	用地空间	人口空间
产业空间	1				0.265**
居住空间	0.459**	1			0.579**
服务空间	0.257**	0.534**	1		0.513**
用地空间	0.567**	0.773**	0.570**	1	0.725**

表 4.26　“朝阳区 1”主要功能空间 KDE 值的 Pearson 相关系数

	产业空间	居住空间	服务空间	用地空间	人口空间
产业空间	1				0.018
居住空间	0.342**	1			−0.012
服务空间	0.417**	0.906**	1		−0.019
用地空间	0.901**	0.607**	0.675**	1	0.013

表 4.27　“朝阳区 2”主要功能空间 KDE 值的 Pearson 相关系数

	产业空间	居住空间	服务空间	用地空间	人口空间
产业空间	1				−0.033
居住空间	0.727**	1			−0.019
服务空间	0.813**	0.695**	1		−0.014
用地空间	0.783**	0.863**	0.726**	1	0.034

表 4.28　“净月区 1”主要功能空间 KDE 值的 Pearson 相关系数

	产业空间	居住空间	服务空间	用地空间	人口空间
产业空间	1				0.264**
居住空间	−0.026	1			0.325**
服务空间	0.186**	0.621**	1		0.421**
用地空间	0.342**	0.828**	0.717**	1	0.414**

表 4.29　“净月区 2”主要功能空间 KDE 值的 Pearson 相关系数

	产业空间	居住空间	服务空间	用地空间	人口空间
产业空间	1				0.008
居住空间	0.521^{**}	1			0.245^{**}
服务空间	0.258^{**}	0.509^{**}	1		-0.101^{**}
用地空间	0.894^{**}	0.716^{**}	0.446^{**}	1	0.067^{**}

表 4.30　“绿园区 1”主要功能空间 KDE 值的 Pearson 相关系数

	产业空间	居住空间	服务空间	用地空间	人口空间
产业空间	1				0.054
居住空间	0.236^{**}	1			-0.123^{**}
服务空间	0.328^{**}	0.819^{**}	1		-0.082^{**}
用地空间	0.418^{**}	0.612^{**}	0.533^{**}	1	-0.188^{**}

表 4.31　“绿园区 2”主要功能空间 KDE 值的 Pearson 相关系数

	产业空间	居住空间	服务空间	用地空间	人口空间
产业空间	1				0.023
居住空间	0.561^{**}	1			0.023
服务空间	0.618^{**}	0.785^{**}	1		-0.098^{**}
用地空间	0.705^{**}	0.527^{**}	0.519^{**}	1	0.371^{**}

4.7.4　城市功能空间耦合状态评价

第一，新城市空间内部各功能空间整体的低耦合特征突出。城市功能的分区是《雅典宪章》重要的议题之一，分区避免了城市功能运行的相互干扰，但同时也阻隔了各功能空间的融合与联系，使得居民不得不承受长距离通勤交通压力。随着时代的进步和技术的发展，城市工业生产的性质已经发生了显著的变化，现代都市型工业、高新技术产业往往具有较高的“环境友好”特征，对居住的干扰较弱，城市空间的融合已经成为当前学术界讨论较多的议题（申庆喜等，2015a）。长春市新城市空间各功能空间整体上分离问题突出，城市内部各功能空间的协调发展事关城市运行效率提高、宜居城市建设与整体竞争力水平的提升，因此促进城市功能空间融合与协调关系是未来新城市空间调控的重要方向。

第二，新城市空间内产业扩展区的生活型功能缺失问题严重。主要体现在西南部的汽开区和东北部的经开区与高新区，同时中心城区以内的“宽城区 1”“二道区 1”等传统老工业区虽经历了老工业基地振兴以来传统产业的调整与重建，但依然以产业空间为主导，综合型的城市功能体系并未建立。单一的城市功能是众多社会问题产生的根源，如就业人员家庭诉求难以实现（子女入学、就医、退休人员养老）、流动人口的安置问题、外来人员与本土居民的冲突等，极不利于园区的长远与稳定发展。均衡“就业—居住—公共服务”空间配置，特别是面向外来人口及家庭配置基本公共服务，提高新城市空间的宜居程度，使之成为人口城镇化的重要载体，是未来新城市空间调控的重要路径（陈宏胜等，2016）。

第三，城市功能空间郊区化的不协调问题突出。中国城市功能空间的扩展整体呈现出产业空间为先导，居住空间跟进，最后是人口与服务空间的基本模式，这与美国以人口和住宅为先导，而后为商业、办事机构或大型企业的空间范式存在明显不同。中国大城市多基于各种新城新区为背景扩展，带有强烈的规划引导与政府主导色彩，与美国居民自发的郊区化存在根本差异，结果往往出现物质层面的郊区化先于社会层面、城市物质空间与社会空间的不耦合问题突出（黄晓军，2011）。郊区化是城市发展的必然阶段，郊区化过程中城市各功能要素扩展的不协调是导致很多“空城”“卧城”出现的重要原因，因为单一的城市功能（多以产业或居住为主）很难支撑起新城区的持续、稳定发展，集中建设或投资带来短时期的繁荣景象之后往往陷入长久的经济不景气。

第四，新城市空间范围内不同类型、职能、发育水平的片区其城市功能空间耦合的状态存在显著差异，对于新城市空间的调控应注重制定差异化的指导策略。对于设立较早、开发建设时间较长的新区，如经开南区、净月区等应促进服务、人口空间的集聚，进而与已经形成的产业空间、居住空间相协调，虽然用地性质一旦确立短期内难以改变，但仍可以适当引导人口、服务设施的配套，促进功能空间的协调。对外围各组团而言，应促进综合性城市功能体系的培育，提高外围组团自给能力进而提高城市运行效率、减轻交通压力，同时对于新区的开发（如长东北地区）应注重城市社会功能的培育，无论是产业园区还是综合性城区，都应根据现实需求配置相应的服务设施，如针对高新区人口年轻化、高学历、高收入等的特征，可适当配置时尚、现代化的适合于年轻人群的娱乐设施，建设一批优质的医疗、教育等基础服务设施，满足区内居民的服务需求。

第5章　长春市新城市空间成长的驱动力分析与成长路径选择

5.1　长春市新城市空间成长的驱动力分析

前面已经对老工业基地转型背景下新城市空间成长的驱动因素进行了较为系统的论述，本章在借鉴已有研究成果的基础上（王利伟等，2016；陈明星等，2009；欧向军等，2008），将长春市新城市空间成长影响因子归结为行政引导力、市场拉动力、个体驱动力三个方面，其中行政引导力主要指政府的政策引导、城市规划、基础设施建设等因素，市场拉动力主要指人口与经济增长、产业集聚与结构转变、科技升级与运用、投资与再生产等因素，个体驱动力主要指居民与企业等城市微观主体的空间行为。

5.1.1　行政引导力

1. 各类新区的设立

20 世纪 90 年代以来兴起的开发区等新区成为新城市空间发展主要的空间载体，长春市相继批准设立高新技术产业开发区、经济技术开发区、净月高新技术产业开发区等国家级开发区，近年来相继提出了“南部新城”“西部新城”“空港新城”等综合性新城建设战略。各类开发区、新城等的设立为新投资和核心区外迁企业的落地提供了理想空间，成为工业空间率先“郊区化”和用地空间扩张的重要基础。据《长春统计年鉴》，2014 年长春 4 个主要开发区生产总值占全市的 73.79%，建设用地面积占全市 60.93%，同时 2003 年以来长春市主城区新城市空间用地扩展的 55.58%均来自于 4 个市直开发区；2012 年高新技术产业开发区、经济技术开发区、净月高新技术产业开发区及汽车经济技术开发区四大开发区对长春市经济的贡献率达到 52.0%。开发区不断地通过城市化功能开发促进人口集聚，实现由工业集中区向综合功能的城市新区过渡，成为新城市空间的主要构成部分。

2. 政府管理的调控

第一，“退二进三”等城市功能空间调控策略对新城市空间成长具有重要的促进作用。近年来，随着城市建成区面积的持续扩张和功能的不断集聚，出现了较为严重的城市拥挤和功能混乱问题，为应对这种困境长春市开始提出“退二进三”的城市发展策略，有效促进了城市功能的疏散和外围城市组团的发育，如外围的米沙子镇、卡伦镇、兰家镇等成为中心城区产业转移的主要载体地域。2000 年《长春市工业企业搬迁调整实施办法》对“三环”以内搬迁企业进行具体部署，规定了各类企业搬迁方向，如污染空气的企业和原料生产企业向兴隆山方向迁移，汽车零部件企业向双丰工业区、经济技术开发区、高新技术开发区迁移，生物制药企业向高新技术开发区迁移，光机电企业向经济技术开发区迁移等；为鼓励企业搬迁，及时配套相应的实施策略，规定土地出让金中用于原企业搬迁重组资金不得低于 70%，免除搬迁企业的各种行政性收费等优惠政策，有效促进了市中心工业企业“退二进三”的进程（郭付友等，2014）。

第二，地方政府主导下的城市大型服务设施异地搬迁也对城市功能空间演进起到重要的引导作用。为寻求宽广的发展空间，促进新城功能的快速集聚，近年来普遍出现了在新区建设大型服务设施的现象，如大型客运站的搬迁、高铁站的规划、省市政府机关的整体搬迁等。对长春市而言，市政府等大型公共服务设施的集中南迁、西客站的建设等均对区域人气的迅速集聚、房地产的开发、商业机构的集聚及城市功能的完善等起到积极的推动作用，有效促进了“南部新城”“西部新城”的快速发展，成为长春新城市空间扩展的重要驱动因素。

第三，地方政府指导下的交通基础设施建设对新城市空间扩展起到重要的导向与促进作用。交通设施的完善为城市空间扩展提供了支撑与引导，尤其对于产业空间的郊区化意义重大，新建工业企业选址不再局限于铁路站场和交通节点附近，开发区内和郊区交通设施的完善促进了产业空间在城市外围的集聚。20 世纪 90 年代以来，长春市交通设施建设迅速，长吉高速、102 省道、“三、四环线”“三纵两横”快速路等重要交通工程的建设与完善相继完成，为城市空间扩张提供了重要支撑。

3. 城市规划的引导

城市规划对于城市的用地扩展与功能演进起到关键的引导作用，是城市发展脉络的重要体现，同时也是政府调控意见的重要反映。长春市自 1932 年《大新京都市计划》制定以来共编制多版城市总体规划（图 5.1），对城市功能空间的形成、演进产生了重要影响，也成为当前新城市空间格局与功能定位的重要基础。

1932 年《大新京都市计划》奠定了长春单一集中型“同心圆”式空间结构的基础框架；1953 年版《长春市城市总体规划》确定了东部、北部、西南部的工业区位置，引导了城市功能空间的分区与分化；1980 年版《长春市城市总体规划》提出了“多中心集团式”空间结构；1996 年版《长春市城市总体规划》提出了

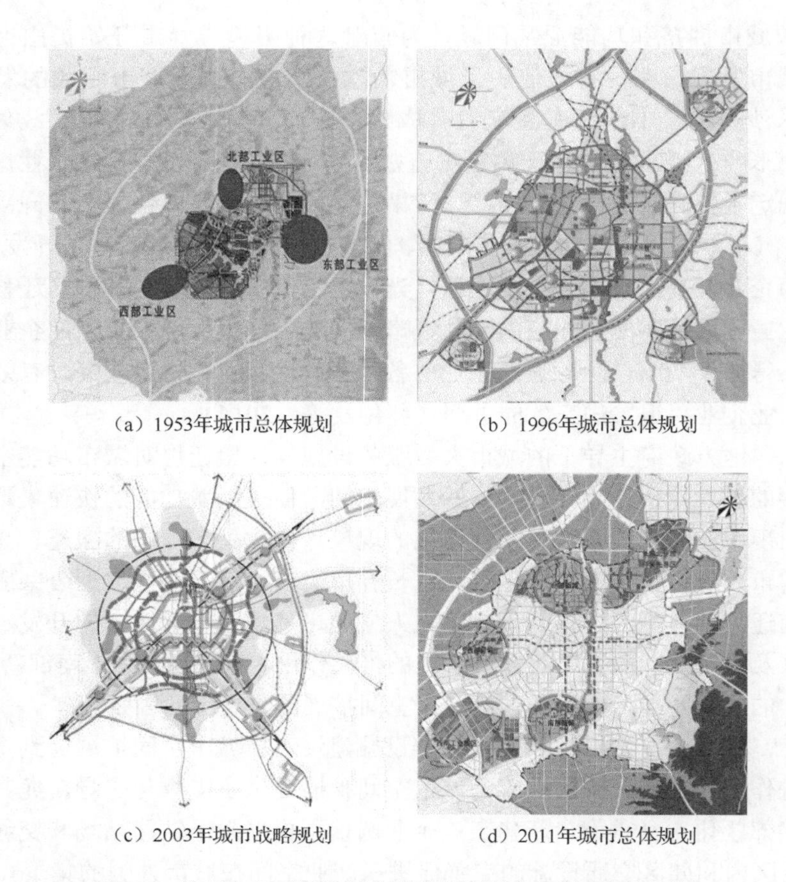

（a）1953年城市总体规划　（b）1996年城市总体规划

（c）2003年城市战略规划　（d）2011年城市总体规划

图 5.1　长春市主要版次城市总体规划的空间结构规划对比

“多中心分区式”城市空间结构，针对城市规模的不断扩大开始有意识地引导城市功能的分区与疏散，正式提出了建设外围兴隆、富锋和净月组团的空间部署；而 2003 年长春市战略规划研究中“南部新城”（包括国际汽车产业园区、南部中心城区、净月潭综合发展区三大组团）发展方向的确立，对 2003 年以来“南部新城”功能空间的扩展与耦合发展起到重要的引导作用；2004 年版《长春市城市总体规划》提出“双心、三翼、多组团”的整体空间格局，可以看作是对 1996 年版《长春市城市总体规划》和 2003 年战略规划的综合；2011 年版《长春市城市总体规划》提出引导南部新城、西南和东北发展翼以及净月、兴隆、富锋组团全面发展，进一步促进了居住空间的扩展、居住空间与工业空间整体上的分离及外围新城市空间耦合水平的提高。

可以看出，除早期的 1932 版城市总体规划以外，新中国成立以来历次规划均体现出了对外围城市功能组团的规划部署，尤其是 1980 年以来随着城市规模的壮大和多中心城市发展理念在中国的普及，长春市的总体规划开始注重城市功能的疏散和多中心化发展，这对于长春市新城市空间的发展起到至关重要的引导与促进作用。此外，地方政府主导下的城市发展策略调整也通过城市规划实现，如大型客运站的搬迁、高铁站的规划、省市政府机关的整体搬迁等均对城市新区建设起到重要的带动作用。对长春市而言，市政府等大型公共服务设施的集中南迁、西客站的建设等均对区域人气的迅速集聚、房地产的开发、商业机构的集聚及城市功能的完善等起到积极的推动作用，成为新城市空间扩展的重要驱动因素。

5.1.2　市场拉动力

1. 经济与人口规模提升

经济与人口是城市发展的核心构成要素，2003 年以来，长春市经济与人口规模迅速壮大，为新城市空间的成长起到重要的支撑作用。2003～2014 年，长春市辖区 GDP 增加 2.83 倍，与市辖区建成区规模的相关系数达到 0.959。经济总量的大规模增长一方面为房地产业的大发展提供了资金保障，促进了以居住空间的扩张与置换为主导的城市功能空间重构；另一方面为基础设施的建设提供资金支持，外围基础设施的建设与完善促进了新城市空间的扩张（张宁等，2010）。

城市人口规模的壮大为房地产业的发展提供了市场需求，2003～2014 年长春市辖区人口增加 55.9 万人，人口增多必然对城市空间产生新的诉求，成为新城市空间扩张的根本驱动因素。2003～2014 年长春市辖区人均 GDP 由 3.25 万元增长到 11.06 万元，城市居民人均可支配收入由 0.79 万元增加到 2.73 万元。居民收入水平的提高意味着对城市空间的影响力增强，居民的购房和投资商业行为有力促进了城市的扩张与新城市空间的发展。

2. 产业集聚与结构升级

发展现代产业集群是东北老工业基地振兴重要的目标和途径，在集聚效应、规模效应的驱动下和地方政府的引导下，现代产业集群成为大中城市新区发展重要的空间形式。近年来长春市新城区产业集群发展取得了显著的成效，涌现出一批汽车产业、光电子产业、软件产业、农产品加工产业等产业集中分布区，产业集群的出现促使城市外围地域获得了产业大发展的机遇，在这种循环累积的互动效应下，也加快了中心城区工业用地的外迁进程，有效促进了新城市空间产业与功能的快速集聚。

3. 对外开放与外资引进

高新技术产业开发区与经济技术开发区是外资投入较为集中，同时也是对外开放受益最为明显的区域，长春市高新技术产业开发区建立了“国家高新技术产品出口基地”，“十一五”期间进出口总额五年累计 25.43 亿美元，年平均增长 14.56%，全区实际利用外资累计完成 30.4 亿美元，为区域的城市建设起到重要的推进作用；经济技术开发区设立的初衷之一便是吸引外资，提升城市经济规模，以长春经济技术开发区为例，实际利用外资金额由 2002 年的 2.51 亿美元增长到 2014 年的 16.63 亿美元，年均增长 17.07%，进出口总额由 2002 年的 6.74 亿美元增长到 2014 年的 17.68 亿美元，年均增长 8.37%（图 5.2），为区域产业规模的壮大与社会经济发展注入大量资金支撑，对开发区的经济增长起到重要的推动作用（图 5.3）。

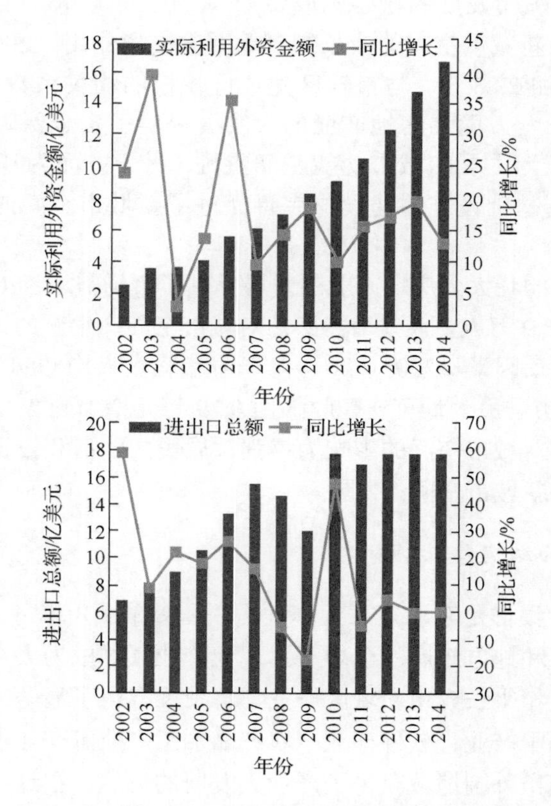

图 5.2 2002～2014 年长春市经济技术开发区实际利用外资金额与进出口总额

数据来源：《长春年鉴》（2003～2015 年）

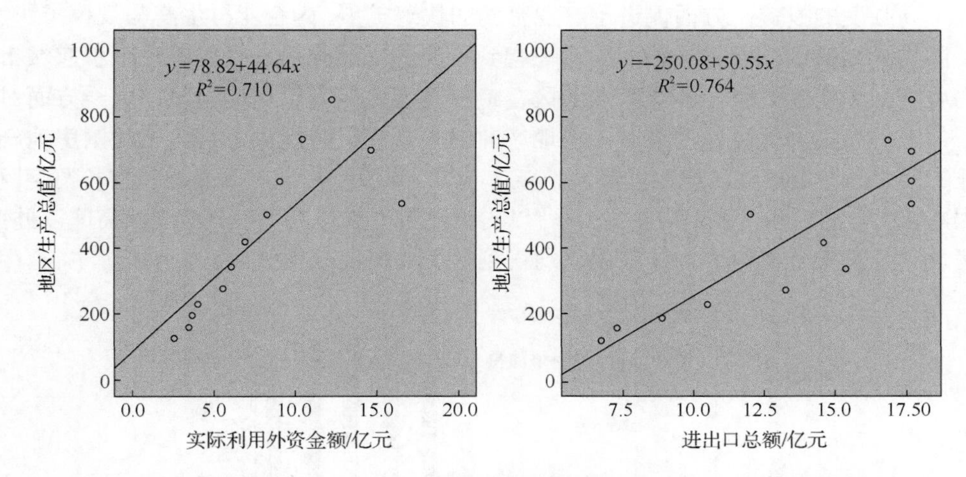

图 5.3　长春市经济技术开发区 GDP 与实际利用外资金额、进出口总额的相关性

数据来源：《长春年鉴》（2003～2015 年）

4. 投资规模的持续升级

老工业基地振兴政策全面实施以来，对东北等老工业基地的投资力度持续加大，投资倾斜背景下经济高速增长，新型产业集群不断涌现，投资拉动策略对城市建设的促进效应极为显著。1990 年以来，长春市固定资产投资额与建成区面积增长趋势大致相同，尤其 2003 年东北老工业基地全面振兴政策实施以来两者呈现稳定快速的增长态势，在一定程度上反映出投资规模不断增长对城市建设的促进作用（图 5.4）。

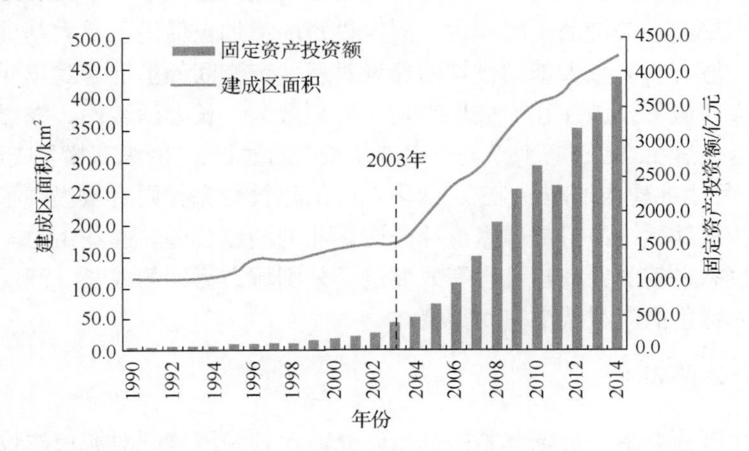

图 5.4　1990～2014 年长春市辖区建成区面积与固定资产投资额变化

数据来源：《长春统计年鉴》（1991～2015 年）、《中国城市统计年鉴》（1991～2015 年）

高强度的投资一方面促进了产业空间的快速扩展，为企业再生产与规模扩张、厂区的异地搬迁、服务设施的配套等起到重要的支撑作用，投资驱动下引起城市物质空间的快速扩张，各类产业园区、特色功能区等得以迅速建设；另一方面对居住空间的扩展促进作用显著，房地产业的大规模投资促生了近年来我国房地产业的繁荣与城市居住环境的提升。长春市 2003 年以来房地产开发投资增长幅度巨大，居住空间已由 1995 年的“三环”以内扩展到“四环”以外乃至绕城高速以外，房地产开发投资额与人均住宅面积均得到显著的提高（图 5.5）。

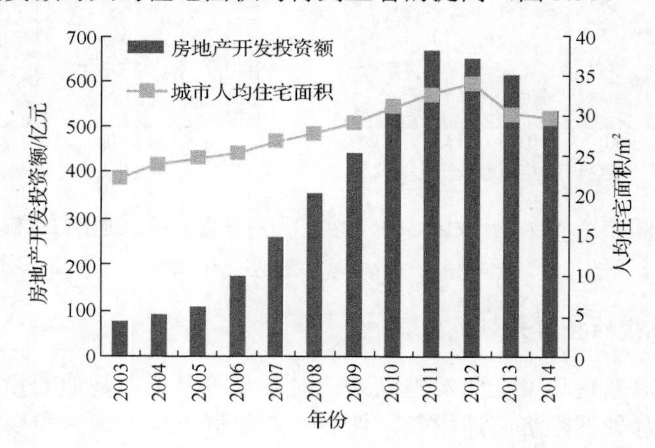

图 5.5　2003～2014 年长春市房地产开发投资额与人均住宅面积

数据来源：《长春统计年鉴》（2015 年）

投资的持续增加也促进了新城市空间基础设施的建设，对于新城市空间功能的扩展与集聚起到关键的支撑作用，固定投资的增加也促进了重大基础设施的建设与完善，城市新区重大基础设施的建设对新城市空间的扩展起到重要的引导作用，围绕大型服务设施往往形成城市功能的集聚区。长春西客站、龙嘉机场的建设运营有力促进了“西部新城”与“空港新城”的建设；“两纵三横”快速路建设、轻轨 3、4 号线的建成通车，“三、四环”路的建设与完善则有效提高了城市交通的可达性和机动性；净月潭国家森林公园、北湖湿地公园、莲花山生态旅游度假区等大型生态空间的投资建设也有效促进了外围城市组团的成长，涌现出一批以生态旅游为特色的新型城市空间类型。

5.1.3　个体驱动力

随着我国社会主义市场体制的逐步确立，计划经济体制对城市建设的影响趋于减弱，企业、公众等行为主体对城市空间演变起到越来越重要的作用，企业与居民的空间行为对新城市空间成长作用不断强化。企业市场化制度改革背景下大型企业表现出极强的空间影响力，其规模扩张、新厂选址成为产业空间扩展的重要影响因素；而随着现代生活理念的普及和公民意识的逐渐觉醒也使得民众开始广泛参与到城市建设中来，城市建设的个体驱动力趋于强化。

1. 企业的空间行为

第一，大型企业的规模扩张与新厂选址是新城市空间产业空间扩张的重要驱动力量。长春市新城市空间格局演变过程中受到的大型企业引导作用显著，建国初期西部工业区、北部工业区、东部工业区的确立便结合了大型企业厂区的设立。近年来，新城市空间扩张仍然表现出明显的大型企业主导痕迹，在“一汽”集团带动下汽车产业开发区和高新南区形成了世界级的汽车生产基地，客车厂在合心镇分厂的建设有效促进了合心外围城市组团的迅速发展，东部经开区食品加工产业、南部高新区光电子产业等均表现为大型企业主导下的产业空间集聚特征。

第二，现代企业制度改革背景下大型企业剥离出的社会功能得以快速集聚与多样化发展。现代企业制度改革将大型企业的社会功能剥离，其初衷主要在于减轻企业负担，提高企业的市场竞争力，成为新城市空间发展的重要历史机遇。一方面，大型企业的社会功能剥离有利于以服务功能为主的新城区的建设，如 2005 年设立的长春汽车经济技术开发区就将承接一汽剥离社会职能作为其建区的三个核心任务之一，“单位大院”式的居住空间形式逐渐瓦解，居住空间不断向城市外围扩展，同时有效激活了社会办教育、医疗、零售等服务业的潜能，有效促进了长春西部新城区的发展和城市功能空间的整合；另一方面，现代市场化企业制度的建立促生了生产服务业的发展，围绕企业生产、运营的服务业也开始在高新南区、净月区等新区集聚，会计、结算、借贷、法律咨询、项目策划等现代生产服务业大量出现，新区服务业开始出现集聚并呈现多样化，加速了产业园区向城区的转型。

第三，集群效应引导下中小企业的集群化发展是新城市空间扩展的重要基础。现代企业制度改革也为民营中小企业的发展创造了前所未有的制度环境，相对自由的竞争市场环境使得民营中小企业发展势头良好，而这些新建的中小型企业为获得成熟市场的正外部性效应多选址于原有大型企业的附近，如汽开区外围已经形成了众多的汽车配套企业。

2. 居民的空间行为

第一，居民的房产购置有助于外围新区房地产业的持续繁荣，近年来随着住房需求的不断增长，促生了新城市空间范围内居住空间的扩展与用地比例提升，长春市居住空间已经突破了“四环”的界限，近年来相继涌现出一批“郊区大盘”、居住组团等，但居民对于房产的过度投资行为也导致了严重的新区住房空置问题。

第二，随着城市居民收入水平的提高，出现较多的投资商业行为，私人投资的商业、商务服务业开始在新区广泛出现，如不同类型、等级的餐饮服务业对于新区人气的集聚具有重要的促进作用，丰富了新城市空间城市功能的多样化发展。

第三，公众力量的崛起对新城市空间的影响越来越突出。随着公民意识的觉醒和现代城市发展理念的深入人心、民众反馈机制的健全与多样化，公众力量逐渐成为近年来城市空间演化的重要驱动因素，居民对城市建设与管理者起到重要的监督作用，居民的意见也更多地体现到城市规划与建设过程当中，公众为维护自身利益与投资商、地方政府的博弈渐成常态，著名的厦门“PX项目事件”就是最好的例证。

5.2 长春市新城市空间存在的主要问题与成长路径选择

5.2.1 长春市新城市空间存在的主要问题

老工业基地振兴政策实施以来，虽然长春市的新城市空间发展取得了显著的成效，为城市的产业与功能转型、城市空间结构优化、城镇化进程等起到至关重要的推进作用，但也出现了诸如用地过度扩张、城市功能缺失、社会矛盾突出等诸多问题，制约了城市新区的转型升级与持续发展。分析新城市空间成长过程中存在的不足并提出解决问题的路径，是促进新城市空间转型与老工业基地振兴的重要方面，亦是本书基本的落脚点。

1. 城市蔓延与城市用地结构失衡

第一，城市新区快速扩张背景下城市蔓延问题突出。城市蔓延的概念最早出现在美国并引起广泛关注，近年来相关理论开始应用于中国城市的扩张问题，有学者认为中国城市也出现了显著的蔓延（李一曼等，2012）。对长春市而言，近年来也出现了蔓延的趋势，主要表现为新城市空间用地快速无序扩展，出现了“摊大饼式”的城市空间扩张格局，尤其在城市边缘地区新增用地侵占了大量的农田与绿地，但集聚的产业与人口却十分有限，造成了巨大的用地与资金浪费问题，并可能引发潜在的债务危机（黄晓军等，2009）。各类开发区多采取先“圈地”后建房，然后再填充居民或产业的方式，导致“空城”“鬼城”等问题新区普遍存在，这种以政府为主导的城市化模式往往以丧失城市发展效率为代价，极不利于城市的持续发展（踪家峰，2016）。

第二，新城市空间用地规模过大，用地的不集约问题突出。各类开发区、新区规模过大、用地粗放等问题已经引起了政府和社会各界的广泛关注，国家层面多次提出针对新区建设过热问题的调控建议，新城发展中的各种问题也引起了社会的广泛讨论。对长春市的新城市空间而言，同样存在用地规模过大的问题，2003 年以来城市出现了“摊大饼式”的蔓延态势，用地面积年均增长 7.53%，显著高于人口等其他城市功能要素的增长速度。

第三，用地快速扩张背景下结构失衡问题突出，长春市新城市空间范围内用地的多样性水平整体较低，尤其是外围各片区用地类型较为单一，仍未形成各功能空间协调发展的格局。新城市空间的用地构成中工业和居住用地占绝对主导，工业与居住用地的快速扩张对其他类型的用地造成严重的“挤压”，导致绿地、公共服务设施用地等用地比例普遍偏低（张学勇等，2011）。

2. 产业空间混乱与产业结构单一

第一，新城市空间的产业空间整体较为混乱，仍未形成分工合理、特色鲜明的产业分区格局，产业空间的重复建设问题严重。以长春市的汽车产业为例，汽车产业开发区将汽车产业作为主导产业，成立了国家级汽车电子产业园区，而高新区南区也将汽车及零部件产业作为重点产业，经开区有“恒力汽车工业园”，净月区有“一汽启明软件园”，这种重复建设不但造成了各产业园区产业类型的繁杂与集聚水平的低下，同时也引发各园区间的恶性竞争，导致土地的低价出让、产业的同质化问题，难以形成集聚规模与品牌效应。

第二，新城市空间的产业类型单一，产业结构“偏重”问题突出。作为老工业基地城市，长春市的产业类型仍以汽车生产、装备制造等传统重工业为主，以汽车制造等为代表的装备制造业仍然是城市的主导产业，据《长春年鉴》数据，2014 年汽车产业在工业产值中的比例达到 60.00%（图 5.6），现代产业如光电子信息工

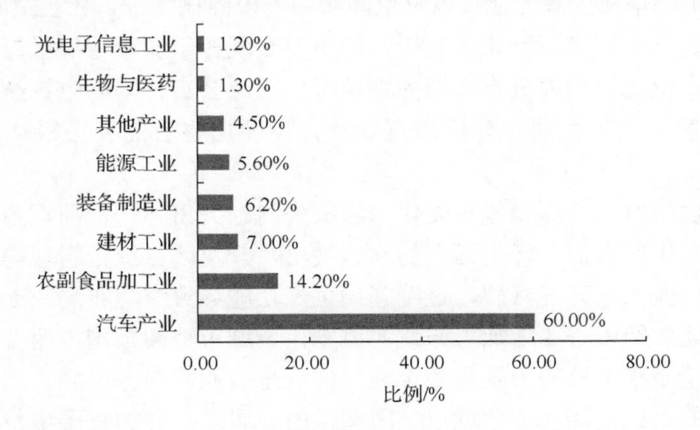

图 5.6　2014 年长春主要产业产值在工业总产值中的比例

资料来源：《长春年鉴》（2015 年）

业、生物与医药产业的产值仅占工业产值的1.20%和1.30%。产业类型的单一问题在新城市空间表现得尤为明显，极不利于现代新兴产业和中小企业的孵化与发展，导致产业结构的“固化”问题严重，成为老工业城市振兴与转型的重要瓶颈。

第三，新城市空间产业结构转变较为缓慢。各类新区建设之初多以工业生产为核心目标，随着园区的发展壮大，遇到单纯工业园区与综合性城市功能不断增强的矛盾（罗小龙等，2014）。就长春市整体而言，2014 年长春市三次产业结构为6.2∶52.7∶1.1，对经济增长的贡献率分别为4.4%、55.0%、40.6%，第二产业仍占主体地位，同时 2014 年长春市各类开发区工业总产值达到 8890 亿元，占全市的88.9%，即工业产业主要集中在新城市空间范围内；长春市高新区2014年“二、三产业”比例达到93.3∶6.7，对经济增长的贡献率分别为93.3%、6.8%，也同样说明新城市空间范围内第二产业占绝对主导地位，而第三产业发育严重不足的现实。

3. 社会空间“失衡”与内涵的缺失

一是新城市空间社会空间“失衡”问题突出。新城市空间快速成长过程中，用地属性、建筑形式、大型基础设施等物质空间不断壮大与更新，但社会空间并没能及时地跟进，城市社会空间正由以往的“高度集中、连带性”的空间模式转向“局部与破碎化”。对长春市的新城市空间而言，随着经济技术开发区、高新技术产业开发区的设立，以及“长东北”、南部新城等重点区域的开发区建设，新城市空间范围内的城市景观呈现出显著的变化，但同时也打破了原有的郊区社会空间结构，新城市空间社会、经济、功能的异质性特征突出，出现了人员构成、职业构成、阶层构成的多元化，以及空间布局的破碎化特征，社会空间的“失衡”问题突出。另一个城市郊区化“失衡”的主要表现在于城市边缘区居住形态的多元化，新城市空间范围内既有高档的别墅区、高层公寓，同时也掺杂着贫困人口居住的棚户区、老旧民居及郊区闲置住房，反映出显著的社会极化现象（黄晓军，2011）。

二是新城市空间社会功能与文化内涵缺失问题突出。一方面，各类开发区建设过程中“重生产”而“轻生活”的问题突出，开发区、综合新城等的建设均走向了实际的产业园区开发模式，过度强调生产功能导致空间布局缺乏弹性，进入转型期后出现转换困难并增加再开发的成本，新城市空间范围内服务设施普遍缺失严重，无论是福利性的公共服务设施，抑或是商业性服务设施，均严重依赖于城市核心区的供给，降低了新城市空间整体的宜居度，并加重了城市交通拥挤问题。另一方面，新城市空间还存在文化功能缺失的严重问题，新城市空间城市建设过度追求现代化的风格，高楼大厦不断崛起，特色民居反而被拆迁，导致地方特色、民族特色、历史特色的缺失和城市的个性逐渐被磨灭，城市文化内涵的严重缺失（孙娟，2003）。

三是以人口为核心的城镇化内涵缺失问题严重。新城市空间范围内的普通就业者为新区建设做出了巨大的贡献，但是其发展型需求长期被忽视或转嫁，特别是对外来人员而言，其“家庭发展使命”长期得不到解决，就业者家庭衍生的社会需求（居住需求、医疗教育需求、公共服务需求）等大多通过所谓“市场化”的名义解决（被忽视或被转嫁），就业者家庭的上升性发展未能通过个体的努力而实现，新城市空间范围内由此形成了大量“离散化、碎片化”分布的家庭，大批非正规的城镇化人口成为城镇化进程缓慢与内涵缺失的重要根源（陈宏胜等，2016）。

四是新城市空间还面临着社会矛盾与冲突不断增多的难题，新城市空间成长过程中引发了大量的社会矛盾，如当前关注较多的因拆迁引起的失地农民生存问题、郊区生态环境破坏、原生居民与外来流动人口利益的争夺问题、新区开发导致的债务危机问题等，成为制约新城市空间持续发展的重要“瓶颈”。

4. 城市功能空间低耦合问题突出

长春市新城市空间范围内各功能空间的耦合程度整体上处于较低水平，人口、产业、用地、服务设施等空间格局存在大尺度的分离。城市功能空间的分离一方面体现出了《雅典宪章》所倡议的城市功能分区，但也导致了城市各功能空间的隔离化与破碎化，为此《马丘比丘宪章》也曾对城市功能空间过度的分离产生过质疑与批评，城市功能空间的融合已经成为当前学术界讨论较多的话题。特别是在城市规模不断扩大的背景下，城市功能空间分离的尺度也在不断升级，进一步导致城市交通拥挤问题的加剧。虽然近年来长春市建立了较为完善的快速交通系统，但仍难以避免交通拥堵的难题。

“产城分离”“职住分离”、社会服务供给与需求的分离等问题已经成为管理层与学术界高度关注的议题，这种城市功能职能的分离在新城市空间表现得更为突出，由此带来了众多的社会问题与社会矛盾。一方面导致了城市功能的缺失，大批以工业生产为主的空间地域社会功能培育严重不足，随着城市产业结构的调整、优惠政策的到期、“新东北现象”背景下资金与人才的外流等很容易陷入困境；另一方面导致了城市运行效率的低下，城市功能空间的偏离带来职住分离、服务设施供给与需求空间错位等问题，进一步导致通勤压力的增大，也极不利于产业、人口等城市发展要素在新城市空间的集聚。

城市功能空间的分离在某种程度上有利于功能的集聚，有助于产业集群的发育，但大尺度的空间分离也破坏了城市功能的有机联系，功能单一的产业新区、居住新区面对经济形势、政策环境变迁时往往出现强烈的震动，极易导致“空城”现象的出现。单一类型城市功能的发展模式已经为学术界所摒弃，如何提高城市功能空间的多样性进而促进新区的“城区化”转型也成为当前学术界讨论较多的议题。

5. 新城市空间的房地产化倾向明显

我国的新城新区建设普遍存在房地产化的倾向，据统计，2008 年至 2013 年全国房地产新开工面积由 9.7 亿 m^2 迅速增长到 20.1 亿 m^2，年开工量接近城市房屋存量的 6%，成为目前城市房屋高库存和房地产市场陷入困境的直接原因，而这种现象的背后却是地方政府过度依赖以地融资、过度依靠房地产拉动经济所导致的（陈杰，2016）。新城区涌现出大批大型居住社区、居住组团，在某种程度上已经严重超出正常居住需求，有学者指出应警惕居住空间对产业空间的替换问题，防止开发区的房地产化倾向（陈宏胜等，2016）。

新城市空间的房地产化主要表现在两个方面，一是城市外围居住新区、郊区大盘等居住空间的崛起，如北京的回龙观、广州华南板块等，在某种程度上主导了城市空间的扩展，二是居住空间对工业空间的替换，企业“二次迁移”或倒闭后的土地再开发出现“房地产化”的现象，房地产经济和土地财政成为保持增长的危险替代选择。如长春经济技术开发区近年来出现了频繁的居住、服务用地对工业用地的替换现象。有学者指出，中国的新城区开发无论是源于哪种主题功能，最终都殊途同归地走向了土地开发和房地产经济，其背后主要是因为地方政府对土地财政的依赖，以及国民经济对投资拉动的依赖，这种发展模式已经持续多年，在一定程度上支撑了中国经济发展多年的“辉煌”，但也导致了当前政府过于依赖土地财政等的困境。

新城市空间的房地产化倾向一方面脱离了市场的实际需求，购房人群的投资、投机成分比例较高，很多城市的居住新城已经沦为“卧城”“空城”，引发严重的房地产泡沫问题，造成了用地、资金等资源的巨大浪费；另一方面，房地产化问题还导致了新区居住者与外来投资者之间的利益冲突等社会问题，主要表现为房地产公司受利益驱动急于将住房预售，而购房者基于投资、投机、移民等多种目的购置早期开发的居于核心区位置的房屋，到了产业和其他职能部门员工入住时核心区的房屋早已销售一空，房价也被迅速抬高，真正在新区就业的人只能往返于“新区”与“城区”之间，进一步加重了城市的拥堵，后期二手房购置者不得不承受巨大的利益剥夺（刘荣增等，2013）。

5.2.2　长春市新城市空间成长的策略与路径

1. 新城市空间成长的调控策略

1）政府角色与组织机制转型

政府角色与调控理念的转变。政府角色亟须从资源的操控者向规则制定与维护者转变，即行政管理职能的转变，新城市空间成长过程中地方政府往往过渡干预，在用地出让、规划审批、项目与资金布局等方面起着主导作用，地方政府在政绩表现、财政压力等驱动下往往倾向于过渡出让土地和城市的过渡建设，倾向于促进大型产业园区和居住区的建设，“空城”“鬼城”现象主要产生于这一制度背景之下。未来新城市空间的发展调控应摒弃地方政府过度的干涉行为，倡导政府管理模式从“发展型政府”向“公共服务型政府”的转变，政府管理过程中应注重提倡“包容性增长”和“人的发展”（汪劲柏等，2012）。

政府管理模式与组织机制的转变。一方面，新城市空间政府组织模式需要转变，开发区管委会是目前新城市空间主要的管理机构，但管委会并非一级职权的管理机构，缺乏相应的法律保障，面临只能“协调”而不能“命令”的尴尬局面，同时也存在管理机构职能单一的问题。完善机构设置对于新城市空间管理水平的提升和内部运行机制的创新具有重要的促进作用，借鉴广州萝岗区等设置的经验适时将条件成熟的开发区整合为独立的行政区，提高新城市空间政府机构的管理权限，增设具有社会和城市管理职能的组织机构，是新城市空间管理机构未来重要的调整方向（罗小龙等，2014）。另一方面，应促进新城市空间政府联盟机构的创建，避免新城市空间内部的产业趋同与盲目竞争，实现开发区管委会之间的联盟化，建立新城市空间各管理部门、政府间的合作与交流机制，实现在产业选择、基础设施建设、资源规划配置等方面的统筹规划管理。

2）城市规划理念与地位转变

在新城市空间的规划建设过程中，城市规划主要存在两点不足：一是城市规划缺乏科学的论证与合理的预测，城市规划执行过程中往往存在“失效”的难题，即规划编制者对城市发展真正的需求与趋势把控失准，导致城市规划的指导性作用大大降低，并且引发了城市规划的频繁调整；二是城市规划“附属”地位特征突出，城市规划多体现为地方政府领导的发展策略和意愿，难免掺杂了个人政绩诉求等主观因素，规划专家的意见很难充分体现，同时规划实施过程中为迎合招商引资需求随意更改规划的事件也屡见不鲜，破坏了规划体系的完整性与延续性，难以保障规划实施的严肃性和有效性。城市规划地位与指导作用的缺失是造成很多城市问题出现的重要原因，城市规划的制定机制、实施理念、法律地位等亟须转变，为此本书提出以下三点建议：一是转变传统的城市规划思路，尤其对新城市空间规划而言，应摒弃传统以方便生产为原则的规划思路，注重生活型功能的规划设计，将提高人居生活环境作为城市规划的首要考虑因素，同时也应充分借鉴现代城市发展理念，如将“智慧城市”“海绵城市”等城市发展理念融入城市规划中，提高城市规划的指导性作用；二是应建立城市规划主体的多元参与机制，城市规划是对整个城市发展部署的指导方针，理应顾及城市不同群体的利益需求，未来应提倡由地方政府、专家学者、规划人员、企业家、普通居民等多元参与的规划原则，充分考虑社会各群体的利益需求，促进城市功能空间的多样化；三是应切实保障城市规划的法律地位，避免实施过程中的任意更改，保证城市规划的延续性和整体性。

2. 新城市空间成长的路径选择

1）城市功能空间“分散的再集聚”

“分散的集中”集聚模式既支持集中主义所提倡的城市限制与城市复苏的方针，同时也支持城市功能与人口的疏散，认为城市功能的分散是不可避免的，并且有利于公共设施和交通工具的发展，致力于构建大都市区范围内多中心的城市格局（郄艳丽，2004）。“分散的集中”城市发展模式在环境上是可持续的，它是建立在分散基础上的集中，既保持了城市整体的密度，同时也非常有利于公共交通的发展，这种城市发展思路与模式对于中国“摊大饼式”的城市扩展具有重要的启发意义。同时，多中心城市空间结构成为当前学术界关注较多并且极力倡导的发展模式，尤其20世纪80年代以来，多中心城市在西欧和北美广泛出现，产生了商务功能中心再聚集与分散化并存的模式，多中心的城市空间结构越来越成为共识（单卓然等，2014）。

对长春市的新城市空间而言，用地“蔓延”与快速扩展成为过去十多年伴随其成长的“主旋律”，出现了用地浪费、功能混乱、环境恶化等诸多问题，未能形成合理的城市空间结构，净月新城、南部新城等“新城”已经与原有城区连成一片，未能体现出城市“副中心”的空间作用，同时西南部、东北部等工业组团存在严重的城市功能缺失问题。而借鉴“分散的集中”与多中心城市发展模式理论精髓，引导城市功能空间“分散的再集聚”则可在某种程度上缓解这一发展困境。

所谓“分散的再集聚”发展模式核心思想在于促进新城市空间范围内多中心城市功能空间的形成，促进在交通节点、功能节点形成城市功能的集聚中心，借助于便捷的快速交通系统、公共交通系统保持各功能中心之间的联络。“分散的再集聚”发展模式与多中心城市所倡导的城市空间结构极为相似，但“分散的再集聚”更加注重城市功能空间的“再集聚”，而不仅仅是物质空间上的城市组团；与“分散的集中”模式相比更侧重于外围功能组团要素集聚的过程。对长春市而言，未来应在净月新城、南部新城、南部高新区、长东北地区等培育具备完善功能的城市外围组团，致力于特色鲜明、设施完善、功能集聚的城市“副中心”的培育。

“分散的再集聚”发展模式对新城市空间发展的积极价值在于，一是积极承接城市核心区疏散的功能，有利于城市整体范围内功能空间的调整与优化，对于提升都市区范围内整体的经济发展具有重要的促进意义；二是可有效避免“空城”“卧城”的产生，“分散的再集聚”发展模式致力于城市功能、人口的疏散与“再集聚”，从而避免仅仅基于物质空间扩展而导致的“空城”现象；三是该发展模式在环境上是可持续的，“分散的再集聚”保证了城市整体的建设密度，“多中心”而非“摊大饼式”的发展模式为生态空间预留了充足的空间，同时也避免了对土地的粗放利用。

2）城市功能空间之间的耦合发展

城市功能空间的分区与融合是学术界讨论的重要课题，分区有利于减少相互之间的干扰，但过度强调城市功能的分区，则造成了通勤交通量的大幅度增加和新区城市功能的缺乏。本书所指的城市功能空间耦合，主要指各功能空间相互作用、融合、支撑的状态与过程，这种耦合关系集中反映为城市各功能空间的地域组合关系和内在功能关联。长春市新城市空间范围内不同功能空间偏离问题突出，这种城市功能的不耦合现象在我国大城市的新城新区广泛存在，成为“职住分离”“产城分离”、服务设施供给与需求分离等问题产生的根本原因，探索城市功能空间的耦合发展对于新城市空间社会经济可持续发展具有重要的实践价值。

一是人口与用地空间的协调。人口城镇化与用地城镇化的协调关系是学术界关注较多的议题，多数学者认为中国的人口城镇化与用地城镇化存在非协调性，土地城镇化的过度和人口城镇化的不足已经成为我国城镇化过程中的突出问题（张光宏等，2013）。特别对新城市空间而言，用地的快速扩张并未带来人口的疏散，长春市新城市空间存在严重的人口空间与用地空间耦合不足问题。人口与用地城镇化是否协调在某种程度上反映了城市资源、要素配置的合理性，提高两者空间协调性有助于新区社会经济的持续发展和城市整体范围内资源的有效配置。对长春市而言，应积极引导核心区城市人口向新城市空间功能中心的迁移，尤其注重净月区、南部新城等综合性城市新区人口与用地的协调。

二是“职住融合”的城市发展模式。随着城市规模的不断扩展、人口规模的不断升级及传统“单位大院”式居住空间结构的消融瓦解，大城市的“职住分离”问题日趋严重，引起了学术界的广泛关注，“职住融合”的城市发展模式已经成为当前学术界极力推崇的理念（宋金平等，2007；周素红等，2005）。“职住融合”的核心思想在于主张促进居住与就业的空间融合，尽量避免长距离的通勤交通，是防止城市建设“房地产化”而导致“空城”“卧城”出现的重要措施。新区建设应合理分配居住用地与产业用地比例与功能关系，对产业新区而言，应注重居住环境的提升，吸引产业工人的真正的入驻，而对“居住新区”而言，也应引导其城市功能的多元化，为入驻人口提供更多的就业岗位服务，避免沦为“卧城”。

三是“产城融合”的城市成长模式。“产城分离”是当前中国许多新区建设中的突出问题，一方面缺乏城市功能支撑的产业新区大肆扩张，另一方面大批“新城”“新区”又极度缺乏产业功能的支撑，成为我国新城市空间转型与功能升级的结构性功能障碍，在此背景下“产城融合”的发展模式成必然选择（刘荣增等，2013）。产业发展与城镇建设的互动融合是实现工业化与城镇化协调发展的重要方面，为促进新城市空间“产城融合”，一方面应优化产业布局，提高产业园区的宜居性，吸引更多人口居住与就业，基于产业空间的调整优化带动区域城镇化水平；另一方面应提倡城市用地的适度混合，改变过去“单一城市功能”扩张的弊端，实现新城市空间功能的融合与互动，通过房地产业、旅游业、商贸服务业和社区服务业等生活性服务业的发展，将产业园区打造成为具有综合服务职能的城市空间。

本书认为对新城市空间而言，应致力于构建“整体功能分区、局部有机融合”的空间布局关系，主要出于以下三点考虑：一是整体的功能空间分区格局已经形成，并且城市整体的功能空间分区有利于产业的集聚与发展，保证城市发展活力；二是随着城市规模的不断扩大，城市功能分区带来的通勤交通距离增大，给城市带来巨大的交通压力，局部的城市功能空间融合有助于就近解决居住与就业关系，减少通勤交通；三是随着科技进步与城市功能空间调整，大城市内部污染企业减少，现代工业企业对居民生活影响越来越小，为居住与工业空间的融合提供了极大的可能性，未来居住与工业空间或将走向新的融合，这种新的职住模式不同于传统的“单位大院”，尺度上或将是企业群与若干居住区的融合，因此未来规划中应注重引导现代产业空间与居住空间的有机结合（申庆喜等，2015a）。

3）产业空间集群化与产业结构高级化

产业空间的集群化。我国大城市总体上仍处于工业化中后期阶段（北京、上海等少数城市除外），产业（主要指工业）发展仍是城市发展的核心任务，尤其对传统老工业基地而言，产业空间仍作为城市的主体空间形式存在。我国大城市的产业空间普遍存在空间集聚度较低、空间布局混乱、新型产业区发育不足等问题，在新一轮产业升级与转移、老工业基地城市转型背景下，城市的产业空间正面临着优化与升级的紧迫任务，促进产业空间的集群化、高端化、特色化成为当前城市产业空间调整的必然路径选择。

对长春市新城市空间而言，一方面应促进新产业空间的形成，注重高新技术产业集群的引入和特色产业集群的培育，促进现代高新技术产业集群的形成，提高产业空间的竞争力水平；另一方面还应优化产业空间布局，构建分工明确、职能清晰的产业空间体系，重点培育光电子产业、汽车装备制造、农产品精加工、生物制药、新材料等特色产业园区，以重点产业园区带动南部新城、净月新城、北部新城等迅速崛起，迅速构筑起“三城两区”的产业空间布局。

产业结构的高级化。产业结构的升级主要体现在以下三个方面：一是实现主导产业的多元化，应致力于改变当前汽车产业独大、低端制造业偏多、服务业发展相对滞后的产业格局，致力于实现多个产业均衡发展的新型产业体系；二是提升高新技术产业比例，长春市当前的产业结构体系中高新技术产业比例仍然处于较低水平，提高高新技术产业的比例是实现产业高级化的重要途径，未来应加大高新技术产业孵化力度，积极培育创新性企业，促进产业层次的升级；三是提高生产服务业水平，服务水平的提升与服务业规模的壮大也是新城市空间产业结构高级化的重要方面，重点提升金融、法律、策划等生产服务业的服务能力，同时完善生活服务设施的配套，切实提高第三产业比例与综合发展水平。

4）服务设施供给与需求的空间协调

服务空间是城市基本的功能空间，但我国新城市空间成长过程中普遍存在服务空间扩展滞后的难题（申庆喜等，2016），服务设施供给与需求不协调问题始终存在，导致服务设施使用效率偏低、新区生活不便、通勤交通压力增大等问题的产生，因此，实现服务设施供给与需求的协调成为新城市空间功能融合的重要方面，基于服务设施引导的新城市空间开发亦可作为未来重要的路径选择（申庆喜等，2017a）。

第一，商业性服务设施空间的扩展与再集聚。商业性服务设施是城市运行与居民生活不可或缺的组成部分，其空间配置应是与城市建设协调共进的，商业性服务设施配置的滞后往往会造成城市功能的缺失与人气的不足，是很多“空城”产生的重要原因。无论是在新区建设抑或是旧城改造中，配置数量、规模、等级适宜的商业服务设施体系，是促进地区快速转型、人口与产业集聚的重要措施。因此，未来应促进核心区部分商业服务设施的疏散，同时积极引导城市外围新区、节点地区服务设施的再集聚，促进城市“新区”向真正意义“城区”的转变，构建基础设施先行的城市新区发展模式，如对于净月新区和南部新城建设，应致力于配置充足、齐全、优质的服务设施体系，促进其成为能够真正分担城市职能的“副中心”。

第二，福利性服务设施空间的均衡配置。福利性服务设施的正外部性效应对人口、产业等的空间布局具较强的引导作用，促进服务设施空间均衡布局，有利于疏散城市核心区过度拥挤的人口与交通压力，未来应致力于打破当前服务设施空间极化的弊端，注重福利性社会资源的整合与均衡配置。如对小学等基础教育设施而言，应引导核心区过剩资源疏散，重点转移至外围居住密集区域，利用土地、税收等优惠政策鼓励开发商投资基础教育设施的建设，促进基础教育设施与居住区的协调。同时可鼓励校际、院际合作模式，积极引导优质教育、医疗资源向城市边缘区、保障性住房密集区、工业老区等设施薄弱地区的倾斜。

第三，服务设施与人口、用地空间的协调。首先，服务设施与人口分布的协调，对服务设施的规划而言，应准确掌握城市各区域人口数量与结构状况，面向不同人群针对性地配置服务设施，提高资源使用效率与空间配置真正的公平，如对高新区而言，具有高学历与年轻化并存的人口特征，对服务设施需求呈现多样化特征。其次，服务设施与用地分布的协调，不同类型用地分布特征是城市功能空间分异的重要体现，依据用地类型有针对性地配置类别、数量适宜的服务设施，有助于用地功能的多元化发展。

第四，服务设施的适度超前配置。一是时间上的超前，新区规划建设之初往往因对发展需求缺乏科学预测、资金不足、目光短视等原因在服务设施配置上存在各种“先天不足”，对区域长远发展极为不利，因此新区设立之初应在服务设施的规划建设上做到适度的超前，做到城市开发建设上的设施先行，探索服务设施导向的城市开发模式。如对银行网点而言，地方政府可在重点发展区域（如长东北地区等），通过预留用地等各种优惠政策积极引进银行网点入驻，为区域发展构建便捷、高效的金融运行环境。二是规模与质量上的超前配置，服务设施具有极强的正外部性效应，规模、质量的超前配置有利于形成区域的竞争优势，舒适的生活、工作环境可吸引高素质人才、高新产业的入驻（阮平南等，2009）。

5）新城市空间社会功能内涵的提升

我国的新城市空间形成过程中多以生产功能为主导，特别是一些传统的开发区其城市社会功能的培育长期被忽视，导致社会功能内涵缺失问题普遍存在，社会问题与社会矛盾不断涌现。新城市空间政府所承担的制度环境建设应兼顾园区的经济职能和社会职能建设（阮平南等，2009），因为新城市空间社会内涵的提升，关系到其能否真正实现“城区化”转型与区域的可持续发展，是宜居城市建设与城市综合竞争力水平提升的重要方面。本书认为，新城市空间社会功能内涵的提升主要包含以下四个方面。

一是服务功能与内涵的提升，提高新城市空间服务配套能力，均衡“就业—居住—公共服务”空间配置，特别应面向外来就业人口及其家庭需求配置基本公共服务（陈宏胜等，2016），满足就业者的“家庭使命”，提升就业者及其家庭的主体地位，为就业者提供“家庭城镇化”的条件。如对长春市经开南区而言，虽然人口结构与城区较为相似，但高学历人口与从事服务业人口比例并不高，服务设施配套能力和质量仍有待提升，对高学历人员、高端服务业吸引较为有限。因此服务功能与内涵的提升是新城市空间调控的重要方向。

二是城市社会文化内涵的提升，改变新城市空间工业或居住单一职能的城市功能构成，完善社会职能与结构，特别是对大学城、“政务新城”等具备明确功能特色定位的新城市空间而言，应警惕工业生产、房地产对其功能的替代，注重培育城市文化内涵，建设方便、舒适、健康的社会文化环境。对长春市而言应特别注重“净月新城”与“南部新城”社会文化内涵的提升，保持城市建设过程中的特色与文化底蕴，注重综合型城市功能的培育。

三是人文关怀的体现，注重平衡各阶层、社会群体的利益关系，适度倡导混合的居住模式，消除社会隔离、避免社会极化。由于新城市空间人口构成较为复杂，既存在大量的从事管理、金融、研发等行业的高收入群体，同时还存在原生失地农民、外来流动务工人员等低收入群体，社会极化、利益剥夺、犯罪等潜在的社会矛盾与问题应引起重视，因此在新城市空间发展政策（尤其是服务设施配置）制定时应充分考虑各阶层、群体的利益关系，尤其应注重对弱势群体的关注，充分体现人文关怀，促进社会和谐。

四是应注重对棚户区、城中村等“问题区域”的改造，促进传统开发区的社会化转型，使之成为人口城镇化的重要实施载体。新城市空间并非都是现代产业园区形式的集聚，受历史原因等影响也存在大量的棚户区、城中村、待拆迁民居、废弃工厂等“问题区域”，不仅严重影响城市整体的景观风貌，也成为众多城市问题滋生的“温床”，这些问题区域的改造与治理既是提升城市景观风貌与品质的重要措施，同时也是提高区域城镇化水平与质量的基本途径。

参 考 文 献

安虎森, 2015. 新区域经济地理学[M]. 大连: 东北财经大学出版社: 219-225.

曹伟, 周生路, 吴绍华, 2012. 城市精明增长与土地利用研究进展[J]. 城市问题(12): 30-36.

曹贤忠, 曾刚, 2014. 基于熵权 TOPSIS 法的经济技术开发区产业转型升级模式选择研究——以芜湖市为例[J]. 经济地理, 34(4): 13-18.

柴彦威, 胡智勇, 仵宗卿, 2000. 天津城市内部人口迁居特征及机制分析[J]. 地理研究, 19(4): 391-398.

陈晨, 王法辉, 修春亮, 2013. 长春市商业网点空间分布与交通网络中心性关系研究[J]. 经济地理, 33(10): 40-47.

陈果, 顾朝林, 吴缚龙, 2004. 南京城市贫困空间调查与分析[J]. 地理科学, 24(5): 542-549.

陈宏胜, 王兴平, 夏菁, 2016. 供给侧改革背景下传统开发区社会化转型的理念、内涵与路径[J]. 城市规划学刊(5): 66-72.

陈江龙, 高金龙, 徐梦月, 等, 2014. 南京大都市区建设用地扩张特征与机理[J]. 地理研究, 33(3): 427-438.

陈杰, 2016. 经济新常态下的中国城镇化发展模式转型[J]. 城市规划学刊(3): 30-35.

陈明星, 陆大道, 张华, 2009. 中国城市化水平的综合测度及其动力因子分析[J]. 地理学报, 64(4): 387-398.

陈萍, 王正, 王丹, 2006. 2004～2005 年中国东北地区经济和社会发展总报告[EB/OL]. (2006-12-11)[2017-09-01]. http://www.china.com.cn/aboutchina/zhuanti/06dbbg/txt/2006-12/11/content_7486970.htm.

陈彦光, 2000. 城市人口空间分布函数的理论基础与修正形式——利用最大熵方法推导关于城市人口密度衰减的 Clark 模型[J]. 华中师范大学学报(自然科学版), 34(4): 489-492.

程进, 曾刚, 方田红, 2012. 新型城镇化背景下我国新城区产业升级的困境与出路——以厦门市集美区为例[J]. 经济地理, 32(1): 46-50.

崔功豪, 武进, 1990. 中国城市边缘区空间结构特征及其发展: 以南京等城市为例[J]. 地理学报, 45(4): 399-411.

丁成日, 2005. 城市“摊大饼”式空间扩张的经济学动力机制[J]. 城市规划, 29(4): 56-60.

丁成日, 宋彦, 黄艳, 2004. 市场经济体系下城市总体规划的理论基础——规模和空间形态[J]. 城市规划, 28(11): 71-77.

杜国明, 张树文, 张有全, 2007. 城市人口分布的空间自相关分析[J]. 地理研究, 26(2): 383-390.

樊立惠, 蔺雪芹, 王岱, 2015. 北京市公共服务设施供需协调发展的时空演化特征——以教育医疗设施为例[J]. 人文地理, 30(1): 90-97.

方创琳, 王少剑, 王洋, 2016. 中国低碳生态新城新区: 现状、问题及对策[J]. 地理研究, 35(9): 1601-1614.

冯坚, 2006. 以明确合理的功能设置破解开发区用地无序之困[J]. 现代经济探讨(1): 40-43.

冯健, 2002. 杭州市人口密度空间分布及其演化的模型研究[J]. 地理研究, 21(5): 635-646.

冯健, 2004. 转型期中国城市内部空间重构[M]. 北京: 科学出版社: 54-196.

冯健, 2005. 西方城市内部空间结构研究及其启示[J]. 城市规划, 29(8): 41-50.

冯健, 项怡之, 2017. 开发区居住空间特征及其形成机制: 对北京经济技术开发区的调查[J]. 地理科学进展, 36(1): 99-111.

冯健, 周一星, 2002. 杭州市人口的空间变动与郊区化研究[J]. 城市规划, 26(1): 58-65.

冯健, 周一星, 2003. 中国城市内部空间结构研究进展与展望[J]. 地理科学进展, 22(3): 304-315.

冯健, 周一星, 2004. 郊区化进程中北京城市内部迁居及相关空间行为——基于千份问卷调查的分析[J]. 地理研究, 23(4): 227-242.

冯奎, 郑明媚, 2015. 中国新城新区发展报告[R]. 北京: 中国发展出版社: 4-14, 28-41, 65-66, 292-304.

高超, 金凤君, 2015. 沿海地区经济技术开发区空间格局演化及产业特征[J]. 地理学报, 70(2): 202-213.

高凤清, 王雅林, 陈旭, 2008. 主导产业技术创新与东北老工业基地改造[J]. 经济研究导刊(2): 164-167.

高向东, 吴文钰, 2005. 20 世纪 90 年代上海市人口分布变动及模拟[J]. 地理学报, 60(4): 637-644.

顾朝林, 1998. 中国高新技术产业与园区[M]. 北京: 中信出版社.

顾朝林, 2017. 基于地方分权的城市治理模式研究——以新城新区为例[J]. 城市发展研究, 24(2): 70-78.

顾朝林, 赵晓斌, 1995. 中国区域开发模式的选择[J]. 地理研究, 14(4): 8-22.
管驰明, 2008. 从“城市的机场”到“机场的城市”——一种新城市空间的形成[J]. 城市问题(4): 25-29.
管驰明, 崔功豪, 2003. 中国城市新商业空间极其形成机制初探[J]. 城市规划汇刊(6): 33-36.
郭付友, 陈才, 刘继生, 2014. 1990年以来长春市工业空间扩展的驱动力分析[J]. 经济地理, 29(6): 88-94.
郭洁, 吕永强, 沈体雁, 2015. 基于点模式分析的城市空间结构研究——以北京都市区为例[J]. 经济地理, 35(8): 68-74.
郭振英, 卢建, 丁宝山, 1992. 关于加快老工业基地改造与振兴的意见和建议[J]. 管理世界(4): 74-77.
国务院研究室课题组, 1992. 中国老工业基地改造与振兴[M]. 北京: 科学出版社: 41.
国务院研究室课题组, 1993. 我国老工业基地发展迟滞的原因及改造与振兴的思路[J]. 经济学家(4): 73-80.
何兴刚, 1993. 城市开发区理论与实践[D]. 上海: 华东师范大学.
赫希曼, 1991. 经济发展战略[M]. 曹征海, 潘照东, 译. 北京: 经济科学出版社: 166.
洪世键, 张京祥, 2010. 交通基础设施与城市空间增长——基于城市经济学的视角[J]. 城市规划, 34(5): 29-34.
洪世键, 张京祥, 2015. 经济学视野下的中国城市空间扩展[J]. 人文地理, 30(6): 66-71, 137.
胡军, 孙莉, 2005. 制度变迁与中国城市的发展及空间结构的历史演变[J]. 人文地理, 20(1): 19-23.
胡俊, 1995. 中国城市: 模式与演进[M]. 北京: 中国建筑工业出版社.
黄丽华, 张丽兵, 2005. 德国鲁尔区老工业基地改造过程中政府作用分析[J]. 哈尔滨工业大学学报(社会科学版), 7(6): 93-96.
黄庆旭, 何春阳, 史培军, 2009. 城市扩展多尺度驱动机制分析——以北京为例[J]. 经济地理, 29(5): 714-721.
黄晓军, 2011. 城市物质与社会空间耦合机理与调控研究——以长春市为例[D]. 长春: 东北师范大学.
黄晓军, 黄馨, 2012. 长春市物质环境与社会空间耦合的地域分异[J]. 经济地理, 32(6): 21-26.
黄晓军, 李诚固, 黄馨, 2009. 长春城市蔓延机理与调控路径研究[J]. 地理科学进展, 28(1): 76-84.
黄珍, 段险峰, 2004. 城市新区发展的经济学研究方法初探[J]. 城市规划, 28(2): 43-47.
金强一, 2005. 振兴东北老工业基地与对外开放度[J]. 延边大学学报(社会科学版), 38(1): 5-11.
柯文, 1992. 鲁尔工业区的振兴及其启示[J]. 管理世界(2): 128-131.
郄艳丽, 2004. 东北地区城市空间形态研究[D]. 长春: 东北师范大学.
李诚固, 1996. 东北老工业基地衰退机制与结构转换研究[J]. 地理科学, 16(2): 106-114.
李程骅, 2008. 优化之道——城市新产业空间战略[M]. 北京: 人民出版社.
李德华, 2001. 城市规划原理: 第三版[M]. 北京: 中国建筑工业出版社: 21-36.
李红, 1998. 我国开发区布局及土地利用现状分析与研究[J]. 中国土地科学, 12(3): 9-12.
李建伟, 2013. 空间扩张视角的大中城市新区生长机理研究[M]. 北京: 科学出版社: 14, 48-52.
李力行, 申广军, 2015. 经济开发区、地区比较优势与产业结构调整[J]. 经济学(季刊), 14(3): 885-910.
李晓, 2014. 基于城市转型理论的铁西城区发展回顾与反思[J]. 沈阳师范大学学报(社会科学版), 38(5): 19-21.
李许卡, 杨天英, 宋雪, 2016. 东北老工业基地转型发展研究——一个文献综述[J]. 经济体制改革(5): 42-49.
李一曼, 修春亮, 魏冶, 等, 2012. 长春城市蔓延时空特征及其机理分析[J]. 经济地理, 32(5): 59-64.
李佐军, 魏云, 2014. 中国园区转型发展报告[R]. 北京: 社会科学文献出版社: 15, 43-53, 131.
刘君德, 彭再德, 徐前勇, 1997. 上海郊区乡村—城市转型与协调发展[J]. 城市规划(5): 44-46.
刘荣增, 王淑华, 2013. 城市新区的产城融合[J]. 城市问题(6): 18-22.
刘盛和, 吴传钧, 沈洪泉, 2000. 基于 GIS 的北京城市土地利用扩展模式[J]. 地理学报, 55(4): 407-416.
刘通, 2006. 老工业基地衰退的普遍性及其综合治理[J]. 中国经贸导刊(11): 18-22.
刘艳军, 2009. 我国产业结构演变的城市化响应研究——基于东北地区的实证分析[D]. 长春: 东北师范大学.
刘长岐, 甘国辉, 李晓江, 2003. 北京市人口郊区化与居住用地空间扩展研究[J]. 经济地理, 23(5): 666-670.
刘长宇, 2015. 吉林省机动车保有量已超453万辆, 长春超三分之一[N]. 新文化网, 2015-09-07[2017-09-19]. http://www.sohu.com/a/30914720_160796.
龙花楼, 李婷婷, 2012. 中国耕地和农村宅基地利用转型耦合分析[J]. 地理学报, 67(2): 201-210.
龙开胜, 秦洁, 陈利根, 2014. 开发区闲置土地成因及其治理路径——以北方 A 市高新技术产业开发区为例[J]. 中国人口·资源与环境, 24(1): 126-131.

娄晓黎, 谢景武, 王士君, 2004. 长春市城市功能分区与产业空间结构调整问题研究[J]. 东北师大学报(自然科学版), 36(3): 101-107.

罗小龙, 2009. 转型中国的地方管制: 海外学者的观点[J]. 人文地理, 24(6): 24-28.

罗小龙, 梁晶, 郑焕友, 2014. 开发区的第三次创业——从产业园区到城市新区[M]. 北京: 中国建筑工业出版社: 1-4, 29-30, 43-49.

罗小龙, 郑焕友, 殷洁, 2011. 开发区的“第三次创业”: 从工业园走向新城——以苏州工业园转型为例[J]. 长江流域资源与环境, 2(7): 819-824.

罗彦, 周春山, 2006. 50年来广州人口分布与城市规划的互动分析[J]. 城市规划, 30(7): 27-31.

马强, 徐循初, 2004. “精明增长”策略与我国的城市空间扩展[J]. 城市规划汇刊(3): 16-22.

宁越敏, 1984. 上海市区商业中心区位的探讨[J]. 地理学报, 39(2): 163-172.

欧向军, 甄峰, 秦永东, 等, 2008. 区域城市化水平综合测度及其理想动力分析: 以江苏省为例[J]. 地理研究, 27(5): 993-1002.

彭浩, 曾刚, 2009. 上海市开发区土地集约利用评价[J]. 经济地理, 29(7): 1177-1181.

屈二千, 谷达华, 2016. 重庆市开发区土地集约利用评价及潜力分析[J]. 中国人口·资源与环境, 26(5): 162-167.

阮平南, 尹希杰, 2009. 基于制度经济学的北京经济技术开发区城市化研究[J]. 江苏商论(7): 121-123.

单卓然, 黄亚平, 张衔春, 2014. 1990年后发达国家都市区空间演化特征及动力机制研究[J]. 城市规划学刊(5): 54-64.

申庆喜, 2013. 长春市工业形态与形成机制研究[D]. 长春: 东北师范大学.

申庆喜, 李诚固, 胡述聚, 2017b. 长春市居住与工业空间演进的耦合性测度及影响因素[J]. 人文地理, 32(1): 62-67.

申庆喜, 李诚固, 刘倩, 2017a. 基于服务设施布局视角的城市空间结构研究——以长春主城区为例[J]. 经济地理, 37(3): 129-135.

申庆喜, 李诚固, 刘倩, 2017c. 基于集聚与扩散视角的长春市服务设施空间格局特征[J]. 干旱区资源与环境, 31(5): 14-19.

申庆喜, 李诚固, 刘仲仪, 等, 2018b. 长春市公共服务设施空间与居住空间格局特征[J]. 地理研究, 37(11): 2249-2258.

申庆喜, 李诚固, 马佐澎, 等, 2016. 基于服务空间视角的长春市城市功能空间扩展研究[J]. 地理科学, 36(2): 274-282.

申庆喜, 李诚固, 孙亚南, 等, 2018a. 基于用地与人口的新城市空间演变及驱动因素分析——以长春市为例[J]. 经济地理, 38(6): 44-51.

申庆喜, 李诚固, 周国磊, 2015b. 基于工业空间视角的长春市1995～2011年城市功能空间耦合特征与机制研究[J]. 地理科学, 35(7): 882-889.

申庆喜, 李诚固, 周国磊, 等, 2015a. 2002—2012年长春市城市功能空间耦合研究[J]. 地理研究, 34(10): 1897-1910.

沈玉麟, 1989. 外国城市建设史[M]. 北京: 中国建筑工业出版社.

生奇志, 孙培山, 赵希男, 2006. 资源型工业基地国际经验比较与东北振兴对策[J]. 科技管理研究, 26(10): 17-20.

宋金平, 王恩儒, 张文新, 等, 2007. 北京住宅郊区化与就业空间错位[J]. 地理学报, 62(4): 387-396.

宋金平, 赵西君, 于伟, 2012. 北京城市边缘区空间结构演化与重组[M]. 北京: 科学出版社.

宋启林, 1998. 城市土地利用空间结构理论与实践总论[J]. 华中建筑, 16(4): 101.

宋艳, 李勇, 2014. 老工业基地振兴背景下东北地区城镇化动力机制及策略[J]. 经济地理, 34(1): 47-53.

孙娟, 2003. 中国新城市空间与城市空间重组[D]. 南京: 南京大学.

孙铁山, 王兰兰, 李国平, 2013. 北京都市区多中心空间结构特征与形成机制[J]. 城市规划, 37(7): 28-33.

孙胤社, 1992. 大都市区的形成机制及其定界——以北京为例[J]. 地理学报, 47(6): 552-560.

唐晓平, 2008. 广州市城市人口郊区化过程及其模式分析[J]. 中国人口·资源与环境, 18(2): 120-124.

汪劲柏, 赵民, 2012. 我国大规模新城区开发及其影响研究[J]. 城市规划学刊(5): 21-27.

王成超, 黄民生, 2006. 我国大学城的空间模式及影响因素[J]. 经济地理, 26(3): 482-486.

王春萌, 谷人旭, 2014. 康巴什新区实现“产城融合”的路径研究[J]. 中国人口·资源与环境, 24(增3): 287-290.

王法辉, 2009. 基于GIS的数量方法与应用[M]. 姜世国, 滕骏华, 译. 北京: 商务印书馆: 49-50.

王贺封, 石忆邵, 尹昌应, 2014. 基于DEA模型和Malmquist生产率指数的上海市开发区用地效率及其变化[J]. 地理研究, 33(9): 1636-1646.
王慧, 2002. 新城市主义的理念与实践、理想与现实[J]. 国外城市规划(3): 35-38.
王慧, 2003. 开发区与城市相互关系的内在肌理及空间效应[J]. 城市规划, 27(3): 20-25.
王慧, 2006. 开发区运作机制对城市管治体系的影响效应[J]. 城市规划, 30(5): 19-26.
王缉慈, 1998. 简评关于新产业区的国际学术讨论[J]. 地理科学进展, 17(3): 29-35.
王缉慈等, 2001. 创新的空间: 企业集群与区域发展[M]. 北京: 北京大学出版社.
王利伟, 冯长春, 2016. 转型期京津冀城市群空间扩展格局及其动力机制——基于夜间灯光数据方法[J]. 地理学报, 71(12): 2155-2169.
王士君, 浩飞龙, 姜丽丽, 2015. 长春市大型商业网点的区位特征及其影响因素[J]. 地理学报, 70(6): 893-905.
王雯菲, 张文新, 2001. 改革开放以来北京市人口分布及其演变[J]. 人口研究, 25(1): 62-66.
王兴平, 2005. 中国城市新产业空间——发展机制与空间组织[M]. 北京: 科学出版社: 7-12.
王兴平, 2012. 开发区与城市的互动整合——基于长三角的实证分析[M]. 南京: 东南大学出版社: 90-91.
王兴中, 2000. 中国城市社会空间结构研究[M]. 北京: 科学出版社.
王一鸣, 1998. 中国区域经济政策研究[M]. 北京: 中国计划出版社.
王战和, 许玲, 2006. 高新技术产业开发区与城市社会空间结构演变[J]. 人文地理, 21(2): 64-66.
魏后凯, 蒋媛媛, 邬晓霞, 2010. 我国老工业基地振兴过程中存在的问题及政策调整方向[J]. 经济纵横(1): 38-42.
魏青, 2007. 浅谈土地节约集约利用面对的问题[J]. 黑龙江科技信息(8): 87.
魏清泉, 周春山, 1995. 广州市区人口分布演变与城市规划[J]. 城市规划汇刊(4): 52-57.
魏宗财, 王开泳, 陈婷婷, 2015. 新型城镇化背景下开发区转型研究——以广州民营科技园为例[J]. 地理科学进展, 34(9): 1195-1028.
翁桂兰, 柴彦威, 马玫, 等, 2003. 大都市区居民对新兴边缘城市的认知与迁居意向——以天津大都市区为例[J]. 人文地理, 18(4): 5-9.
吴铮争, 宋金平, 王晓霞, 等, 2008. 北京城市边缘区城市化过程与空间扩展——以大兴区为例[J]. 地理研究, 27(2): 285-293.
武进, 1990. 中国城市形态: 结构、特征及其演变[M]. 南京: 江苏科技出版社.
武廷海, 杨保军, 张城国, 2011. 中国新城: 1979～2009[J]. 城市与区域规划研究, 4(2): 19-43.
肖兴志, 靳继东, 郭晓丹, 等, 2013. 中国老工业基地产业结构调整研究[M]. 北京: 科学出版社: 18-24.
谢康, 1997. 西方宏观信息经济学评述[J]. 经济学动态(3): 77-78.
谢守红, 宁越敏, 2006. 广州市人口郊区化研究[J]. 地域研究与开发区, 25(3): 116-119.
徐江平, 2010. 老工业基地发展的动力机制研究[M]. 北京: 中国人民大学出版社.
闫梅, 黄金川, 2013. 国内外城市空间扩展研究评述[J]. 地理科学进展, 32(7): 1039-1050.
阎质杰, 2007. 略论东北老工业基地对外开放战略的途径[J]. 中共长春市委党校学报(1): 39-40.
阳镇, 许英杰, 2017. 产城融合视角下国家级经济技术开发区转型研究[J]. 湖北社会科学(4): 79-87.
杨德进, 2012. 大都市新产业空间发展及其城市空间结构响应[D]. 天津: 天津大学.
杨东峰, 2007. 周边整合·形态调适·场所再造的空间重构策略——以天津市开发区为例[J]. 城市规划学刊(3): 76-80.
杨东峰, 殷成志, 史永亮, 2006. 从沿海开发区到外向型工业新城——1990年代以来我国沿海大城市开发区到新城转型发展现象探讨[J]. 城市发展研究, 13(6): 80-86.
杨继瑞, 1994. "开发区热"的理论思考与对策研究[J]. 社会科学研究(2): 12-17.
杨卡, 2012. 我国大都市郊区新城社会空间研究——以南京市为例[M]. 长春: 吉林大学出版社.
杨晓娟, 杨永春, 张理茜, 等, 2008. 基于信息熵的兰州市用地结构动态演变及其驱动力[J]. 干旱区地理, 31(2): 291-297.
杨振凯, 2008. 老工业基地的衰退机制研究——兼论中国东北老工业基地改造对策[D]. 长春: 吉林大学.
易峥, 2003. 社会转型时期中国城市居住流动研究——以广州为例[D]. 广州: 中山大学.
袁建峰, 2015. 美国老工业城市匹茨堡产业转型分析及规划思考[J]. 国际城市规划, 30(增1): 36-41.

袁丽丽, 2005. 城市化进程中城市用地结构演变及其驱动机制分析[J]. 地理与地理信息科学, 21(3): 51-55.
张光宏, 崔许锋, 2013. 人口城镇化与城镇化用地关系研究[J]. 中国人口科学(5): 96-104.
张弘, 2002. 长江三角洲开发区的城市化进程及其城市规划作用机制[D]. 上海: 同济大学.
张京祥, 罗震东, 何建颐, 2007. 体制转型与中国城市空间重构[M]. 南京: 东南大学出版社: 76-93, 141-164.
张宁, 方琳娜, 周杰, 等, 2010. 北京城市边缘区空间扩展特征及驱动机制[J]. 地理研究, 29(3): 471-480.
张平宇, 2004. 新型工业化与东北老工业基地改造对策[J]. 经济地理, 24(6): 784-787.
张善余, 1999. 近年上海市人口分布态势的巨大变化[J]. 人口研究, 23(5): 16-24.
张晓平, 刘卫东, 2003. 开发区与我国城市空间结构演进及其动力机制[J]. 地理科学, 23(2): 142-148.
张学勇, 李桂文, 曾宇, 2011. 新城建设及其功能成长路径[J]. 城市问题(3): 43-48.
张越, 叶高斌, 姚士谋, 2015. 开发区新城建设与城市空间扩展互动研究——以上海、杭州、南京为例[J]. 经济地理, 35(2): 84-91.
张志元, 2011. 东北老地区制造业发展模式转型研究[D]. 长春: 吉林大学.
赵民, 王聿丽, 2011. 新城规划与建设实践的国际经验与启示[J]. 城市与区域规划研究, 4(2): 65-77.
赵儒煜, 杨振凯, 2008. 传统工业区振兴中的政府角色与作用: 欧盟的经验与中国的选择[M]. 长春: 吉林大学出版社: 47.
郑国, 2011. 中国开发区发展与城市空间重构: 意义与历程[J]. 现代城市研究(5): 20-24.
郑国, 孟婧, 2012. 边缘城市的北京案例研究[J]. 城市规划, 3(4): 32-36.
郑国, 邱士可, 2005a. 转型期开发区发展与城市空间重构——以北京市为例[J]. 地域研究与开发, 2(6): 39-42.
郑国, 周一星, 2005b. 北京经济技术开发区对北京郊区化的影响研究[J]. 城市规划学刊(6): 23-26, 47.
郑静, 许学强, 1995. 广州市社会空间的因子生态再分析[J]. 地理研究, 14(2): 15-26.
郑可佳, 2014. 后开发区时代开发区的空间生产: 以苏州高新区狮子路区域为例[M]. 北京: 中国建筑工业出版社: 1-6.
郑文升, 王晓芳, 李诚固, 2004. 中小企业群成长与东北老工业基地改造[J]. 经济地理, 24(3): 309-312.
中国高新技术产业经济研究院, 2016. “十三五”中国国家级开发区如何发展[EB/OL]. (2016-04-28)[2018-06-19]. http://www.achie. org/news/jkq/201604282596.html.
周春山, 1996a. 城市人口迁居理论[J]. 城市规划汇刊(4): 34-40.
周春山, 1996b. 中国城市人口迁居特征、迁居原因和影响因素分析[J]. 城市规划汇刊(4): 17-21.
周春山, 高军波, 2011. 转型期中国城市公共服务设施供给模式及其形成机制研究[J]. 地理科学, 31(3): 272-279.
周春山, 许学强, 1996a. 西方国家城市人口迁居研究进展综述[J]. 人文地理, 11(4): 19-23.
周春山, 许学强, 1996b. 广州市人口变动地域类型特征研究[J]. 经济地理, 16(2): 25-30.
周春山, 叶昌东, 2013. 中国城市空间结构研究评述[J]. 地理科学进展, 32(7): 1030-1038.
周国磊, 李诚固, 张婧, 等, 2015. 2003 年以来长春市城市功能用地演替[J]. 地理学报, 70(4): 539-550.
周敏, 林凯旋, 黄亚平, 2014. 城市空间结构演变的动力机制——基于新制度经济学视角[J]. 现代城市研究(2): 41-46.
周素红, 闫小培, 2005. 城市居住-就业空间特征及组织模式——以广州市为例[J]. 地理科学, 25(6): 664-670.
周文, 1999. 产业空间集聚机制研究: 兼论新产业区理论[D]. 北京: 中国人民大学.
周文, 2014. 城市经济学[M]. 北京: 中国人民大学出版社: 32-55.
周一星, 王荣勋, 李思明, 等, 2000. 北京千户新房迁居户问卷调查报告[J]. 规划师, 16(3): 86-95.
朱喜刚, 周强, 金俭, 2004. 城市绅士化与城市更新——以南京为例[J]. 城市发展研究, 11(4): 33-37.
朱郁郁, 孙娟, 崔功豪, 2005. 中国新城市空间现象研究[J]. 地理与地理信息科学, 21(1): 65-68.
踪家峰, 2016. 城市与区域经济学[M]. 北京: 北京大学出版社: 182-188, 169.
邹俊煜, 2012. 综合性老工业基地产业转型研究[M]. 北京: 经济科学出版社: 2-12.
ALONSO W, 1964. Location and land use[M]. Cambridge, Massachusetts: Harvard University Press.
ANNA L S, 1994. Regional advantage: culture and competition in Silicon valley and route 128[M]. Cambridge, Massachusetts: Harward University Press: 161-163.

BATTY M, LONGLEY P, 1994. Fractal cities: a geometry of form and function[M]. San Diego, CA: Academic Press: 26-39.

BEHAN K, MAOH H, KANAROGLOU P, 2008. Smart growth strategies, transportation and urban sprawl: simulated futures for Hamilton, Ontario[J]. Canadian Geographer / Le Géographe Canadien, 52(3): 291-308.

BRUECKNER J, 1978. Urban general equilibrium models with non-central production[J]. Journal of Regional Science, 18(2): 203-215.

BRUECKNER J, 2000. Urban sprawl: diagnosis and remedies[J]. International Regional Science Review, 23(2): 160-171.

CHENG H, LIU Y T, HE S J, 2017. From development zones to edge urban areas in China: a case study of Nansha, Guangzhou City[J]. Cities, 71: 110-122.

CLARK C, 1951. Urban population densities[J]. Journal of Royal Statistical Society, 114(4): 490-496.

CLIFFORD M G, 1998. Controlling new retail spaces: the impress of planning policies in Western Europe[J]. Urban Studies, 35(5): 953-979.

DAVIES R L, 1976. Marketing geography: with special reference to retailing[M]. London: Methuen: 132.

FUJITA M, KRUGMAN P, VENABLES A, 1999. The spatial economy, cities, region and international trade[M]. Cambridge, MA: MIT Press: 133-150.

FUJITA M, THISSE J, 2013. Economics of agglomeration: cities, industrial location, and globalization[M]. Cambridge: Cambridge University Press: 99-148.

GALSTER G, 2001. Wrestling sprawl to the ground: defining and measuring an elusive concept[J]. Housing Policy Debate, 12(4): 681-717.

HALL P, 1984. The world cities[M]. NewYork: St. Martin's Press: 159-163.

HASHEM D, FARAMARZ R, BAHRAM A, 2016. Is inequality in the distribution of urban facilities inequitable? Exploring a method for identifying spatial inequity in an Iranian city[J]. Cities, 52: 159-172.

HUANG Z J, HE C F, ZHU S J, 2017. Do China's economic development zones improve land use efficiency? The effects of selection, factor accumulation and agglomeration[J]. Landscape and Urban Planning(162): 145-156.

JIANG G H, MA W Q, QU Y B, et al., 2016. How does sprawl differ across urban built-up land types in China? A spatial-temporal analysis of the Beijing metropolitan area using granted land parcel data[J]. Cities, 58: 1-9.

JUN M J, 2008. Are Portland's smart growth policies related to reduced automobile dependence?[J]. Journal of Planning Education and Research(1): 100-107.

KNOX P L, PINCH S, 2000. Urban social geography: an introduction(Fourth edition)[M]. Englewood Cliffs, NJ: Prentice Hall.

LABBÉ D, MUSIL C, 2014. Periurban land redevelopment in Vietnam under market socialism[J]. Urban Studies, 51(6): 1146-1161.

LESLIE T F, KRONENFELD B J, 2011. The colocation quotient: a new measure of spatial association between categorical subsets of points[J]. Geographical Analysis, 43(3): 306-326.

LI Z G, LI X, WANG L, 2014. Speculative urbanism and the making of university towns in China: a case of Guangzhou University Town[J]. Habitat International, 44: 422-431.

LIN G C S, 2000. State, capital, and space in China in an age of volatile globalization[J]. Environment and Planning A, 32(3): 455-471.

LOPEZ R, HYNES H P, 2001. Predicting land-cover and land-use change in the urban fringe: a case in Morelia city, Mexico[J]. Landscape and Urban Planning, 55(4): 271-285.

LOPEZ R, HYNES H P, 2003. Sprawl in the 1990s: measurement, distribution, and trends[J]. Urban Affairs Review, 38(3): 325-355.

LOUISE C, 2000. Progress keports geographies of ketailing and consumption[J]. Progress in Human Geography, 24(2): 305-322.

MARKUSEN A, 1996. Sticky places in slippery space: a typology of industrial districts[J]. Economic Geography, 72(3): 293-313.

MILLS E S, 1972. Studies in the structure of the urban economy[M]. Baltimore: The Johns Hopkins Press: 63-80.

MUTH R, 1969. Cities and Housing[M]. Chicago: University of Chicago Press.

NEWLING B E, 1969. The spatial variation of urban population densities[J]. Geographical Review, 59(2): 242-252.

OUYANG W, WANG B Y, TIAN L, et al., 2017. Spatial deprivation of urban public services in migrant enclaves under the context of a rapidly urbanizing China: an evaluation based on suburban Shanghai[J]. Cities, 60: 436-445.

RUOPPILA S, ZHAO F, 2017. The role of universities in developing China's university towns: the case of Songjiang university town in Shanghai[J]. Cities, 69: 56-63.

SCOTT A J, STORPER M, 1987. High technology industry and regional development: a theoretical critique and econstruction[J]. International Social Science Journal, 39(1): 215-230.

SHEN J, 2017. Stuck in the suburbs? Socio-spatial exclusion of migrants in Shanghai[J]. Cities, 60: 428-435.

SMITH B E, 1997. A review of monocentric urban density analysis[J]. Journal of Planning Literature, 12(2): 115-135.

SMITH N, 1985. Gentrification and capital: theory, practice and ideology in society hill[J]. Antipode, 17(2-3): 163-173.

SORACE C, HURST W, 2016. China's phantom urbanisation and the pathology of ghost cities[J]. Journal of Contemporary Asia, 46(2): 304-322.

STEINER M, POSCH U, 1985. Problems of structural adaptation in old industrial areas: a factor-analytical approach[J]. Environment and Planning, 17(8): 1127-1139.

SUSAN M W, 2002. Chinese industrial and science parks: bridging the gap[J]. The Professional Geographer, 54(3): 349-364.

TIAN L, GE B Q, LI Y F, 2017. Impacts of state-led and bottom-up urbanization on land use change in the peri-urban areas of Shanghai: planned growth or uncontrolled sprawl?[J]. Cities, 60: 476-486.

TODTLING F, TRIPPL M, 2004. Like phoenix from the ashes? The renewal of clusters in old industrial areas[J]. Urban Studies, 41(5-6): 1175-1195.

TODTLING F, TRIPPL M, 2008. Clusters renewal in old industrial regions-continuity or radical change?[M]. Oxford: Edward Elgar Publishing.

WANG F H, ZHOU Y X, 1999. Modeling urban population densities in Beijing 1982-1990: suburbanization and its causes[J]. Urban Studies, 36(2): 271-287.

WINTHER L, 2001. The economic geographies of manufacturing in greater Copenhagen: space, evolution and process varity[J]. Urban studies(9): 1423-1443.

WOODWORTH M D, WALLACE J L, 2017. Seeing ghosts: parsing China's "ghost city" controversy[J]. Urban Geography, 38(8): 1270-1281.

XU Y, ZHANG X L, 2017. The residential resettlement in suburbs of Chinese cities: a case study of Changsha[J]. Cities, 69: 46-55.

ZHAO P J, 2017. An 'unceasing war' on land development on the urban fringe of Beijing: a case study of gated informal housing communities[J]. Cities, 60: 139-146.

ZHENG Q M, ZENG Y, DENG J S, et al., 2017. "Ghost cities" identification using multi-source remote sensing datasets: a case study in Yangtze River Delta[J]. Applied Geography(80): 112-121.

附　录

表 A.1　国家级高新技术产业开发区设立时间与个数

时间	个数	开发区名称
1988 年	1	北京新技术产业开发区
1991 年	26	沈阳高新区、桂林高新区、东湖新技术产业开发区、南京高新区、哈尔滨高新区、长沙高新区、南宁高新区、杭州高新区、合肥高新区、济南高新区、厦门火炬高技术产业开发区、海口高新区、南昌高新区、天津滨海高新区、西安高新区、成都高新区、威海火炬高技术产业开发区、中山火炬高技术产业开发区、长春高新区、福州高新区、广州高新区、重庆高新区、郑州高新区、石家庄高新区、大连高新区、太原高新区
1992 年	26	潍坊高新区、绵阳高新区、保定高新区、鞍山高新区、苏州高新区、无锡高新区、齐齐哈尔高新区、大庆高新区、辽阳高新区、青岛高新区、株洲高新区、上海市张江高科技园区、兰州高新区、昆明高新区、贵阳高新区、乌鲁木齐高新区、常州高新区、惠州仲恺高新区、淄博高新区、包头稀土高新区、襄樊高新区、洛阳高新区、宝鸡高新区、吉林市高新区、佛山高新区、珠海高新区
1997 年	1	杨凌农业高新技术产业示范区
2007 年	1	宁波高新区
2009 年	2	湘潭高新区、泰州医药高新区
2010 年	26	烟台高新区、南阳高新区、昆山高新区、营口高新区、昌吉高新区、白银高新区、渭南高新区、安阳高新区、济宁高新区、松山湖高新区、肇庆高新区、柳州高新区、芜湖高新区、蚌埠高新区、景德镇高新区、深圳高新区、唐山高新区、延吉高新区、银川高新区、青海高新区、绍兴高新区、新余高新区、江门高新区、燕郊高新区、宜昌高新区、泉州市高新区
2011 年	5	江阴高新区、临沂高新区、自贡高新区、紫竹高新区、益阳高新区
2012 年	17	长春净月高新区、温州高新区、衡阳高新区、乐山高新区、莆田高新区、泰安高新区、新乡高新区、玉溪高新区、榆林高新区、本溪高新区、承德高新区、马鞍山慈湖高新区、徐州高新区、孝感高新区、鹰潭高新区、常州武进高新区、咸阳高新区
2013 年	9	通化医药高新区、南通高新区、衢州高新园区、漳州高新园区、荆门高新园区、阜新高新区、石河子高新区、石嘴山高新区、呼和浩特金山高新区
2015 年	30	长治高新区、锦州高新区、连云港高新区、盐城高新区、萧山临江高新区、三明高新区、龙岩高新区、抚州高新区、枣庄高新区、平顶山高新区、郴州高新区、源城高新区、北海高新区、泸州高新区、清远高新区、嘉兴秀洲高新区、常熟高新区、吉安高新区、赣州高新区、德阳高新区、莱芜高新区、安康高新区、扬州高新区、仙桃高新区、湖州莫干山高新区、璧山高新区、随州高新区、德州高新区、焦作高新区、攀枝花钒钛新技术产业园区

数据来源：中国开发区网（http://www.cadz.org.cn/index.php/develop/index.html）

表 A.2　中国 18 个国家级新区名称、批准时间、规划面积以及战略定位

序号	新区名称（批准时间）	规划面积/km^2	战略定位
1	浦东新区（1992.10）	1429.67	加强对外开放制度和金融体制方面的改革创新，营造良好的发展软环境，建设全球重要的金融中心与航运中心
2	滨海新区（1994.3）	2270.00	中国北方对外开放门户、高水平的现代制造业和研发基地、北方国际航运中心和国际物流中心、宜居生态型新城区、“中国经济的第三增长极”
3	两江新区（2010.6）	1200.00	中国西部地区的桥头堡和开放门户，探索内陆地区开发开放新模式，规划建设区域金融和创新中心
4	舟山群岛新区（2011.6）	1440.00 陆域，20800.00 海域	国家开发海洋经济的战略先导区，中国大宗商品储运中转加工交易中心，东部地区重要的海上开放门户，中国海洋海岛科学保护开发示范区，中国重要的现代海洋产业基地，中国陆海统筹发展先行区
5	兰州新区（2012.8）	1700.00	西部开放平台，欠发达地区跨越式发展基地，西北加工制造业中心，开发开放深入西部的基地
6	广州南沙新区（2012.9）	803.00	珠三角世界级城市群的新枢纽，中国南部生产型服务业中心
7	西咸新区（2014.1）	882.00	富有历史文化特色的现代化城市、拓展我国向西开放的深度和广度发挥积极作用，西北部金融商贸中心，我国向西开放的重要枢纽、西部大开发的新引擎和中国特色新型城镇化的范例
8	贵安新区（2014.1）	1795.00	中国内陆开放示范区、中国西部重要的经济增长极和生态文明示范区
9	西海岸新区（2014.6）	2096.00	大力发展海洋经济和海洋新兴产业，创建海洋科技自主创新领航区、深远海战略保障基地、海洋经济国际合作先导区、陆海统筹发展试验区、亚欧大陆桥东部重要端点
10	金普新区（2014.6）	2299.00	引领辽宁沿海经济带加速发展，促进东北地区等老工业基地全面振兴，深入推进面向东北亚区域开放合作
11	天府新区（2014.10）	1578.00	以现代化制造业为主、高端服务业集聚、宜业宜商宜居的国际现代化新城区
12	湘江新区（2015.4）	490.00	高端制造研发转化基地和创新创意产业集聚区、产城融合城乡一体的新型城镇化示范区、全国“两型”社会建设引领区、长江经济带内陆开放高地
13	江北新区（2015.7）	788.00	自主创新先导区、新型城镇化示范区、长三角地区现代产业集聚区、长江经济带对外开放合作重要平台
14	福州新区（2015.9）	800.00	两岸交流合作重要承载区、扩大对外开放重要门户、东南沿海重要现代产业基地、改革创新示范区和生态文明先行区
15	滇中新区（2015.9）	482.00	实施“一带一路”、长江经济带等国家重大战略和区域发展总体战略的重要举措，打造我国面向南亚东南亚辐射中心的重要支点、云南桥头堡建设重要经济增长极、西部地区新型城镇化综合试验区和改革创新先行区
16	哈尔滨新区（2015.12）	493.00	中俄全面合作重要承载区、东北地区新的经济增长极、老工业基地转型发展示范区和特色国际文化旅游聚集区
17	长春新区（2016.2）	499.00	创新经济发展示范区、新一轮东北振兴的重要引擎、图们江区域合作开发的重要平台、体制机制改革先行区
18	赣江新区（2016.6）	465.00	中部地区崛起和推动长江经济带发展的重要支点